欢乐数学营

微积分

轻轻松松学会

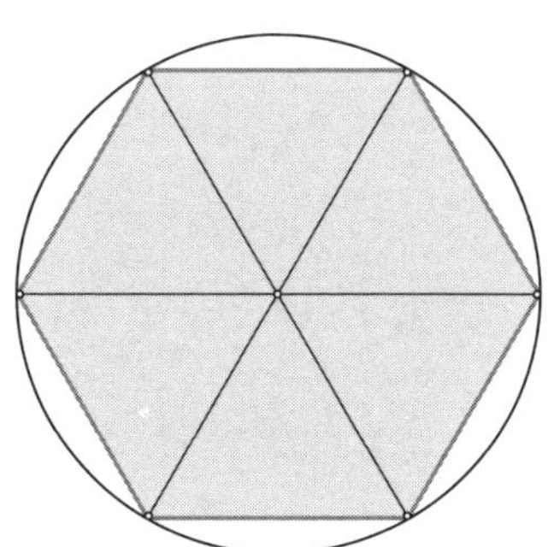

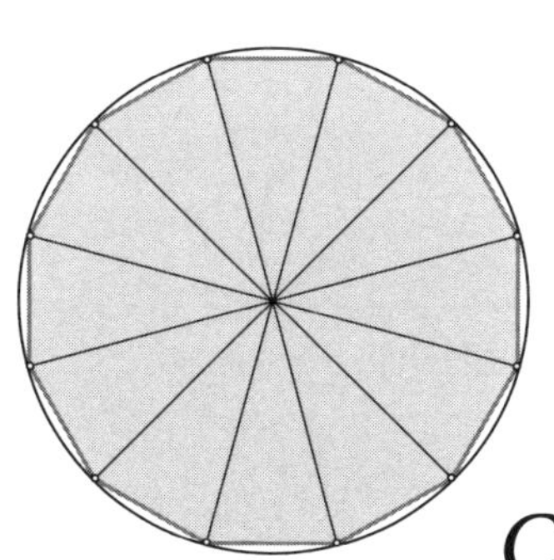

Calculus Made Easy

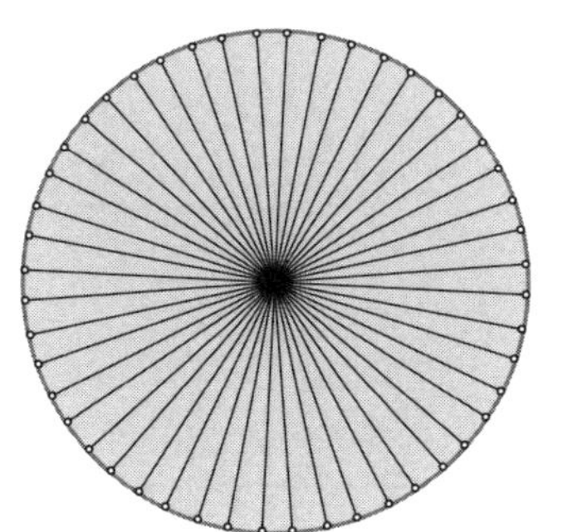

[英] 西尔维纳斯·菲利普斯·汤普森（Silvanus Phillips Thompson）
[美] 马丁·加德纳（Martin Gardner）——著
涂泓 冯承天——译 朱用文——审校

人民邮电出版社
北京

图书在版编目（CIP）数据

轻轻松松学会微积分 / (英) 西尔维纳斯·菲利普斯·汤普森 (Silvanus Phillips Thompson), (美) 马丁·加德纳 (Martin Gardner) 著 ; 涂泓, 冯承天译. 北京 : 人民邮电出版社, 2025. -- (欢乐数学营).
ISBN 978-7-115-65724-4

I. O172-49

中国国家版本馆 CIP 数据核字第 2024GV6122 号

版 权 声 明

◆ 著　　[英] 西尔维纳斯·菲利普斯·汤普森（Silvanus Phillips Thompson）
　　　[美] 马丁·加德纳（Martin Gardner）
　译　　涂　泓　冯承天
　责任编辑　刘　朋
　责任印制　陈　犇

◆ 人民邮电出版社出版发行　　北京市丰台区成寿寺路 11 号
　邮编　100164　　电子邮件　315@ptpress.com.cn
　网址　https://www.ptpress.com.cn
　文畅阁印刷有限公司印刷

◆ 开本：720×960　1/16
　印张：20.75　　　　2025 年 6 月第 1 版
　字数：298 千字　　　2025 年 6 月河北第 1 次印刷

著作权合同登记号　图字：01-2023-3611 号

定价：78.00 元

读者服务热线：（010）81055410　印装质量热线：（010）81055316

反盗版热线：（010）81055315

内 容 提 要

许多人认为，对于学习数学的学生来说，微积分是一门具有很大挑战性的科目。这本经典图书将改变你对微积分的这种认识，帮助你轻松掌握微积分的基础知识。

本书最初由英国皇家学会会员、物理学家和科学史学家西尔维纳斯·菲利普斯·汤普森撰写，后来经过数次修订和完善，其中最近一次由美国著名数学家、科普作家马丁·加德纳完成。作者采用通俗易懂的语言，生动形象地阐述了微积分的基本原理和实际意义，并通过丰富的实例介绍了微积分的基本计算方法和应用技巧。本书主要内容包括函数、极限和导数的概念，小量的比较，常量的处理，和、差、积、商的导数，高阶导数，导数的几何意义，极大值和极小值，曲线的曲率，部分分式和反函数，正弦函数和余弦函数的处理，偏导数，积分以及微分方程的求解等。

本书可作为高中生和大学生学习微积分的入门读物，也可供数学爱好者阅读。

译者序

作为数学的一个重要分支，微积分在物理学、天文学、生物学、经济学等领域的应用日益显现出其无可替代的价值。与此同时，微积分作为大学的一门基础课程，却常常令学生感到头疼不已。哪怕是在像物理学这样严重依赖微积分的专业，学生最初对微积分的反应也并不是赞叹它有用，而是抱怨它难以入门。这是相当令人震惊和失望的。

由于微积分的基础地位，这门课程通常会被安排在专业课程之前进行学习。在刚进入大学接触微积分时，有的学生甚至发出了这样的感慨："微积分使我的人生变得艰辛了。"他们对此给出的理由是这门课程"太抽象"。等到在专业课上需要用到微积分这一武器时，学生本应已经拥有了整个武器库，但他们看着"连续质量分布""连续带电体"等各种巴巴爸爸式的概念一筹莫展。学生通过专业课的学习逐渐习惯了微积分的应用后，又会如梦初醒般地体会到"微积分确实很有用，以前觉得不可能解决的问题现在都能解决了"，甚至对微积分产生了深深的敬意。

由此产生的启示是：既然从应用中学习更能让学生掌握微积分的基本原理，也更能让学生体会到微积分的巨大作用，那么我们为什么不能一开始就通过实际应用来教授微积分呢？想来这大概是因为目前大多数微积分教科书和高等数学教科书出自数学家之手，而数学家往往追求证明的严密和体系的完整，而对于理论的应用不甚关心。所以，对于大多数不太关心证明过程而更注重实际应用的专业的学生而言，这些教科书常常显得过于抽象，因而也就难以理解了。

相比之下，本书的主要作者西尔维纳斯·菲利普斯·汤普森是英国的一位物理学家和科学史学家，他在电气、机械、光学和X射线等领域都颇有造诣，做出过不少重要贡献。本书正是一本注重实际应用的微积分启蒙读物，在1910年首次出版以后立即受到了全球读者的欢迎，多次再版，销量早已超过百万册。

本书从最基本的概念入手，对知识点进行详细拆解，逐步引导读者步入微积分的殿堂。作者始终强调化繁为简，用简洁的语言和生动的实例阐释抽象的公式和定理，使读者在阅读过程中感受到微积分的魅力。例如，在讲到二阶小量时，他用时间和金钱举例，通过具体的数值，让读者理解为什么像$x \cdot \mathrm{d}x$，$x^2 \cdot \mathrm{d}x$，$a^x \cdot \mathrm{d}x$这样的量不能忽略不计，但$\mathrm{d}x \cdot \mathrm{d}x$是可以忽略不计的。在讲到导数时，作者指出$\frac{\mathrm{d}y}{\mathrm{d}x}$只是一个简单的比例，也就是$\mathrm{d}y$和$\mathrm{d}x$都趋于无穷小时的比，并通过一架靠在墙上的梯子说明当x与y具有函数关系时$\frac{\mathrm{d}y}{\mathrm{d}x}$的意义是什么。在此基础上，作者继续从几何角度进行阐述：假设一个正方形的边长为x，倘若将这个正方形的各个边长都增加一个很小的量$\mathrm{d}x$，从而放大这个正方形，那么该正方形的面积就从x^2增大到了$(x+\mathrm{d}x)^2$，即增大了$2x \cdot \mathrm{d}x+\mathrm{d}x \cdot \mathrm{d}x$，而其中$\mathrm{d}x \cdot \mathrm{d}x$是一个二阶小量，可以忽略。于是，读者就逐渐理解了为什么$\frac{\mathrm{d}}{\mathrm{d}x}(x^2)=2x$。

书中的每一章都以这种方式拆解一个知识点，从真实的例子、函数图像、几何图形等角度逐步深入。在每引入一个知识点后，作者都会及时地提供一些应用实例，帮助读者理解刚刚学过的新知识。这些例子包括圆柱体的体积关于其半径的变化率、费里辐射高温计的灵敏度、复利计算、介质对光的吸收、放射性衰变等。这些实例使读者不仅能加深对新技巧的理解，还能体会到相关技巧的用途，并得到一些实际操作经验。

在大部分章的最后，作者还提供了一些与本章相关的练习题。这些练习题同样注重应用，例如铁棒的热胀冷缩、白炽灯的发光强度随电压的变化、导线的电阻与温度的关系、上升过程中气球的运动、石块落水后的运动等。读者可以通过这些练习题巩固新学的知识，并根据书后提供的答案来了解自己的学习情况。

虽然本书的涵盖面广，包括微分、积分、曲率、极值、微分方程等微积分的基本内容，但作者从结构上将这些知识详细分解为23章，便于读者阶段性地学习。此次中译本是根据1998年的修订版译出的，我国读者非常熟悉的美国著名数学家、科普作家马丁·加德纳对此版做了全面的修订和完善，撰写了序言，并增加了预备知识（函数、极限和导数的概念），从而使本书更加适合从零开始学习微积分的读者阅读。在翻译过程中，我们尽量贴近原著的表述方式和写作风格，并做了少量注释。

感谢人民邮电出版社的工作人员，他们的辛勤工作使得这部经典著作得以以中文版的形式与广大中国读者见面。感谢烟台大学的朱用文教授，他不辞辛劳，认真细致地审阅了译文，并提出了许多宝贵的建议。我们相信，《轻轻松松学会微积分》中文版的出版将有助于更多的中国读者掌握微积分这一强大的工具，并将其应用于各自的领域之中。

涂泓　冯承天

2024年10月18日

编者的话

这是一部经典著作，自首次出版至今已有100多年，深受读者喜爱，在帮助初学者学习微积分的过程中发挥了积极作用。此次中文版的出版旨在为国内读者提供一本有价值的参考书。为了帮助读者更好地使用本书和学习微积分，提请读者注意以下几点。

这本书的重点是介绍微积分的基本原理、计算方法和应用技巧，因此汤普森有意回避了极限概念，以减轻初学者的负担。加德纳根据现代学习的需要补充了极限的部分内容，如果读者想进一步了解极限的更多知识，请参阅相关图书。

作为本书的另一个特色，汤普森用一种直观的方法来讲解积分的概念，而且该方法将不定积分和定积分似乎统一起来了。在一些具体的例子，比如计算长度和面积的部分例题中，书中采用同一个数学符号，既表示不定积分，又同时表示定积分，也就是说汤普森并没有十分严格地区分不定积分与定积分。这与现代数学教科书的做法不完全一致，初学者还是应该严格区分这两个概念的。

此外，为了完全聚焦于微分与积分的计算，作者没有对连续、可导、可微等概念进行过多的介绍，也没有讨论其相关关系。初学者不要因此而产生错觉，以为所有的函数都是连续、可导或者可微的。我们从一开始就要有一个正确的认识，那就是函数并不总是连续的，也并不总是可导或者可微的。当然，这三个概念也是彼此不同的，连续并不意味着可导或可微，可微与可导也是有区别的。

在出版过程中，我们尽力呈现原著的风格和特色，仅在体例上进行了一些必要的调整，并修正了原著中的少量差错。原著中的一些实例采用了英寸、英尺、码、英里、海里等非国际单位制单位①，对这些单位的换算反而会影响读者阅读和学习，因此我们在中译本中予以保留。在讲解有关例题和习题时，作者并未十分关注单位的规范使用，也未严格区分等号和约等号。虽然这并不影响读者对微积分原理和应用的理解与掌握，但我们在中译本中还是尽量予以补充和完善。如有不妥之处，欢迎指出。

总之，本书是初学者进入微积分殿堂的一本不可多得的入门书，并且经过了长时间的检验，值得推荐。

① 1英寸 = 2.54厘米，1英尺 = 12英寸 = 0.3048米，1码 = 3英尺 = 0.9144米，1英里 = 5280英尺= 1609.344米。在英国，1海里 = 1853.181米，而大多数国家定义1海里为1852米。——编者

1998年版序言

美国的大学新生和部分高中生需要学习微积分的一些入门课程。对于那些希望成为数学家或者想从事需要微积分知识的职业的学生来说，这类课程是他们必须跨越的最大障碍。研究表明，在修读微积分课程的大学新生中，几乎有一半会通不过。这些没有通过的学生几乎总是会放弃主修数学、物理学或工程的计划，因为在这三个领域中，微积分是必不可少的。他们甚至可能决定不学习诸如建筑、行为科学和社会科学（尤其是经济学）这样的专业，因为微积分在这些专业中是有用的。他们离开了他们担心会太难走的道路，转而去考虑从事那些比较简单的职业。

退出率如此之高的一个原因是微积分入门课程教得实在太差了。课上得往往太无聊，以至于学生们有时会打瞌睡。微积分教科书一年比一年厚，加上了更多计算机绘制的图形和著名数学家的照片（以牛顿和莱布尼茨打头），但这些书似乎从来没有变得更容易理解。你徒劳地翻看它们，想寻找简单、清晰的阐述和能引起你的兴趣的问题，但一无所获。正如一位数学家最近所说的，这些书中的练习具有“解答填字游戏的尊严”。美国的现代微积分教科书通常有1000多页，足以当作门挡用，还有1000多道令人生畏的练习题！它们的价格正在迅速逼近100美元。

“为什么微积分教科书这么重?”林恩·阿瑟·斯蒂恩在一篇题为《微积分改革者的20个问题》（Twenty Questions for Calculus Reformers）的论文中问

道，这篇论文转载于罗纳德·道格拉斯主编的《迈向精简而生动的微积分》（*Toward a Lean and Lively Calculus*，美国数学学会，1986年）一书。他回答道："出版者在经济上的考量迫使作者……加入每一个人可能想要的每一个主题，这样就不会有人因为遗漏了某项内容而不购买这本教科书。这样做的结果就是微积分教科书变成了一本包含技巧、例题和练习题的百科全书式的汇编，它更像一本臃肿的练习册，而不再是对一个宏伟主题的启发性介绍。"

斯蒂恩是圣奥拉夫学院的一位数学家，他后来宣称："微积分教学是这个国家的耻辱。很多时候，微积分是由缺乏经验的教师在一个反馈不足的环境中教授给准备不足的学生们的。"

伦纳德·吉尔曼在《大学教学丑闻》[The College Teaching Scandal，《焦点》（*Focus*），第8卷，1988年，第5页] 中写道："微积分的处境多年来一直很糟糕，考虑到我们这个职业的惰性，这种状况很可能还会持续很久。"

微积分被称为数学家们最不喜欢教授的科目。我们希望只有那些没有领会到其巨大的力量和美的教师才是这样。霍华德·伊夫斯是一位已经退休的数学家，他实际上很喜欢教授微积分。在他的《数学史上的里程碑》（*Great Moments in Mathematics*）一书中，我读到了这样一段话：

> 当然，在大学低年级的数学课程中，没有哪个科目比微积分教起来更令人兴奋或更有乐趣了。教授微积分就像在著名的三环大马戏团当领班一样。据说，人们可以在大学校园里认出那些已学习过微积分的学生——这些学生都没有眉毛。由于对这个科目令人难以置信的广泛应用感到非常惊讶而常常扬起眉毛，因此学习微积分的那些学生的眉毛就变得越来越高，最终消失在他们的后脑勺。

近年来，数学界对改进微积分教学方法的议论很多，会议开得无休无止，其中许多会议是由美国政府资助的。数十个试验项目正在各地开展。

一些改革的领导者认为，尽管传统教科书越来越厚，但对高等微积分的需求实际上正在减少。伊夫斯在他广受欢迎的《数学史导论》（*Introduction to the History of Mathematics*）一书中伤感地写道："如今，数学的大部分与微积分或其扩展没有联系，或者几乎没有联系。"

为什么会这样？其中一个原因是显而易见的。计算机！现今数字计算机的运算速度和功能已经变得令人难以置信。以前只能用慢速的模拟计算机处理的连续函数现在可以转化成离散变量函数，再由数字计算机通过逐步算法有效地进行处理。一个过于复杂而无法用铅笔在绘图纸上绘制的函数图像，用一台称为图形计算器的手持式计算器就能立即显示出来。现在的趋势是从连续数学转向过去所谓的有限数学，但现在人们更常称之为离散数学。

微积分正在稳步降级，让位给组合学、图论、拓扑学、扭结理论、群论、矩阵理论、数论、逻辑学、统计学、计算机科学以及其他一系列连续性在其中起着相对次要作用的学科。

离散数学无处不在，不仅在数学领域，在科学和技术领域也是如此。量子理论中充满了离散数学，甚至空间和时间也可能被量子化。演化是通过离散的突变进行的。电视信号即将用离散数字传输方式取代连续模拟传输方式[①]，从而大大提升画面质量。保存一幅画或录下一首交响乐的最合适的方法是将其转换为离散的数字，这些数字可以永远保存而不会受到损坏。

上高中的时候，我必须掌握一种用纸和笔计算平方根的方法。令人高兴的是，没人强迫我学习如何求立方根和更高次方根！如今已经很难找到记得如何计算平方根的数学家了。他们为什么要记得呢？只要按几个键，就能求出任何数的n次方根，而所需的时间比查阅一本带有n次方根表格的书还短。曾经用来计算巨大数字相乘的对数，现在就像计算尺一样已经过时了。

微积分也面临类似的局面。如今，学生们看不出有什么理由需要掌握烦琐的手算微分和积分的方法，因为计算机可以像计算n次方根、大数相乘和大数

---

① 电视信号早已实现数字传输。——译者

相除一样快速完成这类工作。例如，斯蒂芬·沃尔弗拉姆开发的一款被广泛使用的软件Mathematica可以在瞬间求解数学和其他科学领域中出现的微积分问题，并绘制相关的图像。具有求导键和积分键的计算器现在比大多数微积分教科书还便宜。据估计，那些大部头教科书中90%以上的练习题都可以用这种计算器来解答。

微积分改革的领导者并不是建议不再教授微积分，而是建议将重点从解题转移到理解计算机在求解微积分问题时做些什么，因为计算机可以更快、更准确地解题。就算我们只是要知道该让计算机做什么，微积分知识实际上也是必不可少的。最重要的是，微积分课程应该让学生逐渐意识到微积分知识的丰富和优雅。

尽管关于如何改进微积分教学的建议很多，但普遍的共识尚未形成。一些数学家建议在介绍微分之前先引入积分。一个值得注意的范例是理查德·库朗[①]撰写的两卷本经典著作《微分与积分》(*Differential and Integral Calculus*)。然而，掌握微分要比掌握积分容易得多，所以这种转换还没有流行起来。

多位微积分改革者，特别是托马斯·W. 塔克［参看他发表在《美国数学月刊》(*American Mathematical Monthly*，第104卷，1997年3月，第231～240页)上的《重新思考微积分中的严格性》(Rethinking Rigor in Calculus）一文］建议微积分教科书用增函数定理（increasing function theorem，IFT）取代重要的中值定理（mean value theorem，MVT)。(关于中值定理，请参阅我为本书第10章所写的附注。)增函数定理指出，如果一个函数在某个区间上的导数等于或大于零，那么该函数在这个区间上是递增的。例如，如果一辆汽车的速度表在一个指定的时间间隔内总是显示一个等于或大于零的数，那么在这个时间间隔内，汽车要么静止不动，要么向前行驶。从几何角度来讲，这条定理说的是，如果一个连续函数的曲线在给定区间内具有一条水平或向上倾斜的

① 理查德·库朗（1888—1972），德裔美籍数学家，著有多部有影响的经典数学教材。——译者

切线，那么该函数在这一区间上的值要么不变，要么递增。但是，这种改变也没有流行起来。

许多改革者希望用微积分来解概率论、统计学、生物学和社会科学的实际题目，以取代传统教科书中人为编造的题目。不幸的是，对于尚未在这些领域工作的初学者来说，这些“实际”的题目看起来可能就像那些人为编造的题目一样枯燥而令人生厌。

更激进的改革者认为，高中不应该再开设微积分课程，甚至大学新生也不应该再学习微积分，除非他们已经决定今后要从事一种需要微积分知识的职业。此外，也有反对改革的人，他们认为微积分的传统教学方式不存在任何问题，而前提是当然由称职的教师来教授这门课程。

1992年2月28日，《科学》（*Science*）杂志调查了杜克大学开设的CALC课程，这是一门面向计算机的微积分课程。只有57%的学生继续学习第二门微积分课程，而作为对比，在学习了更传统的微积分课程后，有68%的学生继续学习高级微积分课程。一些学生喜欢CALC这门试验性的课程，但大多数人并不喜欢。一名学生称这门微积分课程为“我上过的最糟糕的课”，另一名学生则称这是“一场杂乱的大演习”。《科学》杂志还引用了一名学生的话：“我很羡慕我的那些上普通微积分课的朋友。我本该尽力去上一门用纸和笔就能学习的普通微积分课。”

目前的努力是，将连续数学与离散数学结合在同一本教科书中。一个重要的例子是《具体数学：计算机科学基础》（*Concrete Mathematics*：*A Foundation for Computer Science*，1984年出版，1989年修订）。这是罗纳德·格雷厄姆、高德纳·克努特和奥伦·帕塔什尼克合著的一本有趣的教科书。这三位作者从“continuous”（连续）的前面取“con”，从“discrete”（离散）的后面取“crete”，构成了“concrete”（具体）一词。不过，即使这本令人兴奋的教科书也预设了读者应具有微积分知识。

1893年，美国哲学家和心理学家威廉·詹姆斯在给日内瓦心理学家西奥多·弗卢努瓦的一封信中问道:“你能否向我推荐一本关于微分学的简单图书,让我深入了解这门学科的基本原理?”

尽管目前微积分的新教学方式纷繁芜杂,但据我所知,没有一本书能像现在你手里拿的这本书那样满足詹姆斯的要求。人们还做出了许多类似的努力,相关的图书有《实用主义者的微积分》(*Calculus for the Practical Man*)、《微积分入门》(*The ABC of Calculus*)、《微积分是关于什么的?》(*What Is Calculus About?*)、《用简易方法学会微积分》(*Calculus the Easy Way*)和《简化微积分》(*Simplified Calculus*)等。它们要么过于初级,要么过于高级。汤普森的书正好处于恰当的中间水平。诚然,他的书是老式的、直观的和传统导向的,然而没有一位作者把微积分写得比他更清晰、妙趣横生。汤普森不仅解释了“这门学科的基本原理”,还能教会读者如何对简单函数求微分和积分。

西尔维纳斯·菲利普斯·汤普森出生于1851年,他的父亲是英国约克郡的一所中学的教师。从1885年开始到1916年去世,他一直是芬斯伯里的城市和行会技术学院的物理学教授。作为一名杰出的电气工程师,他于1891年入选英国皇家学会,并担任过多个科学学会的主席。

汤普森写了许多关于电、磁、发电机和光学的专著,其中不少先后出版了好几个版本。他还为科学家迈克尔·法拉第、菲利普·赖斯和开尔文勋爵[①]撰写了广受欢迎的传记。他的讲演很受欢迎,据说他还是一名技艺高超的风景画家。此外,他还写诗。1920年,他的四个女儿中的两个——简·斯米尔·汤普森和海伦·G.汤普森出版了一本关于她们的父亲的书,书名为《西尔维纳斯·菲利普斯·汤普森的生平和信件》(*Silvanus Phillips Thompson: His Life and Letters*)。

《轻轻松松学会微积分》最早由麦克米伦出版公司于1910年在英国出版。

---

① 开尔文勋爵,原名威廉·汤姆森(1824—1907),英国物理学家、工程师,热力学温标(绝对温标)的发明人,被称为热力学之父。他因为在横跨大西洋的电报工程中所做出的贡献而得到维多利亚女王授予的爵位。——译者

汤普森当时用的是笔名F. R. S.——这是Fellow of the Royal Society（皇家学会会员）的首字母缩写。该书作者的身份直到他去世后才被披露。这本书在1910年底之前就加印了三次。汤普森在1914年对这本书做了大量修改，修正了差错，并增加了一些新的材料。在他去世后，F. G. W. 布朗于1919年对这本书做了进一步的修订和扩充，并于1945年再次进行修订和扩充。其中一些后来增加的内容（如关于部分分式和反函数的那一章）比汤普森原著中的那些章节更具技术性。奇怪的是，汤普森的第1版非常简单明了，在某种程度上更接近改革者如今推荐的那种入门书。他们希望强调微积分的基本思想，淡化当今可以用计算机快速解决的烦琐技巧。只想掌握微积分要领的读者可以跳过那些技术性较强的章节，也不必费力解答所有的练习题。这本书从未绝版，圣马丁出版社于1970年出版了平装本。

人们对这本书第1版的评论几乎都是好评。《神殿》（*The Athenaeum*）杂志的一位评论家写道：

> 数学文献的评论家很少有运气读到像这样欢快且充满活力的书，“这是对通常有着微分学和积分学这样可怕的名字的那些美丽的计算方法最简单易懂的介绍”。事实上，专业数学家也会热烈欢迎这本书，其教学内容如此正统，阐述如此有力。

汤普森的同事E. G. 科克尔教授在写给他的一封信中说：

> 听说你的那本关于微积分的小书很可能会被广泛使用，我很高兴。正如你所知，我在这里的初级班教授这门学科的基本知识已经有好几年了，我不知道还有哪本书能如此适用于微积分基本思想的教学。这本小书的一大优点是，它消除了专业数学家笼罩在这一学科上的种种谜团。我确信，你的这本小书以其处理微积分基本思想的常识性方式将取得巨大成功。

当今许多杰出的数学家和科学家都是从汤普森的这本书开始学习微积分的。莫里斯·克莱因本人也撰写了一本关于微积分的巨著，但他一直推荐这本书，认为这是给想学习微积分的高中生的一本最好的书。已故经济学家兼统计学家朱利安·西蒙给我寄来了一篇尚未发表的论文，标题为“为什么约翰尼（或许还有你）讨厌数学和统计学”［Why Johnnies (and Maybe You) Hate Math and Statistics］。这篇论文对汤普森的这本书给予了高度赞扬：

> 我问过的每一位专业数学家都对《轻轻松松学会微积分》嗤之以鼻。就我所知，任何地方开设的任何微积分课程都没有使用这本书。尽管如此，但在它首次出版几乎一个世纪之后，它的平装本依然畅销，即使在大学书店里也是如此。它采用了一种概略的体系来教学，从而非常清楚地阐明了微积分的中心思想——用数学家优雅的极限方法很难理解这一思想。

西蒙稍后问道：

> （问题）为什么高中生和大学生不能用汤普森的方法来学习微积分？（回答）汤普森的体系有一个无法弥补的致命缺陷：在世界级数学家的眼中，它是丑陋的，而这些数学家已为数学的教学方式处处制定了标准；普通的大学和高中教师以及他们的学生最终都受制于这种伟大审美趣味的霸权。汤普森只不过放弃了那些以其美丽和优雅吸引数学家的演绎手段。

我之前曾提到《迈向精简而生动的微积分》这本书，其中收录了1986年参加在杜兰大学举办的一次关于如何改进微积分教学的会议的数学家们的论文。大多数作者强烈呼吁减少解题技巧，强调对概念的理解，将微积分与计算器的使用结合起来，并将教科书缩减为更精简、更生动的形式。那么，有史以来最精简、最生动的微积分导论就是汤普森的这本《轻轻松松学会微积分》，但彼得·伦兹是那次会议上唯一有勇气赞扬这本书并将其列为参考书的数学家。

微积分中最重要的概念有两个：一是函数，二是极限。汤普森或多或少地假设他的读者理解这两个概念，因此我在预备知识部分试图更清楚地阐述这两个概念的含义。我增加了导数的简短介绍。另外，在《轻轻松松学会微积分》这本书中，我在自己认为有些有趣的事情可说的地方加入了一些脚注。这些脚注标有我的姓名首字母的缩写M. G.，以区别于汤普森的脚注（标有他的姓名首字母的缩写S. P. T.）[①]。

在汤普森谈到英国货币的地方，我都把它们的单位换成了美元和美分。另外，术语已更新。汤普森使用的术语“微分系数”（differential coefficient）已经过时。我把它改成了“导数”（derivative）。“不定积分”（indefinite integral）这个术语现在仍然在使用，但它正在迅速被“反导数”（antiderivative）所取代，所以我将“不定积分”替换成了“反导数”[②]。

汤普森遵循英国人的做法，将小数点的位置提高了，这很容易与表示乘号的点混淆。为了符合美国人的习惯，我把所有这样的点都降低了。汤普森使用了一个现已废弃的符号来表示阶乘，我把它改成了我们熟悉的感叹号。在汤普森使用希腊字母ε的地方，我把它改成了英文字母e。汤普森使用符号$\log_{\varepsilon}$，我把它换成了ln。最后，在一个篇幅相当长的附录中，我把与微积分相关的各种颇有趣味的题目编在了一起。

我希望自己对《轻轻松松学会微积分》原著的修订和补充能使它更容易理解。这不仅是对高中生和大学生来说的，而且对像威廉·詹姆斯这样渴望了解微积分的年长外行来说也是如此。数学处理的大多是静态对象，如圆、三角形和数字。但“外面”的宏大宇宙不是由我们创造的，它处于一种被牛顿称为“流变”的不断变化的状态——每一微秒，它都会神奇地变成另一种

① 译者所加的脚注标有“译者”。——译者

② 由于中文教科书中较常使用“不定积分”，因此在下文中仍将“反导数”译为“不定积分”。——译者

不同的状态。

微积分是关于变化的数学。如果你不是数学家和科学家，也不打算成为数学家或科学家，就没有必要掌握手工解答微积分题目的技巧。但是，如果你不去深入了解微积分的本质，不去深入了解詹姆斯所说的微积分的基本原理，就会错过一次伟大的智力冒险。你会错过一个令人振奋的机会，以致于不能一窥由我们头脑中那些神秘的小计算机所创造的最奇妙、最有用的东西之一。

我要感谢迪安·希克森、奥利弗·塞尔弗里奇和彼得·伦兹，他们审阅了这本书的手稿，并提供了大量宝贵的建议和修改意见。

马丁·加德纳

1998年1月

目 录

预备知识

马丁·加德纳

1. 什么是函数

在数学中，尤其是在微积分中，没有任何其他概念比函数这个概念更基本。1673年，德国数学家和哲学家戈特弗里德·威廉·莱布尼茨（他独立于艾萨克·牛顿发明了微积分）在一封信中首次使用了这个词。从那时起，这个词的含义逐渐得到扩展。

在传统微积分中，函数被定义为两个变量之间的一种关系，它们之所以称为变量是因为它们的值是变化的。假设x和y为变量，如果x的每个值恰好都与y的一个值相关联，那么我们就说y是x的函数。习惯上，用x表示自变量（independent variable），用y表示因变量（dependent variable），因为y的值取决于x的值。

正如汤普森在第3章中所说明的那样，排在英文字母表最后的几个字母传统上用来表示变量，而英文字母表中的其他字母（通常是前几个字母，如a，b，c，…）用来表示常数。常数是方程中具有固定值的那些量。例如，在$y=ax+b$中，变量是x和y，而a和b是常数。如果$y=2x+7$，则常数为2和7。当x和y变化时，它们保持不变。

几何函数的一个简单例子是正方形的面积与边长的相关性。在这种情况下，函数称为一对一函数，因为它们之间的依赖关系是双向的。正方形的边长也是面积的函数。

正方形的面积等于边长乘以边长。要将正方形的面积表示为边长的函数，可设y为面积，x为边长，于是就可以写出$y=x^2$。当然，假设x和y是正的。

正方形的边长与对角线之间的关系是一对一函数的一个稍微复杂一点的例子。正方形的对角线是一个等腰直角三角形的斜边。根据毕达哥拉斯定理[①]，直角三角形斜边的平方等于两条直角边的平方和。在这种情况下，两条直角边是相等的。要将正方形的对角线表示为其边长的函数，可设y为对角线，x为边长，然后写出$y=\sqrt{2x^2}$，或者更简单地写成$y=\sqrt{2}\,x$。要将边长表示为对角线的函数，可设y为边长，x为对角线，然后写出$y=\sqrt{\frac{x^2}{2}}$，或者更简单地写成$y=\frac{x}{\sqrt{2}}$。

最常见的表示函数的方法是将因变量y替换为$f(x)$，这里的f是“function”（函数）的首字母。因此，$y=f(x)=x^2$就意味着因变量y等于自变量x的平方。比如，对于$y=2x-7$，我们现在将其改写成$y=f(x)=2x-7$。这意味着y是x的函数，它的值因表达式$2x-7$中x的值而定。该表达式的这种形式称为x的显（explicit）函数。如果表达式具有$2x-y-7=0$这一等价形式，则它称为x的隐（implicit）函数，因为这个等式隐含了它的显函数形式。通过重新排列该等式中的各项，可以很容易地从该式中得出显函数形式。除了$f(x)$这个符号之外，我们经常也会使用其他符号。

如果我们希望给定$y=f(x)=2x-7$这个例子中x和y的值，则可以将x替换为任意值，比如6，于是写出$y=f(6)=2\times6-7$，从而得出因变量y的值为5。

如果因变量是单个自变量的函数，那么这个函数就称为一元函数。我们熟悉的例子（都是一对一函数）有：一个圆的周长或面积与半径的关系、一个球的表面积或体积与半径的关系、一个数的对数与该数的关系。

正弦、余弦、正切和正割称为三角函数。对数给出对数函数。指数函数是

① 毕达哥拉斯定理，即我们所说的勾股定理，在西方相传由古希腊的毕达哥拉斯首先证明，而在中国相传于商代就由商高发现。——译者

指自变量 x 在一个等式中充当指数的函数，如 $y=2^x$。当然，还有无数其他已经被命名的更复杂的一元函数。

函数可以依赖多个变量，这就是所谓的多元函数，其中的元数是指自变量的个数。同样，例子不胜枚举。直角三角形的斜边随它的两条直角边而定，这两条直角边不一定相等。（这个函数当然涉及三个变量，但它称为二元函数，因为它有两个自变量。）如果 z 是斜边，x 和 y 是两条直角边，那么根据毕达哥拉斯定理，我们知道 $z=\sqrt{x^2+y^2}$。注意，这不是一个一对一函数。如果已知 x 和 y，那么 z 的值就是唯一的，但如果已知 z，那么 x 和 y 的值并不是唯一的。

二元函数还有另外两个熟悉的例子，其中一个是三角形的面积是其底边和高的函数，另一个是圆柱的表面积是其半径和高的函数，它们都不是一对一函数。

一元函数和二元函数在物理学中无处不在。摆锤的周期是摆长的函数。落石所经过的距离和速度都是下落时间的（一元）函数。大气压是海拔高度的（一元）函数。子弹的动能是一个取决于其质量和速度的二元函数。导线的电阻是一个取决于其长度和圆形横截面直径的二元函数。

函数可以有任意多个自变量。三元函数的一个简单例子是长方体形状的房间的容积，它取决于房间的长、宽和高。四维超长方形的超体积是一个四元函数。

初学微积分的学生必须熟悉如何用笛卡儿坐标系中的一条曲线为一个具有两个变量的等式建立模型。（这个坐标系是以发明它的法国数学家、哲学家勒内·笛卡儿的姓氏命名的。）自变量的值用水平的 x 轴上的点表示，因变量的值用竖直的 y 轴上的点表示。平面上的点表示 x 和 y 构成的有序数对。如果一个函数是线性的，即它的形式为 $y=ax+b$，那么表示这些有序数对的图像就是一条直线。如果函数不具有 $y=ax+b$ 形式，那么它的图像就不是一条直线。

图Ⅰ是 $y=x^2$ 在笛卡儿坐标系中的图像，它是一条抛物线。每条坐标轴上的点表示实数（有理数和无理数），x 轴为右正左负，y 轴为上正下负。坐标系的原点（两条坐标轴相交的位置）给出有序数对 $(0,0)$。如果 x 是一个正方形的边长，那么我们假设它既不是零也不是负数，因此相关的曲线就只是该抛物线的右半边。假设这个正方形的边长为3，有一个点从x轴上的3所对应的位置竖直向上移动到该曲线上，然后水平向左移动到y轴上，你就会发现3的平方是9。（我向读者致歉，因为这些都是老掉牙的知识。）

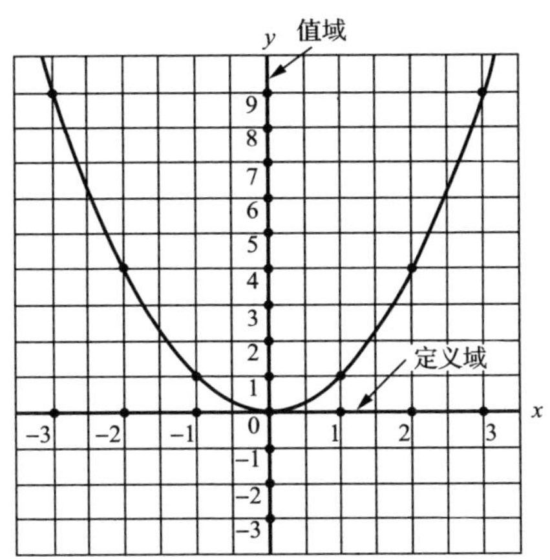

图Ⅰ　$y=x^2$或$f(x)=x^2$（注意两条坐标轴上的刻度是不同的）

如果一个函数涉及三个自变量[①]，那么它在坐标系中的图像就必须扩展到一个具有x轴、y轴和z轴的三维空间中。我曾经听说过一位教授（我已经不记得他的名字了）喜欢用一种夸张的方式向学生展示这个空间，他一边沿左右方向来回奔跑一边大喊“这是x轴”，然后一边在中间的过道上沿前后方向来回奔跑一边大喊“这是y轴”，最后一边向上跳跃一边大喊“这是z轴”。具有三个以上变量的函数需要一个具有三条以上坐标轴的笛卡儿坐标系。不幸的是，这位教授不能通过奔跑和跳跃来夸张地展示超过三维的坐标系。

注意图Ⅰ中标注的“定义域”（domain）和“值域”（range）。近几十年来，使函数的定义一般化已经成为一种时尚。自变量的取值范围称为函数的定义域，因变量的取值范围称为函数的值域。在笛卡儿坐标系中，定义域由横轴

① 原著有误，此处应为三个变量。——译者

（x轴）上的数组成，值域由纵轴（y轴）上的数组成。

定义域和值域可以是无限集，比如实数集或整数集；或者其中任意一个可以是有限集，比如实数的一部分。例如，温度计上的数表示实数的一个有限区间。如果用温度计测量水温，那么相应的读数位于水结冰的温度和沸腾的温度之间的那个区间。在这里，水银柱的高度相对于水温是一个单自变量的一对一函数。

在现代集合论中，我们不是用方程，而是用一组规则来描述函数。定义函数的这种方法可以推广到完全任意的数集。指定这些规则的最简单的方法是用一张一览表来表示。例如，在图Ⅱ中，左边的8个数构成了某函数的定义域，而与其对应的右边的4个数构成了值域，支配此函数的规则由箭头表示。这些箭头表明了定义域中的每个数都与值域中的单个数相对应。正如你所看到的，左边的多个数可以指向右边的同一个数，反之则不然。这种函数的另一个例子及其图像如图Ⅲ所示，它的定义域由平面上的6个孤立点组成。

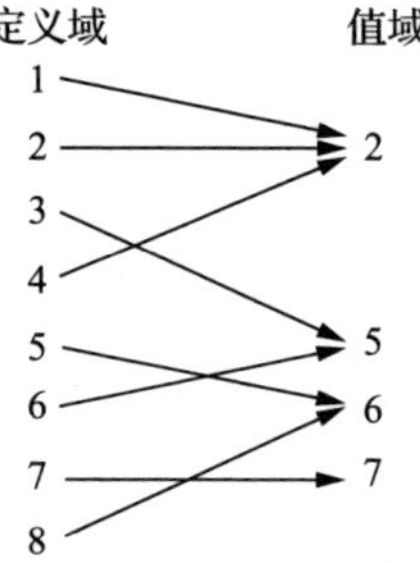

图Ⅱ　用集合和映射定义的函数

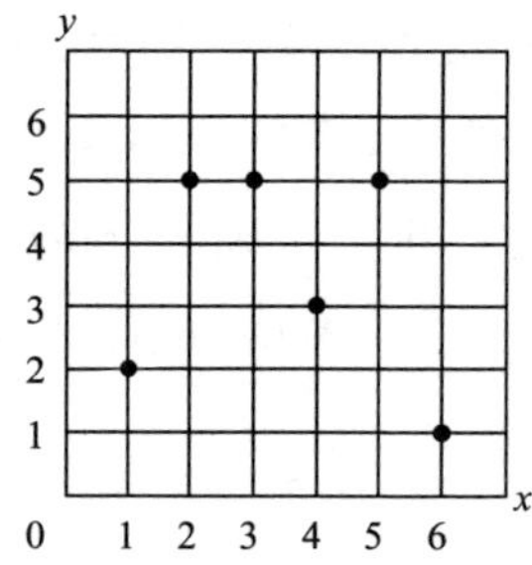

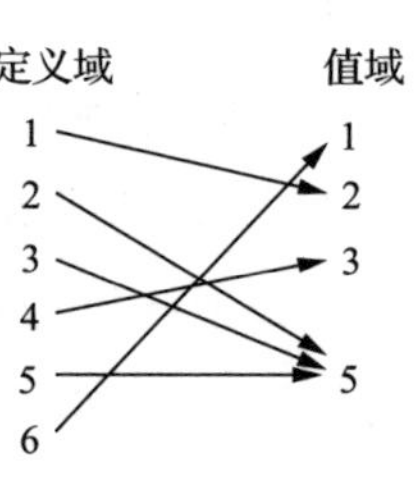

图Ⅲ　一个整数离散变量函数和它的图像

因为左边的每个数都恰好指向右边的一个数，所以我们可以说右边的这些数是左边的这些数的函数。可以将右边的这些数称为左边的这些数的“像”。这些箭头称为从定义域到值域的一个“映射”。也可以说这些箭头定义了函数的“对应规则”。

对于在微积分中遇到的大多数函数，其定义域由单个实数区间组成。定义域可能是整个x轴，比如函数$y=x^2$所表明的情况；也可能是一个有界的区间，比如$y=\arcsin x$的定义域由所有满足$-1\leqslant x\leqslant 1$的x值组成；还可能在一侧有界，而在另一侧无界，比如$y=\sqrt{x}$的定义域包含了所有满足$x\geqslant 0$的x值。如果可以在不从纸上提起笔的情况下画出函数的图像，那么我们将这样的函数称为“连续的”，否则就称其为“不连续的”。（对于具有更复杂的定义域的函数，连续性的完整定义也是完全适用的，但这超出了本书的范围。）

例如，刚才提到的三个函数都是连续的。图Ⅳ给出了一个不连续函数的例子，它的定义域由所有实数组成，但它的图像由无穷多段彼此不相连的部分构成。在本书中，我们将几乎只关注连续函数。

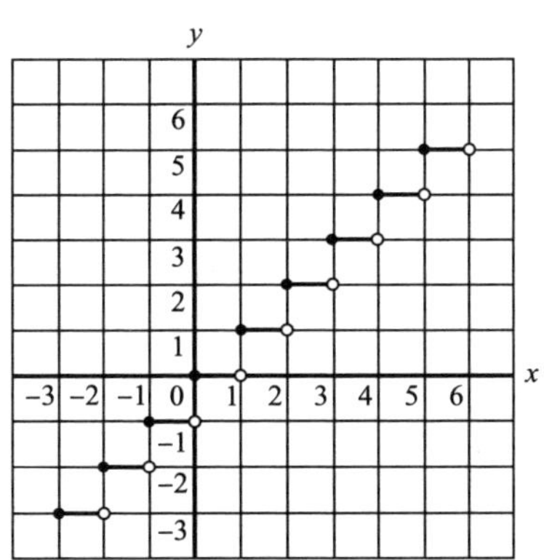

图Ⅳ　这个函数称为取整函数，因为它将（x轴上的）每个实数映射到y轴上等于或小于该实数的最大整数

注意，如果垂直于x轴的一条直线多次与一条曲线相交，那么这条曲线就不能表示一个函数，因为它将x轴上的一个数映射到y轴上的多个数。图Ⅴ中

的曲线显然不是一个函数的图像，因为垂直于x轴的虚线与它相交于三个点。(应该注意的是，汤普森并没有使用“函数”这一现代定义。例如，第11章的图30中的曲线未能通过这样的检验，但汤普森仍认为它是一个函数的图像。)

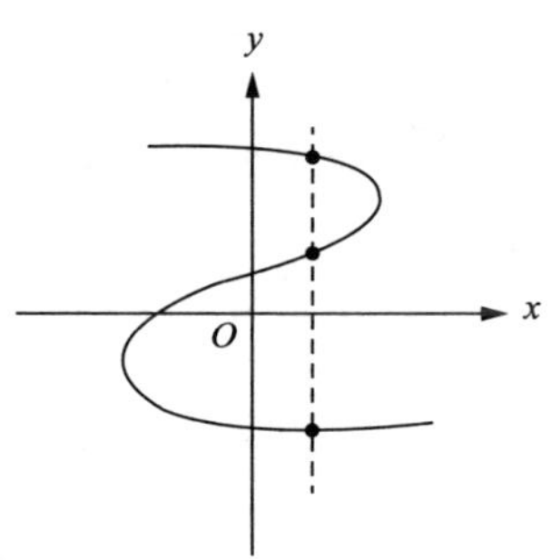

图V　一个例子：图中的曲线不代表函数

在函数的这种一般化的定义中，一个一元函数就是任意有序数对的一个集合，它使一个集合中的每一个数x都恰好与另一个集合中的一个数y配对。换言之，在这些有序数对中，x的取值不能重复，但y的取值可以重复。

从这个广义的角度来看待函数，保险箱的组合密码或打开一扇门所需按下的按钮序列都是自然数的函数。要打开一个保险箱，必须把旋钮来回转动到一组随机整数。比如，如果保险箱的组合密码是2-19-3-2-19，那么这些数就是1，2，3，4，5的一个函数。它们代表为了打开保险箱必须按顺序输入的数。类似地，一把开启弹子锁的钥匙上的那些小小的“峰”的高度是这把钥匙长度方向上的位置的一个函数。

近年来，数学家进一步拓宽了函数的概念，使其包括了那些非数的东西。事实上，它们完全可以是任何东西，只要这些东西是一个集合中的元素。函数只不过是一个集合中的每个元素与另一个集合中的一个元素的相关性。这导致“函数”这个词产生了各种各样看起来很荒谬的用法。如果史密斯的头发是红色的，琼斯的头发是黑色的，而鲁宾逊的头发是白色的，那么头发的颜色就是这三个人的函数。各个城镇在地图上的位置是它们在地球上的位置的函数。在一个正常的家庭中，脚趾的总数是家庭成员数的函数。不同的人可以有同一个母亲，但没有一个人会有一个以上的母亲，这使得人们可以说母亲是人的一个函数。正如一位数学家最近所说的，函数已经被推广到了“上天入地”的程度。

有一种方法可以帮助我们理解以这种一般化的方式定义的函数，那就是想象一个有输入口和输出口的黑匣子。一个定义域中的任何元素，无论它是数还是其他东西，都会被放入这个黑匣子。输出口将出现值域中的单个元素。这个黑匣子里的机械装置通过使用控制函数的任何对应规则，神奇地提供了相关性。在微积分中，输入和输出几乎总是实数，而黑匣子中的机械装置则根据等式提供的规则运行。

由于函数的这种一般化的定义会导致一些怪诞的极端情况，现今的许多教育工作者，尤其是那些具有工程背景的教育工作者，都认为向初学微积分的学生介绍如此宽泛的函数定义既会造成困惑，也没有必要。然而，越来越多的现代微积分教科书在用大量篇幅介绍这种一般化的定义。这些教科书的作者认为，将函数定义为从一个任意集合到另一个任意集合的映射是一个强大的、统一的概念，应该教给所有学习微积分的学生。

反对这种做法的那些人则认为微积分不应该涉及脚趾、城镇和母亲。它的定义域和值域应该一如既往地局限于实数，而其函数描述了连续的变化。

一个值得庆幸而令人惊讶的事实是，变幻莫测的奇妙宇宙的各条基本定律都建立在一些相对简单的方程之上。如果不是这样的话，我们对宇宙运作方式的了解肯定会比现在少，牛顿和莱布尼茨可能永远不会发明（或发现?）微积分。

2.

什么是极限

即使没有牢牢把握极限的含义，也是有可能理解微积分的，尽管这很困难。作为微分学基本概念的导数就是一个极限，作为积分学基本概念的积分也是一个极限。

为了解释极限的含义，我们在本章中只关注离散变量函数的极限，因为极限从离散的角度更容易理解。当阅读这本书后面的内容时，你会学到如何将极限概念应用于连续变量函数。这些函数被如此命名是因为它们的变量具有连续变化的实数值。离散变量函数中的变量则是从一个值跳到另一个值。还有复变量函数，其变量的取值是复数——基于-1的纯虚平方根的数。汤普森的这本书不讨论复变量函数。

数列是一组按一定顺序排列的数。这些数不必互不相同，也不必是整数。下面考虑数列1，2，3，4，…，这个数列里只有正整数。它是一个无穷数列，因为它可以一直继续下去。如果它停止了，那么它就是一个有限数列。

如果将一个数列的各相邻项用加号连接起来，那么我们就得到了一个级数。若此数列是有限的，则该级数（和式）就给出了一个有限的和；若此数列是无限的，则相加到指定项就会得到一个“部分和”。如果一个无穷级数的部分和随着项数的增加越来越接近一个数 k，那么 k 就称为该级数的部分和的极限，或者称为该无穷级数的极限。此时，我们称该级数“收敛”到k。如果一个级数不收敛，那么我们就说这个级数是“发散的”。

一个无穷级数的极限有时称为它“趋于无穷时的和”，但这当然不是在项数有限的情况下通常算术意义上的和。你无法通过相加获得一个无穷级数的“和”，因为要相加的项数是无限的。当我们谈到一个无穷级数的“和”时，这只是在用一种简捷的方法来命名其极限。

无穷级数可以通过以下三种不同的方式收敛到其极限。

（1）部分和越来越接近极限而没有实际达到极限，但它们绝不会超过极限。

（2）部分和达到极限。

（3）部分和在收敛之前超过了极限。

让我们举几个例子来看看第一种和第三种方式。

公元前5世纪，古希腊哲学家爱利亚的芝诺[①]提出了几个著名的悖论，旨在表明运动中存在着某种极其神秘的东西。其中一个悖论是想象有一位跑者从点A跑到点B。他先跑完全程的一半，然后跑完剩余距离的一半，再跑完剩余距离的一半，以此类推。他每次跑的距离越来越短，跑过的总距离构成了一个减半级数$\frac{1}{2}+\frac{1}{4}+\frac{1}{8}+\frac{1}{16}+\cdots+\frac{1}{2^n}+\cdots$。随着他与点$A$之间的距离所构成的级数收敛到1，他与点$B$之间的距离则趋于其极限零。当然，这位跑者可以用一个沿着从点A到点B做直线运动的点来模拟。这位跑者会到达目的地B吗？

这取决于具体情况。

假设这位跑者在跑完这个级数中的每一项对应的距离之后都会停下来休息一秒。这种情况可以用一枚棋子（代表一个点）来模拟：设想将它从桌子的一边推到相对的一边。你先将棋子推到一半距离处，然后停顿一秒，再将它推到

---

① 芝诺（约前490—前430），古希腊数学家、哲学家，他提出了一系列关于运动不可分性的哲学悖论。——译者

剩余距离的一半处，再停顿一秒。如果这个过程继续下去，这枚棋子（这个点）将越来越接近极限位置，但永远不会到达极限位置。

有一个基于此的老笑话。一位数学教授让一名男生待在一个空房间的一边，让一名漂亮的女生待在对面的墙边。男生得到命令后，向女生走了一半的距离，等了一秒，然后又走了剩余距离的一半，以此类推。他每次在把剩下的距离减半之前总会停顿一秒。女生说："哈哈，你永远也到不了我这里！"男生回答道："没错，但我可以足够接近你。"

现在假设在每一次推动棋子后不再等待一秒，而是以稳定的速度移动这枚棋子。再假设这个恒定速度能使这枚棋子在一秒内走全程的一半，在半秒内走完此时剩余距离的一半，以此类推，在这个过程中没有任何停顿。这样，一个离散的过程就转变成了一个连续的过程。两秒后，棋子就到达了桌子的另一边。如果芝诺所说的跑者以某一速度前进，那么他就会在一段有限的时间后到达目的地。以这种方式建模所构成的减半级数恰好收敛于这一极限。

芝诺所说的跑者引出了各种有趣的悖论，它们涉及所谓的"无限机器"。一个简单的例子是：一盏灯在一分钟后关闭，然后在半分钟后打开，在四分之一分钟后又关闭，以此类推，打开和关闭的时间构成一个无穷级数。这个时间级数收敛于两分钟。两分钟后，这盏灯是开着的还是关着的？这当然是一个思想实验，不能真的用一盏灯来操作，但可以用抽象的方式来回答吗？不行，因为在这个由打开和关闭的时间构成的无穷级数[①]中，不存在最后一次运算。这就好像在问π的最后一位数是奇数还是偶数。

要想"看到" $\frac{1}{2}+\frac{1}{4}+\frac{1}{8}+\cdots$ 的极限是1，有一种简单的方法是像汤普森在第17章的图46中所做的那样，沿着一条数轴标出这些分数对应的长度。图Ⅵ中的这个被剖分的单位正方形展示了一种类似的"看了就明白"的证明，我们

① 关于无穷机器，请参阅我的《轮子、生命和其他趣味数学》（*Wheels, Life, and Other Mathematical Amusements*, 1983年）第4章"ℵ和超任务"（Alephs and Supertasks），以及那一章引用的参考文献。——M. G.

由此可以看出该级数收敛到1。这个级数的部分和由离散变量函数 $1-\frac{1}{2^n}$ 生成[①]，其中 n 取整数1，2，3，4，5，…。

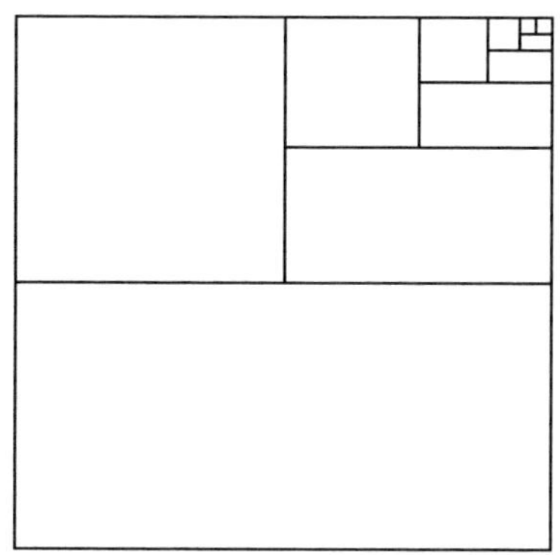

图Ⅵ $\frac{1}{2}+\frac{1}{4}+\frac{1}{8}+\frac{1}{16}+\cdots$ 的一种二维的“看了就明白”的证明

我们现在看一个在最终收敛之前超过了其极限的无穷级数。将刚才那个减半数列中每间隔一项的加号改为减号，就给出了这样的一个例子：$\frac{1}{2}-\frac{1}{4}+\frac{1}{8}-\frac{1}{16}+\cdots$。这个“交错级数”（alternating series）的部分和交错地大于和小于 $\frac{1}{3}$ 这一极限，它们与 $\frac{1}{3}$ 之差可以任意小，但每一个结束于正项的部分和都大于该极限。

当一个无穷级数逼近而永远不会达到其极限时，部分和与极限之差越来越接近零。事实上，它们如此接近，以至于你可以假设它们的差就是零。因此，正如汤普森喜欢说的那样，它们的差可以被“扔掉”。在早期的微积分

① 级数 $\frac{1}{2}+\frac{1}{4}+\frac{1}{8}+\frac{1}{16}+\cdots$ 是一个等比级数，其首项 $a_1=\frac{1}{2}$，公比 $q=\frac{1}{2}$，因此部分和 $S_n=\frac{a_1(1-q^n)}{1-q}=\frac{\frac{1}{2}\left(1-\frac{1}{2^n}\right)}{1-\frac{1}{2}}=1-\frac{1}{2^n}$。——译者

书籍中，无限接近零的那些项就称为“无穷小”。这些数生活在无限接近零而不知何故又不是零的梦幻之地，它们显然有些令人毛骨悚然。例如，在那个减半级数中，那些接近零的分数永远不会变成无穷小，因为它们始终是1的一个有限部分。无穷小是1的一个无穷小部分。它比你能说出的任何有限分数都要小，但永远不会为零。它是合法的数学实体吗？应该将它从数学中驱逐出去吗？

最直率地反对无穷小的是18世纪的英国哲学家乔治·伯克利主教。他在1734年出版了一本名为《致异教徒数学家或分析家》（*The Analyst, or a Discourse Addressed to an Infidel Mathematician*）的书，在其中抨击了无穷小。那位异教徒数学家就是天文学家埃德蒙·哈雷，哈雷彗星就是以他的姓氏命名的，他还说服牛顿出版了著名的《自然哲学的数学原理》（*The Principia: Mathematical Principles of Natural Philosophy*）。

以下是伯克利主教对无穷小的一些抱怨。（“流数”是牛顿用来表示导数的一个术语。）

> 这些流数是什么？是倏逝增量的速度。这些同样的倏逝增量又是什么？它们既不是有限的量，也不是无穷小的量，但也不是无。我们能不能将它们称为已逝的量的鬼魂呢？
>
> …………
>
> 除了上述流数外，还有其他流数，这些流数的流数称为二阶流数。而这些二阶流数的流数则称为三阶流数，以此类推，接下去还有四阶流数、五阶流数、六阶流数等，直至无穷。正如我们的感官对于那些极其微小的物体的感知十分吃力和困惑，要依靠源自感知的想象力去构建关于时间的极小量或其中产生的最小增量的清晰想法也让人感到十分吃力和困惑。更困难的是要理解瞬间，或那些处于刚开始存在的状态的流动量的增量：在它们最初起源或开始存在之后，成为有限的极小量之前。而要想象从这种新生的不完美实体中分离出来的速度，

似乎就愈加困难了。但速度的速度，二阶速度、三阶速度、四阶速度和五阶速度等，如果我说得没错的话，这些都超过了所有人的理解能力。大脑越去分析和追求这些难以捉摸的想法，就越会感到迷茫和困惑。这些事物起初转瞬即逝、细微异常，很快就消失在视线之外。无疑，在任何意义上，二阶流数或三阶流数看起来都是晦涩难懂的谜。一个刚出现的速度的刚出现的速度，一个刚开始存在的增长的刚开始存在的增长，是一个没有大小的东西。不管从什么角度看，如果我没说错的话，人们会发现对它是不可能有清晰概念的。不管是不是这样，我恳求每一位有思想的读者来尝试一下。如果二阶流数是不可想象的，那么我们该怎么看待三阶流数、四阶流数、五阶流数等呢？没有尽头。

依我看来，能够理解二阶流数或三阶流数、二阶差或三阶差的人，在理解或对付神学中的论题时是不会有任何困难或异议的。

瑞士数学家约翰·伯努利[①]在发展微积分方面做出了开创性的工作，他清晰地表达了无穷小的悖论。他说，它们是如此微小，以至于“如果一个量增加（或减少）了一个无穷小，那么这个量没有增大（或减小）”。

在两个世纪的时间里，大多数数学家同意伯克利主教的观点，拒绝使用“无穷小”这个术语。你不会在《轻轻松松学会微积分》这本书中找到它。伯特兰·罗素[②]在1903年出版的《数学原理》（*Principles of Mathematics*）一书的第39章和第40章中对无穷小进行了有力的抨击。他称它“在数学上是无用的”“不必要的、错误的和自相矛盾的”。迟至1941年，著名数学家理查德·库朗写道：“这些无穷小的量现在被明确地、不光彩地抛弃了。”和罗素等人一样，

① 约翰·伯努利（1667—1748），瑞士数学家、物理学家，在微积分、天体力学、流体力学等方面做出了重要贡献。伯努利家族共产生了11位数学家。——译者

② 伯特兰·罗素（1872—1970），英国哲学家、数理逻辑学家，1950年诺贝尔文学奖获得者，分析哲学的创始人之一。——译者

他认为微积分应该用极限的概念来取代无穷小。

威廉·詹姆斯[①]的朋友、美国伟大的数学家和哲学家查尔斯·皮尔斯[②]对此表示强烈反对。当时，他几乎是唯一支持莱布尼茨的人。莱布尼茨认为无穷小和虚数一样真实合理。以下是皮尔斯的一些典型评论。我在皮尔斯撰写的《论文集》（*Collected Papers*）和《数学新元素》（*New Elements of Mathematics*）的各卷本的索引中查找"无穷小"时，发现了这些评论。

> 无穷小可能存在，并且对哲学非常重要，正如我所相信的那样。
>
> 无穷小的原理要比极限的原理简单得多。
>
> 慷慨地承认虚数，同时又将无穷小视为不能想象而加以抵制……这是自洽的吗？
>
> 从严格意义和字面意义上讲，无穷小是完全可以理解的，这与大量现代微积分教科书中的说法相反。
>
> 关于这样的一些量的想法并没有任何矛盾之处……作为一名数学家，我更喜欢无穷小的方法，而不是极限的方法，因为前者理解起来要容易得多，而且更少受到各种陷阱的滋扰。

如果皮尔斯生前能看到耶鲁大学的亚伯拉罕·鲁宾逊[③]的研究，他一定会感到很高兴。1960年，令世界各地的数学家感到惊讶的是，鲁宾逊找到了一种方法，将莱布尼茨的无穷小作为合法的、精确定义的数学实体重新引入！他在微积分中使用无穷小的这种方法称为"非标准分析"。（"分析"是一个应用于微积分和所有要用到微积分的高等数学的术语。）对于许多微积分问题，非

---

① 威廉·詹姆斯（1842—1910），美国本土第一位哲学家和心理学家，也是教育学家、实用主义的倡导者。——译者

② 查尔斯·皮尔斯（1839—1914），美国通才，早年为化学家，他在数学、研究方法论、科学哲学、知识论和形而上学领域都进行了改革，并创建了作为符号学分支的逻辑学，也是美国当代实用主义的奠基人。——译者

③ 亚伯拉罕·鲁宾逊（1918—1974），德裔美国数学家，非标准分析的奠基人。——译者

标准分析给出了比标准分析更简单的解答，它无疑更接近一种解释无穷收敛级数的直观方法。鲁宾逊的成就很难在这里详细介绍，但你能在马丁·戴维斯和鲁本·赫什的《非标准分析》（Nonstandard Analysis）中找到很好的介绍。此文发表在1972年6月的《科学美国人》（*Scientific American*）上。

数学家和科幻作家鲁迪·鲁克在其著作《无穷与心灵》（*Infinity and the Mind*, 1982年）中极力捍卫无穷小：

> 普通人对于无穷是如此恐惧，以至于直到今天，全世界教授微积分的人都是将其作为对极限过程的研究，而不是在其真正含义——无穷小分析上进行研究。
>
> 作为一个成年后大部分时间以教授微积分课程为生的人，我可以告诉你，试图向一届又一届不理解复杂而又烦琐的极限理论的新生解释这些理论，这是多么令人感到厌倦……
>
> 但更为光明的未来还是有希望的。鲁宾逊对超实数的研究将无穷小建立在一个逻辑上无懈可击的基础之上，而基于无穷小的微积分教科书也在各地出现了。

哪一种方式更可取？是去谈论那些无穷小的量，这些量如此之小，以至于如汤普森所说，你可以“把它们扔掉”，还是去谈论那些接近某个极限的值？关于无穷小与极限这种语言之间的争论毫无意义，因为它们只是同一事物的两种说法。这就像是将三角形称为有三条边的多边形，还是称为有三个角的多边形。微分或积分的计算是完全一样的，这与你喜欢如何去描述你在做的事情无关。现在，由于有了非标准分析，无穷小又变得体面了，你只要愿意就可以毫不犹豫地使用这个术语。

你可能会认为，如果一个无穷级数的项变得越来越小，那么这个级数必定是收敛的。但是，事实绝非如此。最著名的例子是$\frac{1}{1}+\frac{1}{2}+\frac{1}{3}+\frac{1}{4}+\frac{1}{5}+\cdots$。这个级数称为“调和级数”，它在物理学和数学中都有着无数的应用。尽管其中的分数变得越来越小，逐渐收敛到零，但它的部分和在无限增大，没有极限！这个级数的部分和的增长速度慢得令人恼火：在100项之后，它的部分和仅比5略大一点；要到10^{45}项之后，它的部分和才能达到100！

如果我们在这个调和级数中去掉所有分母为偶数的项，它会收敛吗？令人惊讶的是，它也不收敛，尽管它的增长速度更慢。如果我们从这个级数中去掉分母中一次或多次包含某一特定数字的所有项，那么这个级数就会收敛了。对于每个被去掉的数字，表Ⅰ给出了该级数精确到小数点后两位的极限。

表Ⅰ　去掉有关项后调和级数的极限

去掉的数字	和的极限
1	16.18
2	19.26
3	20.57
4	21.33
5	21.83
6	22.21
7	22.49
8	22.73
9	22.92
0	23.10

无穷级数的极限可以用无限小数来表示。例如，0.333333…是级数$\frac{3}{10}+\frac{3}{100}+\frac{3}{1000}+\cdots$的极限。顺便说一下，有一种简单得不可思议的方法可以确定任何循环小数的整分数极限。这里的诀窍是：循环节（重复数字段）由几位数字构成，就将循环节除以几个9[①]。因此，0.3333…就简化成$\frac{3}{9}=\frac{1}{3}$。如果循环小数

① 假如讨论的数是$k=0.ababab\cdots$，那么$100k=ab+k$，于是有$(100-1)k=ab$，即$k=\frac{ab}{99}$。同理，可讨论其他情况。——译者

是0.123123123…，那么它的极限就是$\frac{123}{999}$，这个分数可化简为$\frac{41}{333}$。

无理数，比如无理根以及像π和e这样的超越数①，是许多无穷级数的极限。例如，π是像$\frac{4}{1}-\frac{4}{3}+\frac{4}{5}-\frac{4}{7}+\frac{4}{9}-\cdots$这样高度有规律的级数的极限，数字e②（你会在本书的第14章中遇到它）是$1+\frac{1}{1!}+\frac{1}{2!}+\frac{1}{3!}+\frac{1}{4!}+\cdots$的极限。

虽然阿基米德并不知道微积分，但他计算圆周率的方法是将正多边形的周长随着其边数增加的极限作为圆的周长，这就已经蕴含了积分的思想。我们可以用无穷小的语言来这样表述：一个圆可以被视为一个具有无穷多条边的正多边形，其周长由无穷多条线段组成，每条线段的长度都是无穷小。

人们已经发现了许多技巧来判定一个无穷级数是收敛的还是发散的，还发现了一些在收敛时求出极限的方法，有时这些方法用起来并不容易。如果一个等比级数（每相邻两项之比不变）中的各项在减小，那么我们就很容易求出其极限。以下是求减半级数$\frac{1}{2}+\frac{1}{4}+\frac{1}{8}+\frac{1}{16}+\cdots$的极限的方法。设$x$等于整个级数，即$x=\frac{1}{2}+\frac{1}{4}+\frac{1}{8}+\frac{1}{16}+\cdots$。在该等式的两边都乘以2，有

$$2x=\frac{2}{2}+\frac{2}{4}+\frac{2}{8}+\frac{2}{16}+\cdots。$$

约化各项，可得

$$2x=1+\frac{1}{2}+\frac{1}{4}+\frac{1}{8}+\cdots。$$

注意，1之后的这个级数与我们取为x的原始减半级数相同。这样，我们就能用x来替换该级数，从而将上式写成$2x=1+x$。重新整理各项，有$2x-x=1$，由此得到该级数的极限x的值为1。

① 参见《从代数基本定理到超越数：一段经典数学的奇幻之旅（第二版）》，冯承天著，华东师范大学出版社，2019年。——译者

② 参见《优雅的等式：欧拉公式与数学之美》，戴维·斯蒂普著，涂泓、冯承天译，人民邮电出版社，2018年。——译者

利用同样的技巧可以求出$\frac{1}{2}$是$\frac{1}{3}+\frac{1}{9}+\frac{1}{27}+\frac{1}{81}+\cdots$的极限。这种方法适用于各项递减的任何等比级数。

在有关极限的文献中，关于弹跳球的题目很常见。这些题目假设一个理想的弹跳球从距离地面一定高度处掉落到坚硬的地板上。每次反弹后，它都会上升到前一次下落高度的一个恒定比例处。下面是一个典型的例子。

弹跳球从4英尺高处掉落，每次反弹后都会达到前一次下落高度的$\frac{3}{4}$处。当然，在实际情况下，橡胶球只能反弹有限次，但这个理想化的弹跳球能反弹无限多次。弹跳球反弹的高度逐渐逼近极限零，但由于每次反弹所用的时间也逼近极限零，因此这个弹跳球（就像芝诺所说的跑者一样）最终会到达极限位置。经过无限多次反弹之后，它会在一段有限的时间后停下来。在这个弹跳球停止反弹前，它所经过的距离一共是多少？

我们可以再次利用刚才用于计算减半级数极限的那种技巧，暂时只考虑弹跳球最初下落4英尺以后第一次反弹的情况：弹跳球会上升3英尺，然后下落3英尺，这样它经过的距离总共为6英尺。此后每次反弹（上升加下落）的距离都是前一次反弹距离的$\frac{3}{4}$。设x为弹跳球第一次下落4英尺以后经过的总距离，我们写出等式：

$$x=6+\frac{18}{4}+\frac{54}{16}+\frac{162}{64}+\frac{486}{256}+\cdots。$$

约化这些分数，可得

$$x=6+\frac{9}{2}+\frac{27}{8}+\frac{81}{32}+\frac{243}{128}+\cdots。$$

由于每一项都是其后一项的$\frac{4}{3}$，我们在上式两边同时乘以$\frac{4}{3}$，得到

$$\frac{4x}{3}=8+6+\frac{9}{2}+\frac{27}{8}+\frac{81}{32}+\cdots。$$

注意，在8之后，这个级数与x是相同的，因此我们可以用x来替换它，则有

$$\frac{4x}{3}=8+x,$$

$$4x=24+3x,$$

$$x=24\text{（英尺）。}$$

这是弹跳球在最初下落4英尺以后多次反弹经过的距离，因此这个弹跳球经过的总距离为24+4=28（英尺）。

美国伟大的益智题设计大师萨姆·劳埃德在他的《世界经典智力游戏》（*Cyclopedia of Puzzles*）[①]中以及他的英国同行亨利·欧内斯特·杜德尼在《益智题与奇趣题》（*Puzzles and Curious Problems*）第223题中各自给出了下面这道关于球反弹的题目。一个球从比萨斜塔的179英尺高处下落（见图Ⅶ），每次反弹的高度是上一次下落高度的$\frac{1}{10}$。这个球经过无限次反弹，在最终停止之前会经过多长距离？

图Ⅶ 弹跳球益智题

① 新世界出版社于2009年出版。——译者

我们可以利用前面用过的那种技巧来解答此题，但因为每次反弹的高度都是上一次下落高度的$\frac{1}{10}$，所以我们可以采用一种更快捷的方法找到答案。

在最初下落179英尺之后，第一次反弹的高度是17.9英尺。随后各次反弹的高度分别为1.79英尺，0.179英尺，0.0179英尺，以此类推。将这些数相加，得到总和为19.8888…英尺。我们现在将这个距离加倍，就得到各次反弹后上升和下落的距离之和为39.7777…英尺。最后，我们加上最初下落的179英尺，就得到这个球经过的总距离为218.7777…英尺，或者说是$218\frac{7}{9}$英尺。

对于不按等比级数方式递减的收敛级数，常常可以利用另外一些巧妙的方法来求其极限。下面有一个有趣的例子：

$$x=1+\frac{3}{2}+\frac{5}{4}+\frac{7}{8}+\frac{9}{16}+\frac{11}{32}+\cdots。$$

注意，此级数中各分数的分子构成了一个奇数数列，而分母则构成了一个加倍数列。这里用一种简单的方法来求出它的极限。

首先将每一项都除以2，则有

$$\frac{x}{2}=\frac{1}{2}+\frac{3}{4}+\frac{5}{8}+\frac{7}{16}+\cdots。$$

用原级数减去这个级数，可得

$$\begin{aligned}x&=1+\frac{3}{2}+\frac{5}{4}+\frac{7}{8}+\frac{9}{16}+\cdots,\\ \frac{x}{2}&=\quad\ \frac{1}{2}+\frac{3}{4}+\frac{5}{8}+\frac{7}{16}+\cdots,\\ \hline \frac{x}{2}&=1+\left(1+\frac{1}{2}+\frac{1}{4}+\frac{1}{8}+\cdots\right)。\end{aligned}$$

注意，在括号内的1之后，接下去的级数就是我们的老朋友减半级数了，我们知道它收敛于1。用上式中右边的第一个1加上括号里的运算结果2，得到3。由于3是x的一半，x就必定是6，即原级数的极限为6。

汤普森没有花费太多时间讨论级数及其极限。我在这里讨论这些出于两个原因：其一，这是我们适应极限概念的最佳方式；其二，当前的微积分教科书通常都有一些章节论述无穷级数及其在微积分的许多方面的应用。

3. 什么是导数

在第3章中，汤普森非常清楚地说明了什么是导数，以及如何计算导数。不过，在我看来，对导数做一些简要的评论会有一定的帮助，这可能会使第3章更容易理解。

让我们从芝诺的跑者开始。假设他在一条100米长的路上以10米/秒的速度奔跑。这里的自变量是时间，用笛卡儿坐标系的x轴表示；因变量是跑者和起点之间的距离，用y轴表示。因为这个函数是线性的，所以跑者的运动图像是一条向上倾斜的直线，从坐标系的原点一直延伸到对应于x轴上的10秒和y轴上的100米的点（见图Ⅷ）。如果我们所说的距离是指跑者和终点之间的距离，那么图Ⅷ中的直线就会向另一个方向倾斜（见图Ⅸ）。

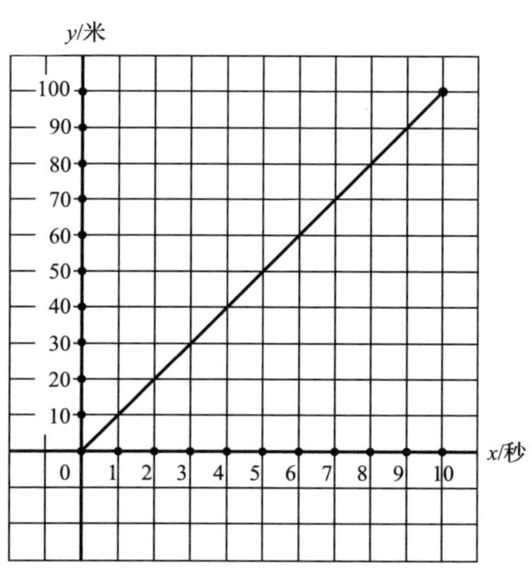

图Ⅷ　跑者的运动图像，其中x轴表示时间，y轴表示跑者和起点之间的距离

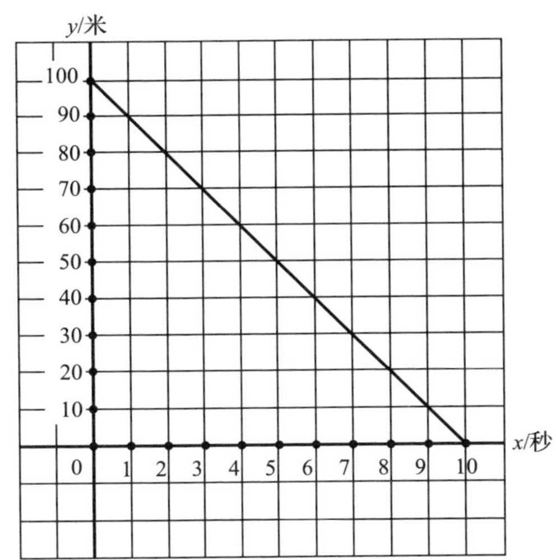

图Ⅸ　跑者的运动图像，其中x轴表示时间，y轴表示跑者和终点之间的距离

任意给定一个时间点，让我们看看这位跑者此时的速度。因为我们处理的是一个简单的线性函数，所以我们不需要微积分就能知道他每一瞬间都在以10米/秒的速度前进。这个函数的方程为$y=10x$。注意，这条直线的斜率为10，这是用任一点到起点的距离（以米为单位）除以跑者到达这一点所用的时间（以秒为单位）来度量的。在每一瞬间，跑者经过的米数都是所用秒数的10倍。在整个跑步过程中，他的瞬时速度显然是10米/秒。

考虑x轴上的一个任意点，然后在坐标系中将其竖直向上移动到以米为单位的对应位置，你会发现移动的距离总是所用的时间的10倍（只考虑数值，略去单位）。当阅读这本书时，你会学到函数的导数只不过是另一个函数，它描述的是因变量相对于自变量变化的变化率。在这种情况下，跑者的速度始终保持不变，因此$y=10x$的导数就是10。它告诉你两件事：（1）在任何时刻，跑者的速度都是10米/秒；（2）这个函数图像上的任何一点的斜率都是10。这两点可以推广到变量y相对于变量x以恒定速率变化的所有线性函数。如果一个函数是$y=ax$，那么它的导数就是常数a。

正如我说过的，你不需要微积分就能知道这一切，但是对于线性函数，通过计算导数也能得到正确的结果。知道这一点也是很好的。

导数的一个更简单的例子是完全静止的跑者。这个例子太显而易见了，我们不需要任何思考，更不用说使用微积分了。假设跑者跑了10米以后就停了下来，那么此后的情形对应的函数就是$y=10$。该函数的图像是一条水平直线，如图X所示。这条直线的斜率为零，这就相当于说跑者停下来的那个点和起点之间的距离相对于时间的变化率为零。这个函数的导数为零。即使在这种极端情况下，微积分仍然适用也是令人欣慰的。一般而言，任何常数函数的导数都是零。

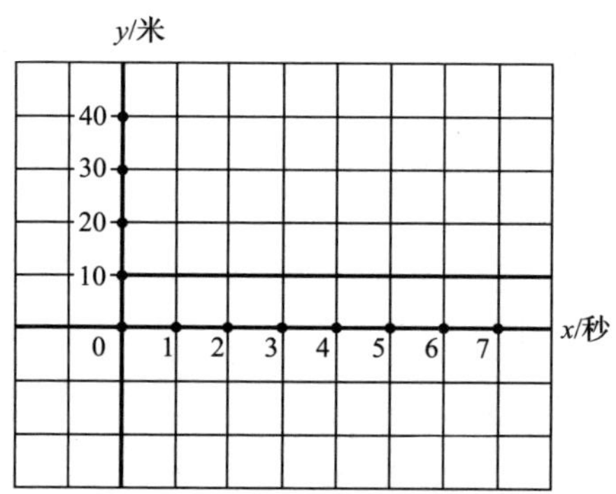

图X　一个在距起点10米处静止不动的跑者的运动图像

当函数是非线性的时候，微积分就不再那么不值得一提了。考虑$y=x^2$这个简单的非线性函数，汤普森用它来开始他关于导数的那一章。对这个函数的最简单的几何解释是它表示一个正方形的面积。现在让我们看看它是如何应用于正方形的增大的。

想象有一头怪物生活在平面国[①]，那是一个二维平面。它出生时是一个边

① 这一典故出自埃德温·A.阿博特的《平面国：一部多维的罗曼史（双语版）》（*Flatland*：*A Romance of Many Dimensions*），该书首次出版于1884年，已成为科幻小说的经典之作。此书有多个中译本，近期的双语版由高等教育出版社于2022年出版，涂泓译，冯承天译校。——译者

长为1、面积也为1的正方形，然后以稳定的速率增大。我们希望知道，在任何时刻，正方形的面积相对于边长增大的速率是多少。

这头怪物的面积当然就是其边长的平方，因此我们必须考虑的函数是$y=x^2$，其中y是面积，x是边长。（它的图像就是前面图Ⅰ中的那条抛物线的一半。）正如你将从汤普森所写的内容中学到的，这个函数的导数是$2x$。这告诉我们什么？这告诉我们，在任一给定时刻，这头怪物的面积增大的速率都等于其边长增大的速率的$2x$倍。

假设这头怪物的边长以每秒3个单位的速率增大。它的边长从1个单位开始增大，到10秒末，它的边长会达到31个单位。此时，x的值为31。上面的导数表明，这头怪物的面积相对于边长以$2x$的速率增大，而当其边长为31个单位时，其面积相对于边长的增量为62个平方单位/单位。当正方形的边长达到100个单位时，其面积相对于边长的增量为200个平方单位/单位。

这些数表示正方形的面积相对于边长的增大率。对于正方形的面积相对于时间的增大率，我们还必须将这些数乘以3。因此，当正方形的边长为31个单位时（10秒后），它的面积会以每秒186个平方单位的速率增大，即$3\times2\times31=186$；当正方形的边长为100个单位时，其面积增大的速率为每秒600个平方单位，即$3\times2\times100=600$。

假设这头怪物是一个棱长为x的立方体，而x以每秒2个单位的稳定速率增大。立方体的体积y等于x^3。函数$y=x^3$的导数是$3x^2$。这告诉你，立方体体积（以立方单位为单位）增大的速率是其边长增大的速率的$3x^2$倍。因此，当立方体的棱长x为10个单位时，其体积相对于棱长的增量为300个立方单位/单位，即$3\times10^2=300$。它的体积增大的速率是每秒600个立方单位，即$2\times3\times10^2=600$。

尽管汤普森避免将导数定义为比值的极限，但情况显然就是这样。举例来说，这个不断增大的正方形的边长以每秒1个单位的速率增大时，我们可以将它的面积在2秒及以后的一系列时刻的增大情况制成表格（见表Ⅱ）。

表Ⅱ　正方形的边长和面积的变化情况

时刻/秒	边长	面积
2	3	9
2.1	3.1	9.61
2.01	3.01	9.0601
2.001	3.001	9.006001

从2秒到2.1秒的平均增大速率为

$$\frac{9.61-9}{2.1-2}=6.1。$$

从2秒到2.01秒的平均增大速率为

$$\frac{9.0601-9}{2.01-2}=6.01。$$

从2秒到2.001秒的平均增大速率为

$$\frac{9.006001-9}{2.001-2}=6.001。$$

这些平均值显然在逼近极限6。因此，面积相对于时间的导数就是一个无限的比率数列的极限，该数列收敛于6。简单地说，导数是函数的因变量相对于自变量的增大速率的增大速率。从几何角度来看，它确定了一条函数曲线上任何指定点的切线的精确斜率。导数的代数定义与几何定义之间的等价性是微积分最美妙的方面之一。

我希望这些预备知识能帮助你为学习后面的内容做好准备。

轻轻松松学会微积分

西尔维纳斯·菲利普斯·汤普森

如果一个傻瓜能做到，那么另一个傻瓜也能做到。

——古西米安谚语

第3版编者按

在漫长的时间里，这本书只在1919年进行过一次修订和扩充①。在此后26年的时间里，微积分有了很大发展，因此1919年的那些方法不太可能与1945年的方法相同。为了让一本书保持有用性，在必要时就必须对其进行全面修订，从而在可能的情况下使其符合最新发展，以跟上科学进步的步伐。

我们对这个新版的内容做了重新编排，并将其中的图表更新为现代形式。F. G. W. 布朗先生很好地修订了整本书，但他也非常小心，尽量不去干扰原作者汤普森教授原来的规划。这样一来，教师和学生仍然能认出这本他们非常熟知的书，它为人们学习复杂难懂的微积分提供了指南。虽然他所做的修改并不是什么重大改变，但并非无足轻重。现在似乎已经没有理由（即使曾经存在过什么理由）将称为双曲正弦、双曲余弦和双曲正切的那些非常实用的函数排除在本书的讨论范围之外了，因为它们在各种积分方法中的应用是如此有效和多样。所以，这些知识被引入本书并加以应用，这就使得一些冗长烦琐的积分方法被取代了，恰如一缕阳光驱散了乌云。

这个新版本还引入了非常实用的积分$\int e^{pt}\sin kt\mathrm{d}t$和$\int e^{pt}\cos kt\mathrm{d}t$，也淘汰了

① 根据1998年版序言所述，《轻轻松松学会微积分》最早于1910年出版，1914年作者汤普森对这本书做了第一次修订。在他去世后，布朗在1919年和1945年先后做了两次修订和扩充。因此，标题中所说的“第3版”似为第4版，而1998年加德纳所修订的版本至少应为第5版。另外，中文版尽量保持加德纳所修订版本的编排方式。——译者

一些古老的“求解”方法（见第21章）。通过应用这些积分，自然地发展出了一些更简捷、更容易理解的替代方法。

在进行这些替换的同时，布朗先生对全文进行了整理，以使全书保持条理性和一致性。在篇幅允许的地方还添加了一些例子，同时对所有练习题及其答案进行了仔细的修订、检查和更正。另外，重复的题目被删除，答案中多了一些提示，以适应引入的更新、更现代的方法。

不过，必须强调指出，汤普森教授的规划仍保持不变。即使被修订成了更现代的形式，这本书也仍然是汤普森教授的技巧和勇气的一座纪念碑。这一版的修订者所尝试的只是使这本书独特的实用主义倾向更好地适应现今的要求，从而使这本书焕发新生，继续发挥作用。

开场白

有人认为傻瓜学习微积分运算是一项困难或乏味的任务。考虑一下有多少傻瓜能够进行微积分运算，我们就会知道这种说法多么令人感到惊奇。

有些微积分技巧相当简单，有些则非常困难。那些编写高等数学教科书的傻瓜（他们大多是聪明的傻瓜）很少会费心向你说明那些简单的计算有多简单。相反，他们似乎希望用最困难的方式去做，从而使他们的惊人智慧给你留下深刻印象。

我是一个非常愚蠢的家伙，因此不得不强迫自己忘掉这些困难，而愿意把那些不难的部分介绍给我的傻瓜伙伴们。只要能完全掌握这些，其他的随之也就都会了。如果一个傻瓜能做到，那么另一个傻瓜也能做到。

表 1 中列出了一些常用作数学符号的希腊字母。

表 1

大写	小写	英语名称	大写	小写	英语名称
Α	α	alpha	Λ	λ	lambda
Β	β	beta	Μ	μ	mu
Γ	γ	gamma	Ξ	ξ	xi
Δ	δ	delta	Π	π	pi
Ε	ε	epsilon	Ρ	ρ	rho
Η	η	eta	Σ	σ	sigma
Θ	θ	thēta	Φ	φ	phi
Κ	κ	kappa	Ω	ω	omega

第1章 将你从最初的恐惧中解救出来

初始的恐惧吓退了大多数高中生，甚至使他们不敢尝试学习微积分运算。其实，只要简单地用通常的词汇说明微积分运算中使用的两个主要符号的含义，就可以一劳永逸地消除一些最初的恐惧。

这两个可怕的符号是d和$\int$。

（1）符号d表示"……的一小部分"。

因此，dx的意思就是x的一小部分，du的意思就是u的一小部分。一般的数学家认为，说"……的一个微元"比说"……的一小部分"更文雅。这由你决定，但你会发现这些小部分（或微元）可以被认为是无穷小。

（2）符号$\int$就是一个拉长的S，如果你喜欢的话，可以将它称为"……的总和"。

因此，$\int$dx表示x的所有小部分之和，$\int$dt的意思是t的所有小部分之和。一般的数学家将这个符号称为"……的积分"。现在，任何傻瓜都能看出，如果将x视为由许多小部分组成，那么其中每一小部分都称为dx；如果你把它们加在一起，就会得到所有dx的和（这就相当于整个x）。"积分"这个词的意思就是“整个”的意思。想一想1小时所持续的时间，如果你喜欢的话，也可以把它想成3600个被称为1秒的小部分时间。3600个小部分时间加起来就是1小时。

从现在开始，当看到一个以这个可怕的符号开头的表达式时，你就会知道它被放在那里只是为了给你指示，表明你现在要执行的运算是（如果你能做到的话）将其后面的各个符号所指示的所有小部分加起来。

关于符号，要讲的就是这些。

第2章 小量之间也有不同程度的差别

我们会发现，在计算过程中必须处理各种不同程度的小量。

我们还必须认识到，在什么情况下，我们可以将这些小量视为足够微小，小到可以忽略不计的程度。这一切都取决于相对微小的程度。

在确定任何规则之前，让我们先想想一些熟悉的情况。1小时有60分钟，1天有24小时，1周有7天。因此，1天有1440分钟，1周有10080分钟。

显然，与1周相比，1分钟是一个非常小的时间量。事实上，我们的祖先认为它与1小时相比也很小，因此称之为“1分钟”，意思就是很小的一部分[①]，也就是1小时的$\frac{1}{60}$。当需要把时间进一步细分成更小的分度时，他们将每分钟再细分为60个更小的部分。在伊丽莎白女王的时代，他们称之为“二阶分钟”（即分钟的二阶小量）。现在，我们把这个二阶小量称为“秒”[②]，但几乎没有人知道为什么这样称呼它们。

现在来想一想，与1天相比，1分钟尚且如此之小，那么1秒岂不是更为渺小？

---

① minute既有“分钟”的意思，也有“微小”的意思。——译者

② second既有“秒”的意思，也有“第二”或“二阶”的意思。——译者

同样，想想100美元与1美分的比较，1美分只是100美元的$\frac{1}{10000}$。1美分与100美元相比微不足道，因此它当然可以被视为一个小量。但是，如果将1美分与1万美元比较，那么1美分相对于这个更大的金额并不会比1%美分相对于100美元更重要。在一位百万富翁的财富中，即使是100美元，相对而言也是微不足道的。

现在，如果我们确定任何一个小的数值分数，将其作为我们出于某个目的而称之为相对较小的那一部分，那么我们就可以很容易地指出其他一些分数，它们是更高程度的小量。因此，在讨论时间的情况下，如果我们将$\frac{1}{60}$称为一个小分数，那么$\frac{1}{60}$的$\frac{1}{60}$（是一个小分数的一个小分数）就可以被视为一个二阶小量[①②]。如果出于某个目的，我们将1%作为一个小分数，那么1%的1%$\left(即\frac{1}{10000}\right)$就会是一个二阶的小分数，而$\frac{1}{1000000}$就会是一个三阶的小分数，因为它是1%的1%的1%。

最后，假设出于某种非常精确的目的，我们把$\frac{1}{1000000}$视为小分数，而比它大的数不能被视为小分数。如果有一台最高级的精密计时器在一年中走快或走慢的误差不能超过半分钟，那么它必须保持$\frac{1}{1051200}$的精度。现在如果出于这样一个目的，我们将$\frac{1}{1000000}$视为一个小量，那么$\frac{1}{1000000}$的$\frac{1}{1000000}$$\left(即\frac{1}{1000000000000}\right)$就会是一个二阶小量，相比之下可以完全忽略不计。

于是我们看到，一个小量本身越小，其对应的二阶小量就越可以忽略不计。因此，在任何情况下，只要我们把一阶小量本身取得足够小，就有理由忽

① 数学家可能还会用二阶“大”（magnitude）这个词，而此时他们实际上指的是二阶小。这些不同的词语很容易让初学者产生迷惑。——S.P.T.

② 在现代数学中可以说二阶无穷小与二阶无穷大，二者的含义并不相同。——译者

略二阶、三阶或更高阶的小量。

但是必须记住，如果在我们的表达式中，这些小量作为因子去乘以另一个因子，而且另一个因子本身很大，那么这些小量就可能会变得很重要。即使是1美分，只要乘以几百，也就会变得很重要。

在微积分中，我们用$\mathrm{d}x$来表示x的一小部分。像$\mathrm{d}x$，$\mathrm{d}u$和$\mathrm{d}y$这样的数学对象称为微分，即在不同的情况下，它们分别表示x，u和y等的微分。（可以把它们分别读作“d-x”“d-u”和“d-y”等。）即使$\mathrm{d}x$是x的一小部分，并且$\mathrm{d}x$本身相对较小，这也并不意味着像$x \cdot \mathrm{d}x$，$x^2 \cdot \mathrm{d}x$和$a^x \cdot \mathrm{d}x$这样的量可以忽略不计。但是$\mathrm{d}x \cdot \mathrm{d}x$是可以忽略不计的，因为它是一个二阶小量。可以举一个非常简单的例子来说明这一点，请考虑函数$f(x) = x^2$。

让我们把x看作一个量，它可以增加一个小量而变成$x + \mathrm{d}x$，其中$\mathrm{d}x$是增加的小量。这个增加后的量$x + \mathrm{d}x$的平方为$x^2 + 2x \cdot \mathrm{d}x + (\mathrm{d}x)^2$。第二项是不可忽略的，因为它是一个一阶小量；而第三项是一个二阶小量，因为它是x^2的一小部分的一小部分。所以，如果我们假设$\mathrm{d}x$在数值上表示x的$\frac{1}{60}$，那么第二项就会是x^2的$\frac{2}{60}$，而第三项就会是x^2的$\frac{1}{3600}$。最后一项显然不如第二项重要。如果我们更进一步，假设$\mathrm{d}x$仅表示x的$\frac{1}{1000}$，那么第二项就会是x^2的$\frac{2}{1000}$，而第三项就是x^2的$\frac{1}{1000000}$。

从几何角度来看，这可以描述如下：画一个正方形（见图1），我们用x表示它的边长。现在假设这个正方形的各边都增加一个很小的$\mathrm{d}x$，因此这个正方形就被放大了。这个放大的正方形由原来的正方形、顶部和右侧的两个矩形以及右上角的一个小正方形组成，其中原正方形的面积为x^2，每个矩形的面积为$x \cdot \mathrm{d}x$（或加在一起为$2x \cdot \mathrm{d}x$），小正方形的面积为$(\mathrm{d}x)^2$，如图2所示。在图2中，我们将$\mathrm{d}x$取为x的一个相当大的部分，大约为$\frac{1}{5}$。现在假设我们将这部分取为$\frac{1}{100}$——大约是用一支尖头钢笔画出的一条墨水线的宽度（见图3），那么右上角的这个小正方形的面积只有x^2的$\frac{1}{10000}$，几乎看不见了。显然，只要我们认为增量dx本身足够小，那么$(dx)^2$就可以忽略不计。

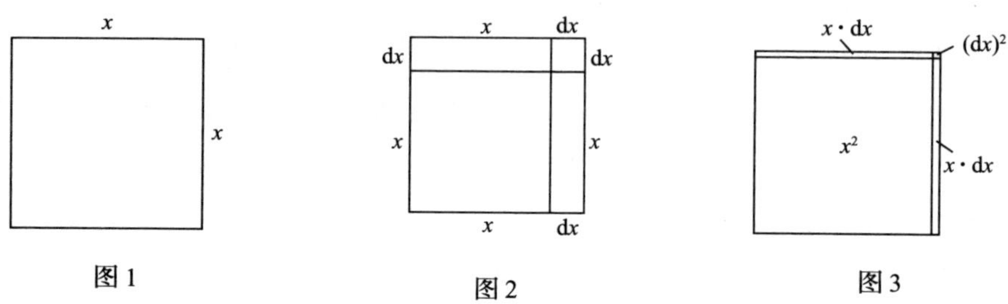

图1　图2　图3

让我们举一个例子。

假设一位百万富翁对他的秘书说：“下周我会把我收到的所有钱的一小部分给你。”这位秘书又对他手下跑腿的男孩说：“我会把我收到的所有钱的一小部分给你。”在这个例子中，一小部分是$\frac{1}{100}$。如果这位百万富翁在接下来的一周内收到1000美元，那么秘书就会收到10美元，男孩就会收到10美分。与1000美元相比，10美元是一个小量，而10美分确实是一个很小很小的量，是一个非常次要的量。但是，如果这个分数不是$\frac{1}{100}$，而是$\frac{1}{1000}$，那会出现什么分配不公的情况吗？在这种情况下，当百万富翁得到他的1000美元时，秘书只会得到1美元，而那个男孩只能得到1美分的$\frac{1}{10}$！

诙谐的迪恩·斯威夫特[①]曾经写道：

> 博物学家观察到一只跳蚤，
> 它的身上有一些更小的跳蚤以它为食，

① 迪恩·斯威夫特（1667—1745），英国讽刺作家。——译者

而小跳蚤还有更小的跳蚤在咬它们。

这种情况会无穷无尽地进行下去。

一头牛可能会担心一只普通大小的跳蚤——一只一阶的小动物，但它很可能不会担心一只跳蚤身上的小跳蚤，因为它们是二阶的小动物，可以忽略不计。即使跳蚤身上的小跳蚤很多，对牛来说也算不上什么。

第3章 关于相对增长

在整个微积分中，我们论述的都是不断增长的量和增长率。我们把所有的量分为两类：常数和变量。我们将那些具有固定值的量称为常数，而且在代数上，我们通常用英文字母表开头的那几个字母表示它们，如a，b，c；而那些我们认为能够增长或（如数学家所说）“变化”的量则称为变量，我们用英文字母表中最后的那几个字母来表示它们，如x，y，z，u，v，w，有时也用t。

此外，我们常常同时讨论多个变量，并思考一个变量依赖另一个变量的方式。比如，我们认为炮弹达到的高度取决于达到该高度的时间。又如，我们考虑一个给定面积的矩形，如果任意增大它的长，那么会迫使它的宽如何相应地减小？再如，我们思考一架梯子，如果任意改变它的倾斜度，那么会导致它达到的高度如何变化？

假设我们有这样两个相互依赖的变量。由于这种依赖关系，一个变量的变化会带来另一个变量的变化。让我们将其中一个变量称为x，而将另一个依赖它的变量称为y。

假设我们使x发生变化，也就是说我们要么改变它，要么想象它被改变了——它被加上了一个我们称之为$\mathrm{d}x$的小量。这样，我们就使x变成了$x+\mathrm{d}x$。那么，由于x变化了，于是y也会随之变化，它会变成$y+\mathrm{d}y$。这里的小量$\mathrm{d}y$在某些情况下可能是正的，而在另一些情况下可能是负的，而且它不会与 dx 一样大（除了极少数情况）。

我们来举两个例子。

【例1】设 x 和 y 分别是一个直角三角形的底和高（见图4），其斜边与底的夹角固定为30°。假设在保持这个30°的角不变的情况下放大这个三角形，那么当底增大到 $x+dx$ 时，高就变成了 $y+dy$。这里，x 的增大导致了 y 的增大。高为 dy、底为 dx 的那个小三角形与原始三角形相似。很明显，$\frac{dy}{dx}$ 的值与 $\frac{y}{x}$ 的值相同。当斜边与底的夹角为30°时，可以看出在这里有[①]

$$\frac{dy}{dx}=\frac{1}{1.73\cdots}。$$

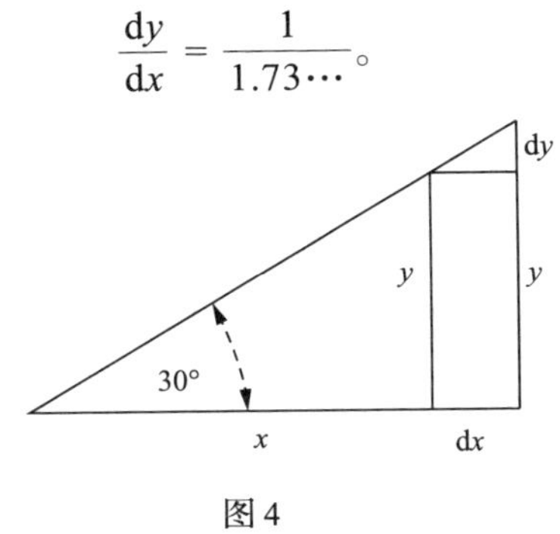

图4

【例2】有一架长度固定的梯子 AB，设 x 为梯子下端与墙的水平距离，y 为它在墙上达到的高度，如图5所示。那么，y 显然依赖 x。很容易看出，如果我们拉动梯子的底端 A，使其离墙更远一点，那么顶端 B 就会降低一点。让我们用科学的语言来说明这一情况：如果我们把 x 增大到 $x+dx$，那么 y 就会变成 $y+dy$，其中 $dy<0$。也就是说，当 x 获得一个正的增量时，就会导致 y 得到一个负的增量。

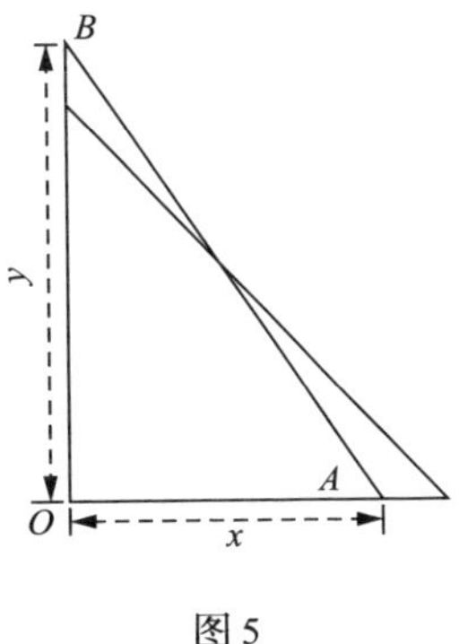

图5

① 30°的余切是 $\sqrt{3}=1.7320\cdots$。它的倒数为 $\frac{1}{1.7320\cdots}=0.5773\cdots$，即30°的正切。——M. G.

确实是这样，但此时的增量是多少？假设这架梯子的长度是这样的：当底端A离墙19英寸时，顶端B离地恰好15英尺[①]。现在，如果你把梯子的底端再向外拉出1英寸，那么顶端会降低多少？将这些值全部换算成英寸：$x=19$英寸，$y=180$英寸。现在x的增量（即我们所说的$\mathrm{d}x$）是1英寸，或者说$x+\mathrm{d}x=20$英寸。

y会减小多少？新的高度会是$y+\mathrm{d}y$。如果我们用毕达哥拉斯定理来计算这个高度，就能求出$\mathrm{d}y$是多少。梯子的长度是

$$\sqrt{180^2+19^2}=181\text{（英寸）。}$$

很明显，新的高度$y+\mathrm{d}y$会满足

$$(y+\mathrm{d}y)^2=181^2-20^2=32361,$$

所以，

$$y+\mathrm{d}y=\sqrt{32361}\approx 179.89\text{（英寸）。}$$

y是180英寸，因此$\mathrm{d}y=179.89-180=-0.11$（英寸）。

由此可知，使x增大1英寸，就会导致y减小0.11英寸。因此，$\mathrm{d}y$与$\mathrm{d}x$之比可以表示为

$$\frac{\mathrm{d}y}{\mathrm{d}x}=\frac{-0.11}{1}\text{。}$$

我们很容易看出，（除了在一个特定位置以外）$\mathrm{d}y$的大小与$\mathrm{d}x$的大小是不同的。

通过微分学，我们正在寻找，寻找一个奇怪的东西、一个简单的比，也就是当$\mathrm{d}y$和$\mathrm{d}x$都是无穷小时$\mathrm{d}y$与$\mathrm{d}x$之比。

这里需要注意的是，只有当y与x以某种方式相互关联，从而只要x发生变化，y就会发生变化时，我们才能求出$\frac{\mathrm{d}y}{\mathrm{d}x}$这个比。例如，在刚刚讨论的第一个例子中，如果三角形的底x增大，那么它的高y也会增大。而在第二个例子中，如果梯子的底端与墙的距离x增大，那么梯子达到的高度y就会以相应的

① 1英尺＝12英寸，故梯子顶端B的高度是$15\times 12=180$（英寸）。——译者

方式减小，一开始是缓慢地减小，但随着x变大，高度y会减小得越来越快。在这两种情况下，x与y之间的关系是完全确定的，可以用数学方式表达出来，分别是$\frac{y}{x}=\tan 30°$和$x^2+y^2=l^2$（其中l是梯子的长度）。在这两种情况下，$\frac{\mathrm{d}y}{\mathrm{d}x}$则各自具有我们已知的含义。

如果x和之前一样，是梯子底端与墙的距离，而y不是梯子达到的高度，而是墙的长度、墙上的砖块数量或者墙建成的年数，那么x的任何变化自然都不会导致y的变化。在这种情况下，$\frac{\mathrm{d}y}{\mathrm{d}x}$没有任何意义，我们也不可能为它找到一个表达式。每当我们使用微分$\mathrm{d}x$，$\mathrm{d}y$，$\mathrm{d}z$等时，其中就隐含了x，y，z等之间存在着某种关系，这种关系称为x，y，z等的函数。例如，在上面给出的两个例子中，表达式$\frac{y}{x}=\tan 30°$和$x^2+y^2=l^2$都是x与y的函数。这两个表达式隐含着（也就是包含着，但不明确显示）用y来表示x或用x来表示y的方法。出于这个原因，它们称为x和y的隐函数，可以分别写成下列形式：

$$y=x\tan 30° \text{ 或 } x=\frac{y}{\tan 30°},$$

$$y=\sqrt{l^2-x^2} \text{ 或 } x=\sqrt{l^2-y^2}。$$

上面这些表达式明确地表示了用y来表示x或用x来表示y。因此，它们称为x或y的显函数。例如，$x^2+3=2y-7$是x和y的隐函数，它可以写成$y=\frac{x^2+10}{2}$（x的显函数）或$x=\sqrt{2y-10}$[①]（y的显函数）。我们看到，当x，y，z等发生变化时，无论每次有一个发生变化或者几个一起变化，某种东西的值也会发生变化，这种东西就是x，y，z等的显函数。正由于如此，显函数称为因变量，因为它的值取决于函数中其他变量的值，而其他变量则称为自变量，因为它们的值不是由函数所取的值决定的。例如，如果$u=x^2\sin\theta$，那么x和θ都是自变量，而u是因变量。

① $x=-\sqrt{2y-10}$也是y的显函数。——译者

有时，x，y，z等几个变量之间的确切关系要么未知，要么不方便表述，已知的和方便表述的只有这些变量之间存在着的某种关系，因此我们不可能单独改变x，y或z等而不影响其他的变量。在这种情况下，x，y，z等之间存在着一个函数，可用符号形式表示成$F(x,y,z)$（隐函数）或$x=F(y,z)$，$y=F(x,z)$，$z=F(x,y)$（显函数）。有时也使用字母f或ϕ来代替F，因此$y=F(x)$，$y=f(x)$和$y=\phi(x)$的含义都是一样的，即y的值以某种没有说明的方式取决于x的值。

我们将$\frac{\mathrm{d}y}{\mathrm{d}x}$称为$y$关于$x$的*微分系数*。对于这件非常简单的事情，这是一个严肃的科学名称。但是，当事情本身容易处理的时候，我们不会被严肃的名字吓倒。我们不会感到害怕，只会简短地咒骂一下这种取冗长拗口的名字的愚蠢行为。在放松了思想之后，我们要继续讨论这件简单的事情本身，即$\frac{\mathrm{d}y}{\mathrm{d}x}$①。

在学校里学习普通代数时，你总是在追寻一些被你称为x或y的未知量，有时需要同时追寻两个未知量。你现在必须学会以一种新的方式去追寻，要猎捕的狐狸现在既不是x也不是y。取而代之的是，你必须去寻找这只称为$\frac{\mathrm{d}y}{\mathrm{d}x}$的奇妙幼狐。求$\frac{\mathrm{d}y}{\mathrm{d}x}$的值的过程称为求导。不过，请记住，要求的是在$\mathrm{d}y$和$\mathrm{d}x$本身都是无穷小的情况下$\frac{\mathrm{d}y}{\mathrm{d}x}$的值。这个导数的真正值是它在极限情况（即$\mathrm{d}y$和$\mathrm{d}x$都被认为是无穷小的情况）下趋近的近似值。

让我们继续学习如何求$\frac{\mathrm{d}y}{\mathrm{d}x}$。

附　注

绝不要陷入很多学生常犯的错误之中，认为$\mathrm{d}x$的意思是d乘以x，因为d并

---

① 我在这里保留了汤普森对“微分系数”这个术语的合理批评。这个术语在他撰写本书的那个时代使用，后来这个术语被比较简单的“导数”一词所取代。本书从这里开始将其称为导数。——M. G.

不是一个因子，它的意思是“……的一小部分”或“……的一个微元”。我们将dx读作“d-x”。

如果你在这方面得不到他人的指导，我在这里可以简单地说一下。我们用下面的方式读导数的符号：导数$\frac{\mathrm{d}y}{\mathrm{d}x}$读作“d-y-d-x”或“d-y比d-x”，$\frac{\mathrm{d}u}{\mathrm{d}t}$读作“d-u-d-t”或“d-u比d-t”。

我们稍后会遇到二阶导数。它们看起来是这样的：$\frac{\mathrm{d}^2 y}{\mathrm{d}x^2}$，读作“d平方y比d-x平方”，意思是$y$关于$x$的求导运算已经（或必须）进行两次。

表明一个函数的求导运算的另一种方法是在函数符号上加一个撇号。因此，如果$y=F(x)$，就意味着y是x的某个未指定函数。我们可以将$\frac{\mathrm{d}(F(x))}{\mathrm{d}x}$写成$F'(x)$。类似地，$F''(x)$表示原函数$F(x)$关于$x$进行两次求导运算[①]。

① 牛顿将变量称为“流量”，将导数称为“流数”，因为它的值是连续流动或波动的。在第8章中，汤普森讲述了牛顿如何在一个量的上方加一个点表示一阶导数，加两个点表示二阶导数，以此类推。莫里斯·克莱因在他的两卷本《微积分》（*Calculus*, 1967年）中采用了牛顿的点符号来表示导数。他是我所知道的近期唯一采用这种符号的数学家。不过，物理学家经常使用这种点符号来表示关于时间的导数。——M. G.

第4章 一些最简单的情形

现在让我们看看如何根据一些基本原理来求一些简单的代数表达式的导数。

情况1

让我们从简单的表达式$y=x^2$开始[①]。现在请回忆一下，微积分的基本概念就是增大的思想。数学家称之为变化。现在，由于y与x^2相等，于是显而易见，如果x增大，那么x^2也会增大。而如果x^2增大，那么y也会增大。我们要求的是y的增量与x的增量之比。换言之，我们的任务是要求出$\mathrm{d}y$与$\mathrm{d}x$之比，或者简单地说，要求出$\frac{\mathrm{d}y}{\mathrm{d}x}$的值。

那么，令x稍微增大一点，变成$x+\mathrm{d}x$；同样，y也会增大一点，变成$y+\mathrm{d}y$。于是，增大后的y仍然等于增大后的x的平方。把上述情况写出来，我们就得到

$$y+\mathrm{d}y=(x+\mathrm{d}x)^2。$$

将右边的平方项展开，得到

① 这个函数的图像是一条抛物线。——M. G.

$$y + dy = x^2 + 2x \cdot dx + (dx)^2。$$

$(dx)^2$是什么意思？请回忆一下，dx的意思是一小部分——x的一小部分。那么，$(dx)^2$就是x^2的一小部分的一小部分。如前文所解释的，它是一个二阶小量。因此，它与其他各项相比可以忽略不计，可以被丢弃。将这一项去掉后，我们得到

$$y + dy = x^2 + 2x \cdot dx。$$

由于$y = x^2$，因此我们从等式中消去这两项，得到

$$dy = 2x \cdot dx。$$

在上式两边都除以dx，得到

$$\frac{dy}{dx} = 2x。$$

这就是我们一开始要求的①。在我们的这个例子中，y的增量与x的增量之比是$2x$。

下面用数值具体计算一下。

假设$x = 100$，因此$y = 10000$。然后令x增大到101（也就是说，令$dx = 1$）。那么，增大后的y就会是$101 \times 101 = 10201$。不过，如果我们同意可以忽略二阶小量，那么与10000相比，1可以被丢弃。因此，我们可以将增大后的y四舍五入到10200，即y从10000增大到10200。所以，y增大的那一小部分dy就是200。

---

① 注意，$\frac{dy}{dx}$这个比是y对x求导的结果。求导的意思就是求导数。假设我们有x的另一个函数，比如$u = 7x^2 + 3$。如果我们要求这个函数关于x的导数，那么就应该求出$\frac{du}{dx}$，或者说求出$\frac{d\left(7x^2 + 3\right)}{dx}$。二者是等价的。我们也可能会遇到以时间$t$为自变量的情况，比如$y = b + \frac{1}{2}at^2$。如果我们要对它求导，则必须求出它关于$t$的导数。在这种情况下，我们的任务是设法求出$\frac{dy}{dt}$，也就是说要求出$\frac{d\left(b + \frac{1}{2}at^2\right)}{dt}$。——S. P. T.

$\frac{dy}{dx}=\frac{200}{1}=200$。我们根据上一段的代数运算求出了$\frac{dy}{dx}=2x$。事实的确如此，因为$x=100$，所以$2x=200$。

但是，你可能会说，我们忽略了整整一个1。

好吧，再试一次，这次让dx更小一点。

试一试$dx=\frac{1}{10}$，于是$x+dx=100.1$，因此

$$(x+dx)^2=100.1\times100.1=10020.01。$$

现在的最后一个数字1只是10000的百万分之一，完全可以忽略不计。因此，我们可以将结尾的小数去掉，取10020①。这使得$dy=20$，因此$\frac{dy}{dx}=\frac{20}{0.1}=200$，这仍然与$2x$相同。

情况2

用同样的方法求$y=x^3$的导数。

设当x增大到$x+dx$时，y增大到$y+dy$。

于是，有

$$y+dy=(x+dx)^3。$$

---

① 许多微积分教科书的作者更喜欢用希腊字母Δ代替d来表示一个小到可以视为零的增量。导数的定义为

$$\frac{dy}{dx}=\lim_{\Delta x\to 0}\frac{f(x+\Delta x)-f(x)}{\Delta x}。$$

这表示当Δx减小到零时的极限。例如，如果$f(x)=2$，那么这个公式就变为

$$\frac{\Delta y}{\Delta x}=\frac{2-2}{\Delta x}=\frac{0}{\Delta x}。$$

因此，2的导数为零，此时函数的图像为一条水平线。

如果$f(x)=2x$，那么这个公式给出$\frac{\Delta y}{\Delta x}=\frac{2\Delta x}{\Delta x}$，所以$2x$的导数为2，此时函数的图像为一条向上倾斜的直线。

汤普森不使用符号Δ。事实上，他完全避免了极限的概念，但这不会造成任何损害。汤普森的这种将不断递减的增量逐渐“耗尽”到它们能被“丢掉”的技巧，很容易转化为如今将导数定义为极限的方法。——M. G.

将右边的立方项展开，得到

$$y + \mathrm{d}y = x^3 + 3x^2 \cdot \mathrm{d}x + 3x \cdot (\mathrm{d}x)^2 + (\mathrm{d}x)^3。$$

我们知道可将所有含 $\mathrm{d}x$ 的二阶、三阶小量都删去。这是因为在 $\mathrm{d}y$ 和 $\mathrm{d}x$ 都是无穷小时，$(\mathrm{d}x)^2$ 和 $(\mathrm{d}x)^3$ 相比之下会变得更小。所以，它们可以忽略不计，而留下的就是

$$y + \mathrm{d}y = x^3 + 3x^2 \cdot \mathrm{d}x。$$

由于 $y = x^3$，因此从上式中减去此式，就有

$$\mathrm{d}y = 3x^2 \cdot \mathrm{d}x,$$

即

$$\frac{\mathrm{d}y}{\mathrm{d}x} = 3x^2。$$

情况3

试求 $y = x^4$ 的导数。像刚才一样，先令 y 和 x 都增大一小部分，得到

$$y + \mathrm{d}y = (x + \mathrm{d}x)^4。$$

将上式右边的四次方项展开，就有

$$y + \mathrm{d}y = x^4 + 4x^3 \cdot \mathrm{d}x + 6x^2 \cdot (\mathrm{d}x)^2 + 4x \cdot (\mathrm{d}x)^3 + (\mathrm{d}x)^4。$$

将所有包含 $\mathrm{d}x$ 的高次幂的项都删去，因为它们相比之下可以忽略不计。这样，我们就得到

$$y + \mathrm{d}y = x^4 + 4x^3 \cdot \mathrm{d}x。$$

从上式中减去原函数 $y = x^4$，就剩下

$$\mathrm{d}y = 4x^3 \cdot \mathrm{d}x,$$

即

$$\frac{\mathrm{d}y}{\mathrm{d}x} = 4x^3。$$

以上这些情况都相当简单。让我们把这些结果收集起来，看看是否可以从中推断出一般规律。把它们分成两列，其中一列是 y 的表达式，另一列是对应的 $\frac{\mathrm{d}y}{\mathrm{d}x}$ 的表达式，因此可得表2。

表2

y	$\frac{dy}{dx}$
x^2	$2x$
x^3	$3x^2$
x^4	$4x^3$

请观察这些结果：求导运算似乎具有将x的指数减去1的效果（比如，在最后一种情况下，将x^4降次为x^3），同时乘以一个数（这个数事实上就是原来x的指数）。你一旦看出了这一点，也许就很容易猜出在其他情况下应如何进行运算。你会预期对x^5求导得到$5x^4$，对x^6求导得到$6x^5$。如果你还在犹豫不决的话，那么可以验证其中一种情况，看看这一猜测是否正确。

我们来求$y=x^5$的导数。这就有

$$y+dy=(x+dx)^5=x^5+5x^4\cdot dx+10x^3\cdot(dx)^2+10x^2\cdot(dx)^3+5x\cdot(dx)^4+(dx)^5。$$

忽略所有包含高阶无穷小量的项，可得

$$y+dy=x^5+5x^4\cdot dx。$$

用上式减去原函数$y=x^5$，则有

$$dy=5x^4\cdot dx。$$

由此得到

$$\frac{dy}{dx}=5x^4,$$

这正是我们所预期的。

根据以上观察结果，我们应该从逻辑上得出结论：任何更高次幂（称为x^n）也可以用同样的方式来处理。

设$y=x^n$，我们预期应该会求出

$$\frac{dy}{dx}=nx^{n-1}。$$

例如，设$n=8$，那么$y=x^8$，对其求导应得到$\frac{dy}{dx}=8x^7$。

事实上，对x^n求导得到结果nx^{n-1}这一规则对于所有n为正整数的情况都成立。[用二项式定理展开$(x+\mathrm{d}x)^n$，可立即证明这一点。] 但对于n为负值或分数的情况，这一规则是否成立还需要进一步考虑。

情况4

设$y=x^{-2}$。接下去的运算过程与之前的一样：

$$y+\mathrm{d}y=(x+\mathrm{d}x)^{-2}=\left[x\left(1+\frac{\mathrm{d}x}{x}\right)\right]^{-2}=x^{-2}\left(1+\frac{\mathrm{d}x}{x}\right)^{-2}。$$

用二项式定理展开上式，得到

$$y+\mathrm{d}y=x^{-2}\left[1-\frac{2\mathrm{d}x}{x}+\frac{2(2+1)}{1\times 2}\left(\frac{\mathrm{d}x}{x}\right)^2-\cdots\right]$$

$$=x^{-2}-2x^{-3}\cdot\mathrm{d}x+3x^{-4}\cdot(\mathrm{d}x)^2-4x^{-5}\cdot(\mathrm{d}x)^3+\cdots。$$

忽略高阶无穷小量后得到

$$y+\mathrm{d}y=x^{-2}-2x^{-3}\cdot\mathrm{d}x。$$

用上式减去原函数$y=x^{-2}$，就得到

$$\mathrm{d}y=-2x^{-3}\cdot\mathrm{d}x,$$

$$\frac{\mathrm{d}y}{\mathrm{d}x}=-2x^{-3}。$$

这仍然符合上面推断出的那条规则。

情况5

设$y=x^{\frac{1}{2}}$。于是，有

$$y+\mathrm{d}y=(x+\mathrm{d}x)^{\frac{1}{2}}=x^{\frac{1}{2}}\left(1+\frac{\mathrm{d}x}{x}\right)^{\frac{1}{2}}=\sqrt{x}\left(1+\frac{\mathrm{d}x}{x}\right)^{\frac{1}{2}}$$

$$=\sqrt{x}+\frac{1}{2}\frac{\mathrm{d}x}{\sqrt{x}}-\frac{1}{8}\frac{(\mathrm{d}x)^2}{x\sqrt{x}}+\text{含有 d}x\text{的更高次幂的项。}$$

用上式减去原函数$y=x^{\frac{1}{2}}$，并忽略$\mathrm{d}x$的高次幂，可得

$$\mathrm{d}y=\frac{1}{2}\frac{\mathrm{d}x}{\sqrt{x}}=\frac{1}{2}x^{-\frac{1}{2}}\cdot\mathrm{d}x,$$

即
$$\frac{\mathrm{d}y}{\mathrm{d}x}=\frac{1}{2}x^{-\frac{1}{2}}。$$

这也符合那条一般规则。

总结：看看我们已经取得了多大进展。我们得出了以下规则：要求x^n的导数，就将x^n乘以其指数，然后将指数减去1，从而得到最后的结果nx^{n-1}①。

练习1

求以下各式的导数。

（1）$y=x^{13}$。　（2）$y=x^{-\frac{3}{2}}$。

（3）$y=x^{2a}$。　（4）$u=t^{2.4}$。

（5）$z=\sqrt[3]{u}$。　（6）$z=\sqrt[3]{x^{-5}}$。

（7）$u=\sqrt[5]{\frac{1}{x^8}}$。　（8）$y=2x^a$。

（9）$y=\sqrt[q]{x^3}$。　（10）$y=\sqrt[n]{\frac{1}{x^m}}$。

你已经学会了如何求x的幂的导数。这是多么容易啊！

---

① 这条规则如今称为幂规则，它是求低阶函数的导数时最常用的规则之一。——M. G.

第5章
下一阶段：如何处理常数

在我们的方程中，我们认为x在增大，而x增大的结果是y的值也发生了变化并增大。我们通常认为x是一个我们可以改变的量，并且如果将x的变化视为一种因，那么就可以将y的变化视为一种果。换言之，我们认为y的值取决于x的值。x和y都是变量，但x是我们操作的变量，而y则是“因变量”。在前几章中，我们一直在试图找出一些规则，用于求出y因x而发生的变化与x的独立变化之比。

我们的下一步是要找出常数（即当x或y改变其值时不会改变的数）的存在对求导过程的影响。

加上常数

让我们从一个加上一个常数的简单例子开始。

设$y=x^3+5$。与之前一样，让我们假设x增大到$x+\mathrm{d}x$，y增大到$y+\mathrm{d}y$。于是，有

$$y+\mathrm{d}y=(x+\mathrm{d}x)^3+5=x^3+3x^2\cdot\mathrm{d}x+3x\cdot(\mathrm{d}x)^2+(\mathrm{d}x)^3+5。$$

忽略高阶无穷小量，可得

$$y+\mathrm{d}y=x^3+3x^2\cdot\mathrm{d}x+5。$$

将原函数$y=x^3+5$代入上式，就得到

$$dy=3x^2\cdot dx,$$

$$\frac{dy}{dx}=3x^2。$$

5已经完全消失了。它对x的增大没有任何影响，也没有进入导数中。如果我们的常数不是5，而是7，700或任何其他数，它们都会消失。因此，如果我们以字母a，b或c代表任意常数，当我们计算导数时，它们就会消失。

如果加上的常数是负值，例如-5或$-b$，它们同样也会消失。

乘以常数

取这种情况下的一个简单例子来试一下。

设$y=7x^2$，然后像之前那样继续下去，得到

$$y+dy=7(x+dx)^2=7[x^2+2x\cdot dx+(dx)^2]=7x^2+14x\cdot dx+7(dx)^2。$$

将原函数$y=7x^2$代入上式，并忽略最后一项，可得

$$dy=14x\cdot dx^2,$$

$$\frac{dy}{dx}=14x。$$

让我们对上式中的x指定一组相继的值0，1，2，3，…，从而求出y和$\frac{dy}{dx}$的对应值，并画出函数$y=7x^2$和$\frac{dy}{dx}=14x$的图像。我们将相关值列在表3中。

表3

x	0	1	2	3	4	5	−1	−2	−3
y	0	7	28	63	112	175	7	28	63
$\frac{dy}{dx}$	0	14	28	42	56	70	−14	−28	−42

现在在某种方便的标度下画出这些值对应的图像，得到两条曲线，见图6。

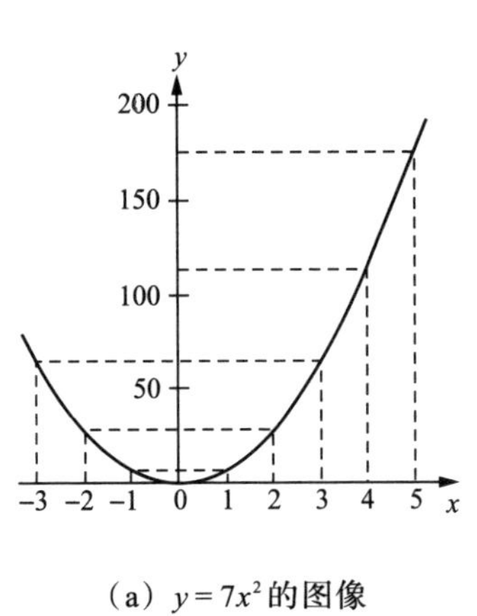

（a）$y=7x^2$的图像

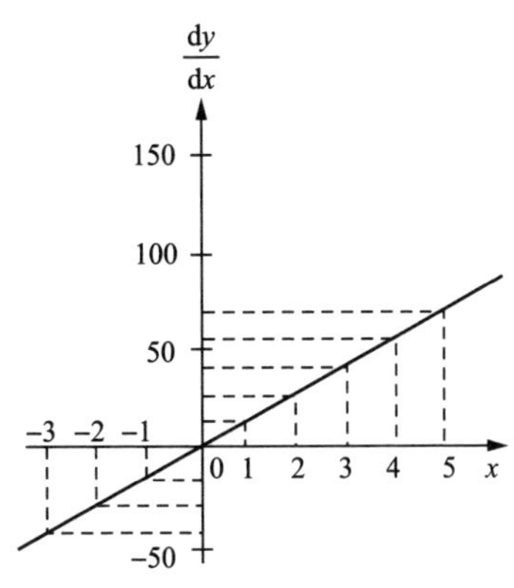

（b）导数$\frac{\mathrm{d}y}{\mathrm{d}x}=14x$的图像

图6

仔细比较这两幅图，并通过检查来验证：导数曲线［见图6（b）］的纵坐标与原函数曲线［见图6（a）］在x的对应值处的斜率相等。在原点的左边，原函数曲线的斜率为负（即从左上到右下），导数曲线的对应坐标也为负。

回顾前几页所述的内容，我们将看到只要求出x^2的导数就会得到$2x$。所以，$7x^2$的导数就是x^2的导数的7倍。如果我们取$y=8x^2$，其导数就会是x^2的导数的8倍。如果我们取$y=ax^2$，就会得到

$$\frac{\mathrm{d}y}{\mathrm{d}x}=a\times 2x。$$

如果我们从$y=ax^n$开始，就应该得到

$$\frac{\mathrm{d}y}{\mathrm{d}x}=a\times nx^{n-1}。$$

因此，如果仅仅乘以任一常数，那么所得到的函数经过求导后，该常数仍然仅仅作为乘法因子出现。这条规则同样适用于分数。如果在上面的例子中，我们用常数$\frac{1}{7}$代替7，那么在求导后所得的结果中也应该有$\frac{1}{7}$出现。

更多例子

下面是另外一些例子，都给出了完整的计算过程，它们能够让你完全掌握

普通代数表达式的求导过程，自行计算本章结尾给出的那些练习题。

【例1】求$y=\frac{x^5}{7}-\frac{3}{5}$的导数。

$-\frac{3}{5}$是一个加上去的常数，因此它在求导中会消失。

于是，我们可以立即写出

$$\frac{dy}{dx}=\frac{1}{7}\times 5\times x^{5-1}=\frac{5}{7}x^4。$$

【例2】求$y=a\sqrt{x}-\frac{1}{2}\sqrt{a}$的导数。

$-\frac{1}{2}\sqrt{a}$是一个加上去的常数，因此这一项会在求导中消失，而$a\sqrt{x}$的指数形式是$ax^{\frac{1}{2}}$。我们可以得到

$$\frac{dy}{dx}=a\times\frac{1}{2}\times x^{\frac{1}{2}-1}=\frac{a}{2}\times x^{-\frac{1}{2}}=\frac{a}{2\sqrt{x}}。$$

【例3】半径为r、高为h的圆柱的体积由公式$V=\pi r^2 h$给出。当$r=5.5$英寸，$h=20$英寸时，求该圆柱的体积随半径变化时的变化率。如果$r=h$，求半径改变1英寸会导致体积改变400立方英寸时该圆柱的半径和高。

体积V相对于r的变化率为

$$\frac{dV}{dr}=2\pi rh。$$

如果$r=5.5$英寸，$h=20$英寸，那么这个变化率就约等于691.2立方英寸/英寸。这就意味着半径变化1英寸会导致体积改变约691.2立方英寸。这很容易验证。例如，对于$h=20$英寸而$r=5$英寸和$r=6$英寸的情况，体积分别约为1570.79立方英寸和2261.94立方英寸，而

$$2261.94-1570.79=691.15\approx 691.2\text{（立方英寸）},$$

此即体积的增量。

此外，如果$h=r$，且h保持不变，那么

$$\frac{dV}{dr}=2\pi r^2=400\text{（立方英寸/英寸）}。$$

因此，$r=h=\sqrt{\frac{400}{2\pi}}\approx 7.98$（英寸）。

但是，如果h等于r且随r变化，那么

$$\frac{\mathrm{d}V}{\mathrm{d}r}=3\pi r^2=400。$$

因此，$r=h=\sqrt{\frac{400}{3\pi}}\approx 6.51$（英寸）。

【例4】费里辐射高温计的读数θ与被观测物体的温度t之间的关系为$\theta/\theta_1=(t/t_1)^4$，其中$\theta_1$是与被观测物体的已知温度$t_1$对应的高温计读数。假设温度为1000℃时高温计的读数为25，比较高温计在800℃，1000℃，1200℃时的灵敏度。

这里的灵敏度是指读数随温度变化时的变化率，即$\frac{\mathrm{d}\theta}{\mathrm{d}t}$。上面的读数关系可用公式表示为

$$\theta=\frac{\theta_1 t^4}{t_1^4}=\frac{25t^4}{1000^4}。$$

因此，

$$\frac{\mathrm{d}\theta}{\mathrm{d}t}=\frac{100t^3}{1000^4}=\frac{t^3}{10000000000}。$$

当$t=800$℃，1000℃和1200℃时，我们分别得到$\frac{\mathrm{d}\theta}{\mathrm{d}t}$等于0.0512℃$^{-1}$，0.1℃$^{-1}$和0.1728℃$^{-1}$。

从800℃到1000℃，灵敏度的数值大致翻了一倍，达到1200℃时又增大了大约四分之三。

练习2

（1）求以下各式的导数。

① $y=ax^3+6$。　　② $y=13x^{\frac{3}{2}}-c$。

③ $y=12x^{\frac{1}{2}}+c^{\frac{1}{2}}$。　　④ $y=c^{\frac{1}{2}}x^{\frac{1}{2}}$。

⑤ $u=\frac{az^n-1}{c}$。　　⑥ $y=1.18t^2+22.4$。

你自己再举几个其他的例子，并尝试求出它们的导数。

（2）如果l_t和l_0分别是铁棒在温度为t（单位为℃）和0℃时的长度，则有$l_t = l_0(1 + 0.000012t)$。求温度每变化1℃时铁棒长度的变化。

（3）实验发现，如果c是一盏白炽灯的用烛光[①]表示的光强，V是电压，那么$c = aV^b$，其中a和b是常数。求白炽灯的用烛光表示的光强随电压的变化率。若$a = 0.5 \times 10^{-10}$，$b = 6$，求这盏白炽灯分别在80伏，100伏和120伏时用烛光表示的光强的变化率。

（4）当一根直径为D、长度为L、比重为σ、所受张力为T的弦振动时，其振动频率n由下式给出：

$$n = \frac{1}{DL}\sqrt{\frac{gT}{\pi\sigma}}。$$

当D，L，σ和T单独变化时，分别求频率的变化率。

（5）一根管子在不断裂的情况下能够承受的最大外部压强P由下式给出：

$$P = \left(\frac{2E}{1 - \sigma^2}\right)\frac{t^3}{D^3}$$

其中，E和σ是常数，t是管子的壁厚，D是管子的直径。（假设$4t$与D相比很小。）

比较P在壁厚t发生小的变化和直径D发生小的变化时的变化率。

（6）从基本概念出发，求出以下各量随半径变化时的变化率。

① 一个半径为r的圆的周长。

② 一个半径为r的圆的面积。

③ 一个母线长度为l的圆锥的侧面积。

④ 一个半径为r、高为h的圆锥的体积。

⑤ 一个半径为r的球的表面积。

⑥ 一个半径为r的球的体积。

---

① 烛光是一种光强单位，与国际单位制中的光强单位坎德拉（cd）之间的换算关系是1烛光 = 0.981坎德拉。商业效率即单位光强的耗能功率。——译者

第6章 和、差、积和商①

我们已经学会了如何求简单代数函数（比如x^2+c或ax^4）的导数，现在我们必须考虑如何处理两个或多个函数的和的导数。

例如，设

$$y=(x^2+c)+(ax^4+b),$$

它的导数$\frac{\mathrm{d}y}{\mathrm{d}x}$会是什么？我们该如何着手做这项新工作？

这个问题的答案很简单：逐项求导，得到

$$\frac{\mathrm{d}y}{\mathrm{d}x}=2x+4ax^3。$$

如果你对这个结果是否正确有疑问，请看一个更一般的情况，根据基本概念来处理。下面就是这样做的。

设$y=u+v$，其中u是x的任意函数，v是x的另一个任意函数。令x增大到$x+\mathrm{d}x$，y会增大到$y+\mathrm{d}y$，而u将增大到$u+\mathrm{d}u$，v会增大到$v+\mathrm{d}v$。

我们会得出

$$y+\mathrm{d}y=u+\mathrm{d}u+v+\mathrm{d}v。$$

---

① 本章中给出的这些法则现在称为求和法则、求差法则、求积法则和求商法则。——M. G.

用上式减去原函数$y=u+v$，就得到

$$\mathrm{d}y=\mathrm{d}u+\mathrm{d}v。$$

在上式两边都除以$\mathrm{d}x$，得到

$$\frac{\mathrm{d}y}{\mathrm{d}x}=\frac{\mathrm{d}u}{\mathrm{d}x}+\frac{\mathrm{d}v}{\mathrm{d}x}。$$

这说明你可以分别求每个函数的导数，然后将所得到的结果相加。现在来看上面的那个例子，将$u=x^2+c$和$v=ax^4+b$这两个函数代入上式，用其中所示的符号可得

$$\frac{\mathrm{d}y}{\mathrm{d}x}=\frac{\mathrm{d}(x^2+c)}{\mathrm{d}x}+\frac{\mathrm{d}(ax^4+b)}{\mathrm{d}x}=2x+4ax^3,$$

与之前的结果完全一样。

如果有x的三个函数，我们可以称之为u，v和w，且有

$$y=u+v+w,$$

那么

$$\frac{\mathrm{d}y}{\mathrm{d}x}=\frac{\mathrm{d}u}{\mathrm{d}x}+\frac{\mathrm{d}v}{\mathrm{d}x}+\frac{\mathrm{d}w}{\mathrm{d}x}。$$

由此可以立即得到关于减法的法则。如果函数v本身带有一个负号，那么它的导数也会是负的。因此，求

$$y=u-v$$

的导数时就应该得到

$$\frac{\mathrm{d}y}{\mathrm{d}x}=\frac{\mathrm{d}u}{\mathrm{d}x}-\frac{\mathrm{d}v}{\mathrm{d}x}。$$

不过，当我们要处理的是乘法时，事情就没那么简单了。

假设我们要求表达式

$$y=(x^2+c)\times(ax^4+b)$$

的导数，该怎么办？结果肯定不会是$2x\times4ax^3$，因为很容易看出这个乘积中既没有包含$c\times ax^4$的导数，也没有包含$x^2\times b$的导数。

要得出正确的结果，现在有两种可以采用的方法。

第一种方法：先做乘法运算，计算出结果后再求导。

我们将x^2+c与ax^4+b相乘，结果得到$ax^6+acx^4+bx^2+bc$。

现在求导，得到

$$\frac{dy}{dx}=6ax^5+4acx^3+2bx。$$

第二种方法：回到基本概念，考虑方程

$$y=u\cdot v。$$

其中，u是x的一个任意函数，v是x的另一个任意函数。如果x增大为$x+dx$，y变为$y+dy$，u变为$u+du$，v变为$v+dv$，我们就会得到

$$y+dy=(u+du)\times(v+dv)=u\cdot v+u\cdot dv+v\cdot du+du\cdot dv。$$

现在$du\cdot dv$是一个二阶无穷小量，因此在极限情况下可以被丢弃，剩下

$$y+dy=(u+du)\times(v+dv)=u\cdot v+u\cdot dv+v\cdot du。$$

用上式减去原函数$y=u\cdot v$，可得

$$dy=u\cdot dv+v\cdot du。$$

在上式两边都除以dx，就得到以下结果：

$$\frac{dy}{dx}=u\frac{dv}{dx}+v\frac{du}{dx}。$$

这就表明我们有如下计算方法：*为了求两个函数的乘积的导数，可将每个函数乘以另一个函数的导数，并将由此得到的两个乘积相加。*

应该注意，这个过程相当于：将u当作常数，求v的导数，然后将v当作常数，求u的导数，而整个导数$\frac{dy}{dx}$是这两个计算结果的和。

在找到了这条法则之后，现在将其应用于上面的那个具体例子。

我们要求乘积$(x^2+c)\times(ax^4+b)$的导数。令$x^2+c=u$，$ax^4+b=v$，然后根据刚才得到的那条一般法则，可以写出

$$\begin{aligned}\frac{dy}{dx}&=(x^2+c)\frac{d(ax^4+b)}{dx}+(ax^4+b)\frac{d(x^2+c)}{dx}\\&=(x^2+c)\times 4ax^3+(ax^4+b)\times 2x\end{aligned}$$

$$= 4ax^5 + 4acx^3 + 2ax^5 + 2bx$$
$$= 6ax^5 + 4acx^3 + 2bx,$$

这与之前的结果完全一致。

最后，我们求商的导数。

考虑这个例子：$y = \dfrac{bx^5 + c}{x^2 + a}$。在这种情况下，试图先计算除法是没有用处的，因为 $bx^5 + c$ 不能被 $x^2 + a$ 整除，它们也没有任何公因子。我们别无选择，只能回到基本概念，由此找到一条法则。

我们设
$$y = \frac{u}{v},$$
其中，u 和 v 是自变量 x 的两个不同的可微函数。当 x 变成 $x + \mathrm{d}x$ 时，u 将变成 $u + \mathrm{d}u$，v 将变成 $v + \mathrm{d}v$，y 将变成 $y + \mathrm{d}y$。于是，
$$y + \mathrm{d}y = \frac{u + \mathrm{d}u}{v + \mathrm{d}v}。$$

现在做代数除法：

$$
\begin{array}{r|cccccc}
 & \dfrac{u}{v} & + & \dfrac{\mathrm{d}u}{v} & - & \dfrac{u\cdot\mathrm{d}v}{v^2} & \\
\hline
v+\mathrm{d}v & u & + & \mathrm{d}u & & & \\
 & u & + & \dfrac{u\cdot\mathrm{d}v}{v} & & & \\
\hline
 & & & \mathrm{d}u & - & \dfrac{u\cdot\mathrm{d}v}{v} & \\
 & & & \mathrm{d}u & + & \dfrac{\mathrm{d}u\cdot\mathrm{d}v}{v} & \\
\hline
 & & - & \dfrac{u\cdot\mathrm{d}v}{v} & - & \dfrac{\mathrm{d}u\cdot\mathrm{d}v}{v} & \\
 & & - & \dfrac{u\cdot\mathrm{d}v}{v} & - & \dfrac{u\cdot\mathrm{d}v\cdot\mathrm{d}v}{v^2} & \\
\hline
 & & - & \dfrac{\mathrm{d}u\cdot\mathrm{d}v}{v} & + & \dfrac{u\cdot\mathrm{d}v\cdot\mathrm{d}v}{v^2} &
\end{array}
$$

由于这两个余数都是二阶无穷小量，因此它们可以忽略。另外，除法运算可以到此为止，因为任何进一步的余数都会是更小的量。

于是，我们得到

$$y+\mathrm{d}y=\frac{u}{v}+\frac{\mathrm{d}u}{v}-\frac{u\cdot\mathrm{d}v}{v^2}。$$

上式可以写成

$$y+\mathrm{d}y=\frac{u}{v}+\frac{v\cdot\mathrm{d}u-u\cdot\mathrm{d}v}{v^2}。$$

现在用上式减去原函数$y=\dfrac{u}{v}$，就得到

$$\mathrm{d}y=\frac{v\cdot\mathrm{d}u-u\cdot\mathrm{d}v}{v^2}。$$

因此，

$$\frac{\mathrm{d}y}{\mathrm{d}x}=\frac{v\dfrac{\mathrm{d}u}{\mathrm{d}x}-u\dfrac{\mathrm{d}v}{\mathrm{d}x}}{v^2}。$$

这表明两个函数之商的导数的计算方法如下：将除数函数乘以被除数函数的导数，然后将被除数函数乘以除数函数的导数，再用前一个乘积减去后一个乘积，最后将所得的差除以除数函数的平方。

回到$y=\dfrac{bx^5+c}{x^2+a}$这个例子。令

$$bx^5+c=u，\ x^2+a=v，$$

于是，有

$$\begin{aligned}\frac{\mathrm{d}y}{\mathrm{d}x}&=\frac{(x^2+a)\dfrac{\mathrm{d}(bx^5+c)}{\mathrm{d}x}-(bx^5+c)\dfrac{\mathrm{d}(x^2+a)}{\mathrm{d}x}}{(x^2+a)^2}\\&=\frac{(x^2+a)(5bx^4)-(bx^5+c)(2x)}{(x^2+a)^2}\\&=\frac{3bx^6+5abx^4-2cx}{(x^2+a)^2}。\end{aligned}$$

求商的过程常常很乏味，但并没有什么困难的地方。

我们在下面还给出了一些求商的导数的例子，它们都有完整的计算过程。

【例 1】求 $y=\frac{a}{b^2}x^3-\frac{a^2}{b}x+\frac{a^2}{b^2}$ 的导数。

$\frac{a^2}{b^2}$ 是一个常数，因此在求导的过程中消失了，于是我们得到

$$\frac{\mathrm{d}y}{\mathrm{d}x}=\frac{a}{b^2}\times 3\times x^{3-1}-\frac{a^2}{b}\times 1\times x^{1-1}。$$

由于 $x^{1-1}=x^0=1$，因此就有

$$\frac{\mathrm{d}y}{\mathrm{d}x}=\frac{3a}{b^2}x^2-\frac{a^2}{b}。$$

【例 2】求 $y=2a\sqrt{bx^3}-\frac{3b\sqrt[3]{a}}{x}-2\sqrt{ab}$ 的导数。

将 x 的幂写成指数形式，得到

$$y=2a\sqrt{b}\,x^{\frac{3}{2}}-3b\sqrt[3]{a}\,x^{-1}-2\sqrt{ab}。$$

于是，有

$$\frac{\mathrm{d}y}{\mathrm{d}x}=2a\sqrt{b}\times\frac{3}{2}\times x^{\frac{3}{2}-1}-3b\sqrt[3]{a}\times(-1)\times x^{-1-1},$$

即

$$\frac{\mathrm{d}y}{\mathrm{d}x}=3a\sqrt{bx}+\frac{3b\sqrt[3]{a}}{x^2}。$$

【例 3】求 $z=1.8\sqrt[3]{\frac{1}{\theta^2}}-\frac{4.4}{\sqrt[5]{\theta}}-27$ 的导数。

这个等式可以写成：$z=1.8\theta^{-\frac{2}{3}}-4.4\theta^{-\frac{1}{5}}-27$。

27 在求导后消失，于是我们得到

$$\frac{\mathrm{d}z}{\mathrm{d}\theta}=1.8\times\left(-\frac{2}{3}\right)\times\theta^{-\frac{2}{3}-1}-4.4\times\left(-\frac{1}{5}\right)\times\theta^{-\frac{1}{5}-1},$$

即

$$\begin{aligned}\frac{\mathrm{d}z}{\mathrm{d}\theta}&=-1.2\theta^{-\frac{5}{3}}+0.88\theta^{-\frac{6}{5}}\\&=\frac{0.88}{\sqrt[5]{\theta^6}}-\frac{1.2}{\sqrt[3]{\theta^5}}。\end{aligned}$$

【例4】求 $v=(3t^2-1.2t+1)^3$ 的导数。

稍后将介绍一种求该函数的导数的直接方法，但我们现在就能够毫无困难地求出它的导数。

将右边的立方项展开，得到

$$v=27t^6-32.4t^5+39.96t^4-23.328t^3+13.32t^2-3.6t+1。$$

因此，

$$\frac{\mathrm{d}v}{\mathrm{d}t}=162t^5-162t^4+159.84t^3-69.984t^2+26.64t-3.6。$$

【例5】求 $y=(2x-3)(x+1)^2$ 的导数。

$$\begin{aligned}\frac{\mathrm{d}y}{\mathrm{d}x}&=(2x-3)\frac{\mathrm{d}[(x+1)(x+1)]}{\mathrm{d}x}+(x+1)^2\frac{\mathrm{d}(2x-3)}{\mathrm{d}x}\\&=(2x-3)\left[(x+1)\frac{\mathrm{d}(x+1)}{\mathrm{d}x}+(x+1)\frac{\mathrm{d}(x+1)}{\mathrm{d}x}\right]+(x+1)^2\frac{\mathrm{d}(2x-3)}{\mathrm{d}x}\\&=2(x+1)[(2x-3)+(x+1)]=2(x+1)(3x-2)。\end{aligned}$$

更简单的方法是将 $(2x-3)(x+1)^2$ 展开，然后求导。

【例6】求 $y=0.5x^3(x-3)$ 的导数。

$$\begin{aligned}\frac{\mathrm{d}y}{\mathrm{d}x}&=0.5\left[x^3\frac{\mathrm{d}(x-3)}{\mathrm{d}x}+(x-3)\frac{\mathrm{d}(x^3)}{\mathrm{d}x}\right]\\&=0.5[x^3+(x-3)\times 3x^2]=2x^3-4.5x^2。\end{aligned}$$

这里同样可以用前一个例子中说到的那种更简单的方法。

【例7】求 $w=\left(\theta+\frac{1}{\theta}\right)\left(\sqrt{\theta}+\frac{1}{\sqrt{\theta}}\right)$ 的导数。

该式可以写成

$$w=(\theta+\theta^{-1})\left(\theta^{\frac{1}{2}}+\theta^{-\frac{1}{2}}\right),$$

于是，有

$$\frac{\mathrm{d}w}{\mathrm{d}\theta}=(\theta+\theta^{-1})\frac{\mathrm{d}\left(\theta^{\frac{1}{2}}+\theta^{-\frac{1}{2}}\right)}{\mathrm{d}\theta}+\left(\theta^{\frac{1}{2}}+\theta^{-\frac{1}{2}}\right)\frac{\mathrm{d}(\theta+\theta^{-1})}{\mathrm{d}\theta}$$

$$=(\theta+\theta^{-1})\left(\frac{1}{2}\theta^{-\frac{1}{2}}-\frac{1}{2}\theta^{-\frac{3}{2}}\right)+\left(\theta^{\frac{1}{2}}+\theta^{-\frac{1}{2}}\right)(1-\theta^{-2})$$

$$=\frac{1}{2}\left(\theta^{\frac{1}{2}}+\theta^{-\frac{3}{2}}-\theta^{-\frac{1}{2}}-\theta^{-\frac{5}{2}}\right)+\left(\theta^{\frac{1}{2}}+\theta^{-\frac{1}{2}}-\theta^{-\frac{3}{2}}-\theta^{-\frac{5}{2}}\right)$$

$$=\frac{3}{2}\left(\sqrt{\theta}-\frac{1}{\sqrt{\theta^5}}\right)+\frac{1}{2}\left(\frac{1}{\sqrt{\theta}}-\frac{1}{\sqrt{\theta^3}}\right)。$$

同样，更简单的方法是先将两个因子乘出来，然后求导。然而，并不是总能这样做。

【例 8】求 $y=\dfrac{a}{1+a\sqrt{x}+a^2x}$ 的导数。

$$\frac{\mathrm{d}y}{\mathrm{d}x}=\frac{\left(1+ax^{\frac{1}{2}}+a^2x\right)\times 0-a\times\dfrac{\mathrm{d}\left(1+ax^{\frac{1}{2}}+a^2x\right)}{\mathrm{d}x}}{\left(1+ax^{\frac{1}{2}}+a^2x\right)^2}$$

$$=-\frac{a\left(\frac{1}{2}ax^{-\frac{1}{2}}+a^2\right)}{\left(1+ax^{\frac{1}{2}}+a^2x\right)^2}。$$

【例 9】求 $y=\dfrac{x^2}{x^2+1}$ 的导数。

$$\frac{\mathrm{d}y}{\mathrm{d}x}=\frac{(x^2+1)\times 2x-x^2\times 2x}{(x^2+1)^2}=\frac{2x}{(x^2+1)^2}。$$

【例 10】求 $y=\dfrac{a+\sqrt{x}}{a-\sqrt{x}}$ 的导数。

将该函数中的有关项写成指数形式，有

$$y=\frac{a+x^{\frac{1}{2}}}{a-x^{\frac{1}{2}}},$$

于是，可得

$$\frac{\mathrm{d}y}{\mathrm{d}x}=\frac{\left(a-x^{\frac{1}{2}}\right)\left(\frac{1}{2}x^{-\frac{1}{2}}\right)-\left(a+x^{\frac{1}{2}}\right)\left(-\frac{1}{2}x^{-\frac{1}{2}}\right)}{\left(a-x^{\frac{1}{2}}\right)^{2}}$$

$$=\frac{a-x^{\frac{1}{2}}+a+x^{\frac{1}{2}}}{2\left(a-x^{\frac{1}{2}}\right)^{2}x^{\frac{1}{2}}}$$

$$=\frac{a}{(a-\sqrt{x})^{2}\sqrt{x}}。$$

【例11】求$\theta=\dfrac{1-a\sqrt[3]{t^{2}}}{1+a\sqrt{t^{3}}}$的导数。

将该函数中的有关项写成指数形式，有

$$\theta=\frac{1-at^{\frac{2}{3}}}{1+at^{\frac{3}{2}}},$$

于是，可得

$$\frac{\mathrm{d}\theta}{\mathrm{d}t}=\frac{\left(1+at^{\frac{3}{2}}\right)\left(-\frac{2}{3}at^{-\frac{1}{3}}\right)-\left(1-at^{\frac{2}{3}}\right)\times\frac{3}{2}at^{\frac{1}{2}}}{\left(1+at^{\frac{3}{2}}\right)^{2}}$$

$$=\frac{5a^{2}\sqrt[6]{t^{7}}-\frac{4a}{\sqrt[3]{t}}-9a\sqrt{t}}{6\left(1+a\sqrt{t^{3}}\right)^{2}}。$$

【例12】有一座横截面为正方形的水池，其侧面与竖直方向的夹角为45°，底面的边长为p（以英尺为单位），水库中水流入的速度为c（以立方英尺/分为单位）。求水深为h（以英尺为单位）时水面上升速率的表达式，计算该速率在$p=17$英尺，$h=4$英尺，$c=35$立方英尺/分时的值。

高为H、上下底面积分别为a和A的棱台的体积是$V=\dfrac{H}{3}(A+a+\sqrt{Aa})$。很容易看出，坡度为45°，水深为$h$时，水的上表面所构成的正方形的边长为

$p+2h$。因此，$A=p^2$，$a=(p+2h)^2$，水的体积为

$$V=\frac{1}{3}h[p^2+(p+2h)^2+p(p+2h)]=p^2h+2ph^2+\frac{4}{3}h^3。$$

如果t是这一体积的水流入所需的时间（以分钟为单位），那么

$$ct=p^2h+2ph^2+\frac{4}{3}h^3。$$

根据这个关系式，我们就能求出h随t增大的速率，即$\frac{\mathrm{d}h}{\mathrm{d}t}$。但由于上述表达式表明了$t$为$h$的函数，而不是$h$为$t$的函数，因此更加简便的做法是先求出$\frac{\mathrm{d}t}{\mathrm{d}h}$，然后求结果的倒数，这是因为

$$\frac{\mathrm{d}t}{\mathrm{d}h}\times\frac{\mathrm{d}h}{\mathrm{d}t}=1。$$

由于c和p是常数，并且

$$ct=p^2h+2ph^2+\frac{4}{3}h^3,$$

$$c\frac{\mathrm{d}t}{\mathrm{d}h}=p^2+4ph+4h^2=(p+2h)^2,$$

因此$\frac{\mathrm{d}h}{\mathrm{d}t}=\frac{c}{(p+2h)^2}$，这就是要求的表达式。

当$p=17$英尺，$h=4$英尺，$c=35$立方英尺/分时，上式的值为0.056英尺/分。

【例13】温度为t时（只要t大于80℃），饱和蒸汽的绝对压强$P=\left(\frac{40+t}{140}\right)^5$（以标准大气压为单位）。求100℃时该压强随温度的变化率。

由于

$$P=\left(\frac{40+t}{140}\right)^5,$$

所以

$$\frac{\mathrm{d}P}{\mathrm{d}t}=\frac{5(40+t)^4}{140^5}。$$

因此，当$t=100$℃时，可得

$$\frac{\mathrm{d}P}{\mathrm{d}t}=\frac{5\times140^4}{140^5}=\frac{5}{140}=\frac{1}{28}\approx0.036\text{（标准大气压/℃）}。$$

所以，当 $t=100$℃时，饱和蒸汽的绝对压强随温度的变化率为1℃的温度变化对应约0.036个标准大气压的压强变化。

练习 3

（1）求以下各式的导数。

① $u=1+x+\frac{x^2}{1\times2}+\frac{x^3}{1\times2\times3}+\cdots$。

② $y=ax^2+bx+c$。

③ $y=(x+a)^2$。

④ $y=(x+a)^3$。

（2）设 $w=at-\frac{1}{2}bt^2$，求 $\frac{\mathrm{d}w}{\mathrm{d}t}$。

（3）求 $y=(x+\sqrt{-1})\times(x-\sqrt{-1})$ 的导数。

（4）求 $y=(197x-34x^2)\times(7+22x-83x^3)$ 的导数。

（5）设 $x=(y+3)\times(y+5)$，求 $\frac{\mathrm{d}x}{\mathrm{d}y}$。

（6）求 $y=1.3709x\times(112.6+45.202x^2)$ 的导数。

（7）求以下各式的导数。

① $y=\frac{2x+3}{3x+2}$。

② $y=\frac{1+x+2x^2+3x^3}{1+x+2x^2}$。

③ $y=\frac{ax+b}{cx+d}$。

④ $y=\frac{x^n+a}{x^{-n}+b}$。

（8）白炽灯的灯丝温度 t 与通过灯丝的电流 C 之间具有以下关系：

$$C=a+bt+ct^2。$$

求电流相对于温度的变化率的表达式。

（9）下面的3个式子都表示导线的电阻 R 与温度 t 的关系，其中 R_0 为该导线在0℃时的电阻，a 和 b 是常数。

$$R=R_0(1+at+bt^2),$$

$$R=R_0\left(1+at+b\sqrt{t}\right),$$

$$R=R_0(1+at+bt^2)^{-1}。$$

针对上述每个公式，分别求出电阻相对于温度的变化率。

（10）据研究，某种类型的标准电池的电动势E（单位为伏）随温度t（单位为℃）变化的关系为

$$E=1.4340[1-0.000814(t-15)+0.000007(t-15)^2]。$$

分别求温度为15℃，20℃和25℃时电动势相对于温度的变化率。

（11）据研究，维持电流强度为i、长度为l的电弧所需的电动势为

$$E=a+bl+\frac{c+kl}{i},$$

其中a，b，c，k为常数。求电动势相对于电弧长度的变化率的表达式，并求电动势相对于电流强度的变化率的表达式。

第7章 高阶导数

让我们从一个具体的例子开始，看看对一个函数多次重复求导的结果。

令 $y=x^5$。

一阶导数：	$5x^4$	
二阶导数：	$5\times4x^3$	$=20x^3$
三阶导数：	$5\times4\times3x^2$	$=60x^2$
四阶导数：	$5\times4\times3\times2x$	$=120x$
五阶导数：	$5\times4\times3\times2\times1$	$=120$
六阶导数：		$=0$①

有些作者采用一种非常方便的符号表示法，现在我们已经很熟悉这种表示

① 如果将这些导数应用于以恒定速率移动的物体，那么一阶导数给出其每秒的位置变化。如果该物体在加速，那么二阶导数给出一阶导数的变化率，即“位置变化/秒/秒”。如果加速度在变化，那么三阶导数给出二阶导数的变化率，即“位置变化/秒/秒/秒”。物理学家将这种变化称为“猝动”（jerk），就像一辆旧车，如果它的加速方式发生太突然的一个变化，它就会发生猝动。

以时间为自变量的二阶导数在物理学中随处可见，而在其他科学中则不那么常见。在经济学中，二阶导数可以表示工人工资的年增长率（或下降率）的增长率（或下降率）。三阶导数在物理学的许多分支中也很有用。很少需要比三阶更高阶的导数。这表明了一个幸运的事实，即宇宙似乎倾向于保持其基本定律的简单性。——M. G.

法了，那就是用一般的符号$f(x)$来表示x的任何函数。这里的符号$f(\ )$读作"……的函数"，而不说明它究竟代表哪个特定的函数。因此，$y=f(x)$这一表述只是告诉我们y是x的函数，这个函数可以是x^2或ax^n，也可以是$\cos x$或x的任何其他复杂函数。

此时，导数的相应符号是$f'(x)$，这写起来比$\frac{\mathrm{d}y}{\mathrm{d}x}$简单。$f'(x)$称为$x$的导函数，简称导数。

假设再次求导，我们将得到二阶导数，用$f''(x)$表示，以此类推①。

现在，让我们归纳出一般规律。

设$y=f(x)=x^n$。

一阶导数：　　$f(x)=nx^{n-1}$

二阶导数：　　$f''(x)=n(n-1)x^{n-2}$

三阶导数：　　$f'''(x)=n(n-1)(n-2)x^{n-3}$

四阶导数：　　$f''''(x)=n(n-1)(n-2)(n-3)x^{n-4}$

…………

但这并不是表示逐次求导的唯一方法。如果原始函数为

$$y=f(x),$$

那么对它求一次导数，就得到

$$\frac{\mathrm{d}y}{\mathrm{d}x}=f'(x)。$$

对它求两次导数，就得到

$$\frac{\mathrm{d}\left(\frac{\mathrm{d}y}{\mathrm{d}x}\right)}{\mathrm{d}x}=f''(x)。$$

而这可以方便地写成$\frac{\mathrm{d}^2y}{(\mathrm{d}x)^2}$，更常见的写法是$\frac{\mathrm{d}^2y}{\mathrm{d}x^2}$。同理，我们可以将对它求三次导数的结果写成$\frac{\mathrm{d}^3y}{\mathrm{d}x^3}=f'''(x)$。

---

① $f(x)$，$f''(x)$，$f'''(x)$，…也可以分别写成$f^{(1)}(x)$，$f^{(2)}(x)$，$f^{(3)}(x)$，…。——译者

现在让我们逐次对$y=f(x)=7x^4+3.5x^3-\frac{1}{2}x^2+x-2$求导。

$$\frac{dy}{dx}=f'(x)=28x^3+10.5x^2-x+1,$$

$$\frac{d^2y}{dx^2}=f''(x)=84x^2+21x-1,$$

$$\frac{d^3y}{dx^3}=f'''(x)=168x+21,$$

$$\frac{d^4y}{dx^4}=f''''(x)=168,$$

$$\frac{d^5y}{dx^5}=f'''''(x)=0。$$

下面逐次对$y=\phi(x)=3x(x^2-4)$求导。

$$\phi'(x)=\frac{dy}{dx}=3[x\times 2x+(x^2-4)\times 1]=3(3x^2-4),$$

$$\phi''(x)=\frac{d^2y}{dx^2}=3\times 6x=18x,$$

$$\phi'''(x)=\frac{d^3y}{dx^3}=18,$$

$$\phi''''(x)=\frac{d^4y}{dx^4}=0。$$

练习 4

（1）分别求下列各表达式的$\frac{dy}{dx}$和$\frac{d^2y}{dx^2}$。

① $y=17x+12x^2$。　　② $y=\frac{x^2+a}{x+a}$。

③ $y=1+\frac{x}{1}+\frac{x^2}{1\times 2}+\frac{x^3}{1\times 2\times 3}+\frac{x^4}{1\times 2\times 3\times 4}$。

（2）对于练习3中的第（1）题至第（6）题和第（7）题的第一个小题，分别求它们的二阶导数和三阶导数。

（3）对于第6章中给出的例1～例7，分别求它们的二阶导数和三阶导数。

第8章 当时间变化时

微积分中最重要的一些问题是那些以时间为自变量的问题：当时间变化时，我们必须考虑某个其他量的值随时间的变化。有些量的值随着时间的推移而变大，另一些量的值则变小。随着时间的推移，行驶中的火车离起点越来越远。随着岁月的流逝，树木越长越高。一棵12英寸高的植物在一个月内长到14英寸，一棵12英尺高的树木在一年内长到14英尺，二者中哪一个的生长速率更快？

在本章中，我们将更多地使用速率（rate）[①]这个词。这个词与出生率和死亡率无关，因为这两个词分别表示每千人中有多少人出生和死亡。当一辆汽车从我们身边呼啸而过时，我们会说它的速度太快（速率很大）。当一个挥霍无度的年轻人在挥金如土时，我们会说那个人过着穷奢极侈的生活，嘲笑其花钱的速度太快（速率很大）。我们所说的速率是什么意思？在这两种情况下，我们都在大脑中对正在发生的事情以及发生此事所需的时间进行比较。如果汽车每秒行驶10码，那么我们通过一点简单的心算就会知道，只要它继续这样

① “rate”一词既可表示“比率”，也可表示“速率”，下文提到的人口出生率和死亡率是比率，而汽车的速度、生活开销实际上是速率。作者在本书中主要指后一种意思，因此我们将其译为“速率”。当然，速率是一种特殊的比率，是某个量与时间的比率。——译者

行驶下去，这就等效于它每分钟行驶600码，或者每小时行驶约20.45英里。

那么，从什么意义上说，10码/秒的速率与600码/分的速率确实是一样的？10码不等于600码，1秒也不等于1分钟。我们所说的速率相同的意思是：经过的距离与所用的时间之比在这两种情况下是相同的。

现在让我们尝试把其中一些想法转化为导数符号。

在下面的这个例子中，用y代表金钱，t代表时间。

如果你在花钱，而你在一段很短的时间$\mathrm{d}t$内花掉的钱为$\mathrm{d}y$，那么你花钱的速率就是$\frac{\mathrm{d}y}{\mathrm{d}t}$；如果你在储蓄的话，就要在花钱的速率前加上一个负号，得到$-\frac{\mathrm{d}y}{\mathrm{d}t}$，这是因为在这种情况下，$\mathrm{d}y$是一个减量（负数），而不是增量（正数）。对于说明微积分而言，用金钱来举例并不是很好，因为它的增减通常是跳跃性的，而不是连续变化。你一年可能挣2万美元，但你的收入不会整天像涓涓细流一样不断流入你的账户，它只会每周、每个月或每个季度分次进入你的账户。你的支出也是一笔一笔进行的。

要说明速率的概念，运动的物体是一个更恰当的例子。从伦敦到利物浦的距离大约是200英里。如果一列火车7点离开伦敦，11点到达利物浦，那么因为它在4小时内行驶了200英里，所以你就会知道它的平均速度一定是50英里/时，因为$\frac{200}{4}=50$（英里/时）。在这里，你实际上在大脑中比较了火车行驶的距离和花费的时间，你将二者相除。如果y表示整段距离，而t表示花费的全部时间，那么平均速度显然是$\frac{y}{t}$。但是，火车的速度实际上往往并不是全程都是恒定的，比如在刚启动和最后的减速过程中，火车的速度都比较低。又如，在某个下坡处，火车的速度很可能会超过60英里/时。如果在任何一个特定的时间微元$\mathrm{d}t$中经过的相应距离微元是$\mathrm{d}y$，那么在旅程的这一段，速度就是$\frac{\mathrm{d}y}{\mathrm{d}t}$。于是，通过表述一个量（在本例中为距离）关于另一个量（在本例中为时间）的导数，就可以恰当地表示一个量相对于另一量的变化速率。用科学

的语言来表述，*速度*（velocity）[①]是指沿着运动方向经过的一段非常小的距离与所用时间之比，因此可以写成

$$v=\frac{\mathrm{d}y}{\mathrm{d}t}。$$

但如果速度 v 不是恒定的，那么它必定要么在增大，要么在减小。速度增大的速率称为*加速度*。如果在任何特定的时刻，一个运动物体在一个时间微元 $\mathrm{d}t$ 中获得了速度增量 $\mathrm{d}v$，那么在该时刻的加速度 a 就可以写成

$$a=\frac{\mathrm{d}v}{\mathrm{d}t}。$$

而 $v=\frac{\mathrm{d}y}{\mathrm{d}t}$，因此

$$a=\frac{\mathrm{d}v}{\mathrm{d}t}=\frac{\mathrm{d}}{\mathrm{d}t}\left(\frac{\mathrm{d}y}{\mathrm{d}t}\right),$$

通常写为

$$a=\frac{\mathrm{d}^2y}{\mathrm{d}t^2}。$$

我们可以说加速度是距离关于时间的二阶导数。加速度表示单位时间内速度的变化，例如每秒变化了多少英尺/秒，此时所使用的单位是英尺/秒^2。

当火车刚开始启动时，其速度 v 很小，但它在迅速增大——火车正在发动机的带动下加速。因此，火车的 $\frac{\mathrm{d}^2y}{\mathrm{d}t^2}$ 很大。当达到最大速度时，火车就不再加速了，此时 $\frac{\mathrm{d}^2y}{\mathrm{d}t^2}$ 就降到了零。但当火车接近停车点时，它的速度开始减小。事实上，如果开始刹车，它会很快减速。在*减速*的这段时间里，$\frac{\mathrm{d}v}{\mathrm{d}t}$ 的值是负的，即 $\frac{\mathrm{d}^2y}{\mathrm{d}t^2}$ 的值是负的。

为了使质量为 m 的物体加速，需要持续地施加力。使物体加速所需的力与

① 严格地说，速度是矢量，而速率是指速度的大小，是标量，但作者对此并未加严格区分。同时，这里的距离是指位移，当时间很短时，二者的大小是一样的。——译者

该物体的质量成正比，也与它所获得的加速度成正比。我们可以写出力f的表达式：

$$f = ma,$$

或

$$f = m\frac{\mathrm{d}v}{\mathrm{d}t},$$

或

$$f = m\frac{\mathrm{d}^2 y}{\mathrm{d}t^2}。$$

物体的质量与其速度的乘积称为*动量*，用符号表示为mv。如果我们求动量关于时间的导数，就会得到动量的时间变化率$\frac{\mathrm{d}(mv)}{\mathrm{d}t}$。而$m$是一个常数，因此这个变化率可以写成$m\frac{\mathrm{d}v}{\mathrm{d}t}$。我们看到，这与上面的$f$的表达式相同。也就是说，力既可以表示为质量乘以加速度，也可以表示为动量的变化率。

此外，如果用一个力来移动某个物体（对抗一个大小相等而方向相反的反作用力），那么这个力就会做*功*，做功的量是用这个力与它的作用点（沿着这个力的方向）向前移动的距离的乘积来度量的。因此，如果一个物体在力f的作用下沿该力的方向向前移动一段距离y，那么该力所做的功（记为w）就是

$$w = fy。$$

这里我们认为f是一个恒力。如果这个力在物体移动的距离y的范围内随不同的作用点发生变化，那么我们就必须找到该力的大小的逐点表达式。如果f是一个方向沿着长度微元$\mathrm{d}y$的力，那么它所做的功就是$f\cdot \mathrm{d}y$。但由于$\mathrm{d}y$只是一个长度微元，因此力f所做的功也只会是一个功微元。如果我们用w表示功，那么功微元就是$\mathrm{d}w$，于是我们得到

$$\mathrm{d}w = f\cdot \mathrm{d}y。$$

上式也可以写成

$$\mathrm{d}w = ma\cdot \mathrm{d}y,$$

或者

$$\mathrm{d}w = m\frac{\mathrm{d}^2 y}{\mathrm{d}t^2}\cdot \mathrm{d}y,$$

或者

$$\mathrm{d}w = m\frac{\mathrm{d}v}{\mathrm{d}t}\cdot \mathrm{d}y。$$

另外，我们也可以将表达式 $\mathrm{d}w=f\cdot\mathrm{d}y$ 改写为

$$\frac{\mathrm{d}w}{\mathrm{d}y}=f。$$

这就给出了力的第三种定义：如果一个物体在某一方向上产生了位移，那么该物体（在这个方向上）受到的力等于该力在这个方向上单位长度内所做的功的变化率。在最后一句话中，“变化率”一词的含义显然不是相对于时间变化的速率，而是比率的意思。

艾萨克·牛顿爵士（和莱布尼茨）是微积分的发明者。牛顿认为所有变化的量都是*流动的*，而我们现在称为导数的比率在他看来是流动的速率，或者说是所讨论的量的*流数*。他没有采用 $\mathrm{d}y$，$\mathrm{d}x$ 和 $\mathrm{d}t$ 这些符号（这些是由莱布尼茨提出的），而是采用了他自己的表示方法。如果 y 是一个变化（或流动）的量，那么他用来表示其变化率（或流数）的符号是 $\dot{y}$。如果 x 是一个变量，那么它的流数就是 $\dot{x}$。字母上方的点表示我们已经对它求了导数。不过，这个符号并没有告诉我们导数所涉及的自变量是什么。当我们看到 $\frac{\mathrm{d}y}{\mathrm{d}t}$ 时，我们知道这是求 y 关于 t 的导数。但是如果我们只看到 $\dot{y}$，那么在不看上下文的情况下就无法判断它指的是 $\frac{\mathrm{d}y}{\mathrm{d}x}$，$\frac{\mathrm{d}y}{\mathrm{d}t}$ 或 $\frac{\mathrm{d}y}{\mathrm{d}z}$，或者说我们不知道另一个变量是什么。可见，这种流数表示法传达的信息比导数表示法的要少，因此基本上已经不再使用了。但只要我们约定只在以时间为自变量的情况下采用这种表示方法，那么它的简单形式就会具有一定的优势。在这种情况下，$\dot{y}$ 表示 $\frac{\mathrm{d}y}{\mathrm{d}t}$，$\dot{u}$ 表示 $\frac{\mathrm{d}u}{\mathrm{d}t}$，而 $\ddot{x}$ 就表示 $\frac{\mathrm{d}^2x}{\mathrm{d}t^2}$。

采用这种流数表示法，我们可以将前面介绍的那些力学方程写成下列形式。

距离：x

速度：$v=\dot{x}$

加速度：$a=\dot{v}=\ddot{x}$

$$力：f = m\dot{v} = m\ddot{x}$$

$$功：w = x \times m\ddot{x}$$

下面看一些例子。

【例1】一个物体从某一点O开始运动，运动距离x（以英尺为单位）由关系式

$$x = 0.2t^2 + 10.4$$

给出，其中t是从某一时刻开始所经过的时间（以秒为单位）。求该物体运动[①]5秒后的速度和加速度以及运动距离为100英尺时的速度和加速度，并求出它开始运动后最初10秒内的平均速度。（假设距离x、速度v和加速度a等均以向右为正。）

由$x = 0.2t^2 + 10.4$可得

$$v = \dot{x} = \frac{\mathrm{d}x}{\mathrm{d}t} = 0.4t，\ a = \ddot{x} = \frac{\mathrm{d}^2 x}{\mathrm{d}t^2} = 0.4\ （英尺/秒^2）。$$

当$t = 0$秒时，$x = 10.4$英尺，$v = 0$英尺/秒。该物体从点O右侧10.4英尺处开始运动，时间是从该物体开始运动的那一刻算起的。

当$t = 5$秒时，$v = 0.4 \times 5 = 2$（英尺/秒），$a = 0.4$（英尺/秒^2）。

当$x = 100$英尺时，$100 = 0.2t^2 + 10.4$，即$t^2 = 448$，$t \approx 21.17$（秒）；$v = 0.4 \times 21.17 = 8.468$（英尺/秒）；$a = 0.4$（英尺/秒^2）。

当$t=10$秒时，运动距离为$0.2 \times 10^2 + 10.4 - 10.4 = 20$（英尺），平均速度$\overline{v} = \frac{20}{10} = 2$（英尺/秒）。这与这段时间的中间时刻（即$t = 5$秒时）的速度相同，这是因为在此题中加速度是恒定的，速度均匀地从$t = 0$秒时的0英尺/秒变化到$t = 10$秒时的4英尺/秒。

【例2】我们假设上题中的问题不变，仅关系式变为

$$x = 0.2t^2 + 3t + 10.4。$$

---

① 在例1～例5中，开始运动的时刻都定义为v等于零的时刻，而不是t等于零的时刻。但在例（1）中，$v=0$时恰好$t=0$。但例2～例5则不一定满足这一点。另外，这里所说的“距离”就是指位移。——译者

此时，有

$$v=\dot{x}=\frac{\mathrm{d}x}{\mathrm{d}t}=0.4t+3,\quad a=\ddot{x}=\frac{\mathrm{d}^2x}{\mathrm{d}t^2}=0.4。$$

当$t=0$时，$x=10.4$英尺，$v=3$英尺/秒。时间是从该物体经过点O右侧10.4英尺处的那一刻算起的，此时该物体的速度已经是3英尺/秒。为了求出该物体从静止开始运动后经过的时间，设$v=0$英尺/秒，于是$0.4t+3=0$，$t=-\frac{3}{0.4}=-7.5$（秒）。在开始计时之前，该物体已经运动了7.5秒。在该物体运动5秒后，$t=-2.5$秒，$v=0.4\times(-2.5)+3=2$（英尺/秒）。

当$x=100$英尺时，有

$$100=0.2t^2+3t+10.4,$$

即

$$t^2+15t-448=0。$$

因此

$$t\approx 14.96（秒），v=0.4\times 14.96+3\approx 8.98（英尺/秒）。$$

为了求出该物体运动10秒后行驶的距离，就必须知道该物体开始运动时离点O有多远。

当$t=-7.5$秒时，

$$x=0.2\times(-7.5)^2-3\times 7.5+10.4=-0.85（英尺）。$$

此时，物体在点O左侧0.85英尺处。

当$t=2.5$秒时，有

$$x=0.2\times 2.5^2+3\times 2.5+10.4=19.15（英尺）。$$

因此，开始运动后，该物体在10秒内行驶的距离为

$$19.15+0.85=20（英尺），$$

平均速度为

$$\bar{v}=\frac{20}{10}=2（英尺/秒）。$$

【例3】考虑与上述类似的问题，但距离的表达式为$x=0.2t^2-3t+10.4$。在这种情况下，$v=0.4t-3$，$a=0.4$英尺/秒^2。当$t=0$秒时，$x=10.4$英尺（与前两

个例题一样)；而 $v=-3$ 英尺/秒，这表明该物体在开始计时时的运动方向与前两种情况下的相反。不过，由于现在加速度是正的，因此我们看到这个速度会随着时间的推移而减小，直至变为零。此时，$v=0.4t-3=0$，即 $t=7.5$（秒）。此后，速度就变成了正的，而在该物体又运动5秒后，即 $t=12.5$ 秒时，有

$$v=0.4\times12.5-3=2\text{（英尺/秒）。}$$

当 $x=100$ 英尺时，有

$$100=0.2t^2-3t+10.4,$$

即

$$t^2-15t-448=0,$$

因此

$$t\approx29.96\text{（秒）},\ v=0.4\times29.96-3\approx8.98\text{（英尺/秒）。}$$

当 v 为零时，$t=7.5$ 秒，$x=0.2\times7.5^2-3\times7.5+10.4=-0.85$（英尺）。这告诉我们，该物体反向运动到点 O 左侧0.85英尺处停止。该物体运动10秒后，即 $t=17.5$ 秒时，有

$$x=0.2\times17.5^2-3\times17.5+10.4=19.15\text{（英尺）。}$$

此时，该物体已行驶的距离为 $0.85+19.15=20.0$（英尺），平均速度仍然为2英尺/秒。

【例4】考虑另一个同类问题，距离表达式为 $x=0.2t^3-3t^2+10.4$。在这种情况下，$v=0.6t^2-6t$，$a=1.2t-6$。加速度就不再是恒定的了。

当 $t=0$ 秒时，$x=10.4$ 英尺，$v=0$ 英尺/秒，$a=-6$ 英尺/秒^2。此时，该物体处于静止状态，但刚好要以负加速度运动，也就是说它位于点 O 右侧，但朝点 O 运动的速度会增大。

【例5】如果我们的表达式为 $x=0.2t^3-3t+10.4$，那么 $v=0.6t^2-3$，$a=1.2t$。

当 $t=0$ 秒时，$x=10.4$ 英尺，$v=-3$ 英尺/秒，$a=0$ 英尺/秒^2。

该物体以3英尺/秒的速度向点 O 运动，就在那一刻，它的运动是匀速的。

我们看到，运动的状态总是可以根据时间-距离方程及其一阶和二阶导数立即确定。在例4和例5中，物体开始运动后最初10秒内的平均速度和运动5秒时的速度将不再相同，因为速度不是均匀增加的，即加速度不再恒定。

【例 6】一个车轮转过的角度 θ（以弧度为单位）的表达式为 $\theta=3+2t-0.1t^3$，其中 t 是从某一时刻开始计算的时间（以秒为单位）。求以下两个时刻的角速度 ω 和角加速度 α：①1 秒时；②车轮转过一圈时。车轮会在什么时刻静止？到那一刻为止，它已经转过了多少圈？

$$\omega=\dot{\theta}=\frac{\mathrm{d}\theta}{\mathrm{d}t}=2-0.3t^2，\ \alpha=\ddot{\theta}=\frac{\mathrm{d}^2\theta}{\mathrm{d}t^2}=-0.6t。$$

当 $t=0$ 秒时，$\theta=3$ 弧度，$\omega=2$ 弧度/秒，$\alpha=0$ 弧度/秒^2。

当 $t=1$ 秒时，$\theta=4.9$ 弧度，$\omega=1.7$ 弧度/秒，$\alpha=-0.6$ 弧度/秒^2。

这是一个减速运动，车轮的转动在减慢。

转过一圈时，有

$$\theta=2\pi=3+2t-0.1t^3。$$

通过数值方法求解该方程，我们可以得到 $\theta=2\pi$ 时 t 的值，t 的两个正根分别约为 2.11 秒和 3.02 秒（第三个根是一个负值，舍去）。

当 $t\approx2.11$ 秒时，有

$$\theta\approx6.28\ (\text{弧度}),$$
$$\omega\approx2-1.34=0.66\ (\text{弧度/秒}),$$
$$\alpha\approx-1.27\ (\text{弧度/秒}^2)。$$

当 $t\approx3.02$ 秒时，有

$$\theta\approx6.28\ (\text{弧度}),$$
$$\omega\approx2-2.74=-0.74\ (\text{弧度/秒}),$$
$$\alpha\approx-1.81\ (\text{弧度/秒}^2)。$$

此时轮子的转向反过来了。轮子显然在这两个时刻之间有一个静止状态，这个静止状态出现在 $\omega=0$ 弧度/秒时，即 $0=2-0.3t^2$ 时，由此解得 $t\approx2.58$ 秒，此时它已经转过的圈数为

$$\frac{\theta}{2\pi}\approx\frac{3+2\times2.58-0.1\times2.58^3}{6.28}\approx1。$$

练习5

（1）设$y=a+bt^2+ct^4$，求$\frac{\mathrm{d}y}{\mathrm{d}t}$和$\frac{\mathrm{d}^2y}{\mathrm{d}t^2}$。

（2）一个物体在空中的下落运动用$s=16t^2$描述，其中t为从物体开始下落的时刻算起的时间（以秒为单位），s是下落距离（以英尺为单位）。①绘制一条曲线来表示s与t之间的关系。②分别确定该物体在下列时刻的速度：$t=2$秒，$t=4.6$秒，$t=0.01$秒[①]。

（3）设$x=at-\frac{1}{2}gt^2$，求$\dot{x}$和$\ddot{x}$。

（4）设一个物体的运动规律遵循

$$s=12-4.5t+6.2t^2,$$

求它在$t=4$秒时的速度，s的单位是英尺。

（5）求上题中物体的加速度。此时的加速度对于t的所有取值都相同吗？

（6）一个轮子转过的角度θ（以弧度为单位）与它开始转动后经过的时间t（以秒为单位）之间的关系遵循以下规律：

$$\theta=2.1-3.2t+4.8t^2。$$

试求经过$1\frac{1}{2}$秒后这个轮子的角速度（以弧度/秒为单位），同时求出它的角

---

① 弄清楚如何将导数应用于物体的下落运动是有用的。落体是加速运动中最常见的例子。设t为从物体开始下落的时刻算起的时间（以秒为单位），s为它下落的距离，将这两个变量联系起来的函数是$s=16t^2$（它的图像是一条漂亮的抛物线。）因此，1秒时物体下落了16英尺，2秒时它下落了64英尺，3秒时它下落了144英尺，以此类推。这个函数的一阶导数为$32t$，它给出了物体在t秒时的瞬时速度。1秒时它的速度是32英尺/秒，2秒时它的速度是64英尺/秒，以此类推。

这个函数的二阶导数就是32。这个“函数的导数的导数”是物体的加速度——它的速度变化的速率。

稍后，在关于积分的那些章节中，你将看到对下落物体的距离-时间函数的一阶导数求积分时，如何得出下落物体从开始下落一直到因落到地面而停止运动这一过程中任意两个时刻之间的距离。——M. G.

加速度。

（7）一个滑块在其运动过程的第一部分是这样的：它与起点之间的距离s（以英寸为单位）为

$$s = 6.8t^3 - 10.8t。$$

其中，t以秒为单位。试求该滑块在任意时刻的速度和加速度的表达式，然后求它在3秒时的速度和加速度。

（8）一只气球正在上升，它在任意给定时刻t的高度h（以英里为单位）为

$$h = 0.5 + \frac{1}{10}\sqrt[3]{t - 125}。$$

其中，t以秒为单位。求该气球的速度和加速度在任意时刻的表达式。绘制三条曲线，分别表明在上升的最初10分钟内高度、速度和加速度的变化。

（9）将一石块向下扔进水中，在它到达水面后的任意时刻t（以秒为单位），石块在水中的深度p（以米为单位）遵循表达式

$$p = \frac{4}{4 + t^2} + 0.8t - 1。$$

求该石块在任意时刻的速度和加速度的表达式，再求10秒时该石块的速度和加速度。

（10）一个物体的运动遵循$s = t^n$，其中t是从开始运动算起的时间，s是经过的距离，n是一个常数。求以下两种情况下的n值：①从第5秒到第10秒，速度加倍；②在第10秒时，速度在数值上等于加速度。

第9章 求导的一种巧妙方法

有时，我们会发现求导的表达式过于复杂而无法直接进行计算，于是就会被难住。

例如，要求函数

$$y=(x^2+a^2)^{\frac{3}{2}}$$

的导数，这对于初学者来说是很棘手的。

那么，巧妙地克服这一困难的方法是将表达式x^2+a^2写成某个符号，比如u，于是这个函数就变成了

$$y=u^{\frac{3}{2}}。$$

这样就很容易处理了，因为

$$\frac{\mathrm{d}y}{\mathrm{d}u}=\frac{3}{2}u^{\frac{1}{2}}。$$

然后再来处理表达式

$$u=x^2+a^2,$$

求它关于x的导数，可得

$$\frac{\mathrm{d}u}{\mathrm{d}x}=2x。$$

剩下的事情就轻而易举了，这是因为

$$\frac{dy}{dx}=\frac{dy}{du}\times\frac{du}{dx},$$

即 $$\frac{dy}{dx}=\frac{3}{2}u^{\frac{1}{2}}\times 2x=\frac{3}{2}(x^2+a^2)^{\frac{1}{2}}\times 2x=3x(x^2+a^2)^{\frac{1}{2}}。$$

于是，我们就用这一技巧完成了求导运算[①]。

晚些时候，当你学会了如何对正弦函数、余弦函数和指数函数求导时，就会发现这种巧妙的方法越来越有用。

让我们通过几个例子来练习这种技巧。

【例1】求 $y=\sqrt{a+x}$ 的导数。

令 $u=a+x$，则有

$$\frac{du}{dx}=1,\ y=u^{\frac{1}{2}},\ \frac{dy}{du}=\frac{1}{2}u^{-\frac{1}{2}}=\frac{1}{2}(a+x)^{-\frac{1}{2}},$$

$$\frac{dy}{dx}=\frac{dy}{du}\times\frac{du}{dx}=\frac{1}{2\sqrt{a+x}}。$$

【例2】求 $y=\dfrac{1}{\sqrt{a+x^2}}$ 的导数。

令 $u=a+x^2$，则有

① 汤普森关于求导的“巧妙的方法”如今被称为“链式法则”，它是微积分中最有用的法则之一。他给出的用来说明这条法则的函数被称为“复合函数”，因为它涉及“函数的函数”。$u=x^2+a^2$ 被称为“内函数”，$y=u^{\frac{3}{2}}$ 被称为“外函数”。

我们可以尝试通过以下方法来求这个复合函数的导数：求出 x^2+a^2 的立方，然后取其平方根，或者用二项式定理展开 $(x^2+a^2)^{\frac{3}{2}}$，但这两种方法的效果都不太好。正如汤普森明确指出的那样，更简单的方法是求出外函数关于内函数的导数，然后将所得结果乘以内函数关于 x 的导数。这被称为链式法则，因为它可以应用于具有多个内函数的复合函数。你只需计算一连串的导数，然后将它们乘在一起。现代微积分教科书给出了链式规则为何成立的证明。

举一个简单的例子来说明它是如何运作的。考虑三个孩子A、B和C。A长高的速度是B的两倍，B长高的速度是C的三倍。A长高的速度是C的多少倍？显然，答案是2×3=6（倍）。——M. G.

$$\frac{\mathrm{d}u}{\mathrm{d}x}=2x，y=u^{-\frac{1}{2}}，\frac{\mathrm{d}y}{\mathrm{d}u}=-\frac{1}{2}u^{-\frac{3}{2}}，$$

$$\frac{\mathrm{d}y}{\mathrm{d}x}=\frac{\mathrm{d}y}{\mathrm{d}u}\times\frac{\mathrm{d}u}{\mathrm{d}x}=-\frac{x}{\sqrt{(a+x^2)^3}}。$$

【例3】求 $y=\left(m-nx^{\frac{2}{3}}+\frac{p}{x^{\frac{4}{3}}}\right)^a$ 的导数。

令 $u=m-nx^{\frac{2}{3}}+px^{-\frac{4}{3}}$，则有

$$\frac{\mathrm{d}u}{\mathrm{d}x}=-\frac{2}{3}nx^{-\frac{1}{3}}-\frac{4}{3}px^{-\frac{7}{3}}，$$

$$y=u^a，\frac{\mathrm{d}y}{\mathrm{d}u}=au^{a-1}，$$

$$\frac{\mathrm{d}y}{\mathrm{d}x}=\frac{\mathrm{d}y}{\mathrm{d}u}\times\frac{\mathrm{d}u}{\mathrm{d}x}=-a\left(m-nx^{\frac{2}{3}}+\frac{p}{x^{\frac{4}{3}}}\right)^{a-1}\left(\frac{2}{3}nx^{-\frac{1}{3}}+\frac{4}{3}px^{-\frac{7}{3}}\right)。$$

【例4】求 $y=\frac{1}{\sqrt{x^3-a^2}}$ 的导数。

令 $u=x^3-a^2$，则有

$$\frac{\mathrm{d}u}{\mathrm{d}x}=3x^2，y=u^{-\frac{1}{2}}，\frac{\mathrm{d}y}{\mathrm{d}u}=-\frac{1}{2}u^{-\frac{3}{2}}=-\frac{1}{2}(x^3-a^2)^{-\frac{3}{2}}，$$

$$\frac{\mathrm{d}y}{\mathrm{d}x}=\frac{\mathrm{d}y}{\mathrm{d}u}\times\frac{\mathrm{d}u}{\mathrm{d}x}=-\frac{3x^2}{2\sqrt{(x^3-a^2)^3}}。$$

【例5】求 $y=\sqrt{\frac{1-x}{1+x}}$ 的导数。

将原式写成 $y=\frac{(1-x)^{\frac{1}{2}}}{(1+x)^{\frac{1}{2}}}$，则有

$$\frac{\mathrm{d}y}{\mathrm{d}x}=\frac{(1+x)^{\frac{1}{2}}\frac{\mathrm{d}[(1-x)^{\frac{1}{2}}]}{\mathrm{d}x}-(1-x)^{\frac{1}{2}}\frac{\mathrm{d}[(1+x)^{\frac{1}{2}}]}{\mathrm{d}x}}{1+x}。$$

[我们也可以将原式写成 $y=(1-x)^{\frac{1}{2}}(1+x)^{-\frac{1}{2}}$，然后将其作为乘积求导。]

按照上面例1的方法继续进行下去，我们得到

$$\frac{\mathrm{d}[(1-x)^{\frac{1}{2}}]}{\mathrm{d}x}=-\frac{1}{2\sqrt{1-x}},\quad \frac{\mathrm{d}[(1+x)^{\frac{1}{2}}]}{\mathrm{d}x}=\frac{1}{2\sqrt{1+x}}。$$

因此

$$\begin{aligned}\frac{\mathrm{d}y}{\mathrm{d}x}&=-\frac{(1+x)^{\frac{1}{2}}}{2(1+x)\sqrt{1-x}}-\frac{(1-x)^{\frac{1}{2}}}{2(1+x)\sqrt{1+x}}\\&=-\frac{1}{2\sqrt{1+x}\cdot\sqrt{1-x}}-\frac{\sqrt{1-x}}{2\sqrt{(1+x)^3}},\end{aligned}$$

即
$$\frac{\mathrm{d}y}{\mathrm{d}x}=-\frac{1}{(1+x)\sqrt{1-x^2}}。$$

【例6】求$y=\sqrt{\frac{x^3}{1+x^2}}$的导数。

我们可以将原式写成$y=x^{\frac{3}{2}}(1+x^2)^{-\frac{1}{2}}$，则有

$$\frac{\mathrm{d}y}{\mathrm{d}x}=\frac{3}{2}x^{\frac{1}{2}}(1+x^2)^{-\frac{1}{2}}+x^{\frac{3}{2}}\times\frac{\mathrm{d}[(1+x^2)^{-\frac{1}{2}}]}{\mathrm{d}x}。$$

按照上面例2的方法求$(1+x^2)^{-\frac{1}{2}}$的导数，我们得到

$$\frac{\mathrm{d}[(1+x^2)^{-\frac{1}{2}}]}{\mathrm{d}x}=-\frac{x}{\sqrt{(1+x^2)^3}},$$

因此

$$\frac{\mathrm{d}y}{\mathrm{d}x}=\frac{3\sqrt{x}}{2\sqrt{1+x^2}}-\frac{\sqrt{x^5}}{\sqrt{(1+x^2)^3}}=\frac{\sqrt{x}(3+x^2)}{2\sqrt{(1+x^2)^3}}。$$

【例7】求$y=\left(x+\sqrt{x^2+x+a}\right)^3$的导数。

令$u=x+\sqrt{x^2+x+a}$，则有

$$\frac{\mathrm{d}u}{\mathrm{d}x}=1+\frac{\mathrm{d}[(x^2+x+a)^{\frac{1}{2}}]}{\mathrm{d}x},$$

$$y=u^3,\ \frac{dy}{du}=3u^2=3\left(x+\sqrt{x^2+x+a}\right)^2$$

现在令 $v=(x^2+x+a)^{\frac{1}{2}}$，$w=x^2+x+a$，则有

$$\frac{dw}{dx}=2x+1,\ v=w^{\frac{1}{2}},\ \frac{dv}{dw}=\frac{1}{2}w^{-\frac{1}{2}},$$

$$\frac{dv}{dx}=\frac{dv}{dw}\times\frac{dw}{dx}=\frac{1}{2}(x^2+x+a)^{-\frac{1}{2}}(2x+1)。$$

因此

$$\frac{du}{dx}=1+\frac{2x+1}{2\sqrt{x^2+x+a}},$$

$$\frac{dy}{dx}=\frac{dy}{du}\times\frac{du}{dx}=3\left(x+\sqrt{x^2+x+a}\right)^2\left(1+\frac{2x+1}{2\sqrt{x^2+x+a}}\right)。$$

【例8】求 $y=\sqrt{\frac{a^2+x^2}{a^2-x^2}}\cdot\sqrt[3]{\frac{a^2-x^2}{a^2+x^2}}$ 的导数。

由原式可得

$$y=\frac{(a^2+x^2)^{\frac{1}{2}}(a^2-x^2)^{\frac{1}{3}}}{(a^2-x^2)^{\frac{1}{2}}(a^2+x^2)^{\frac{1}{3}}}=(a^2+x^2)^{\frac{1}{6}}(a^2-x^2)^{-\frac{1}{6}},$$

$$\frac{dy}{dx}=(a^2+x^2)^{\frac{1}{6}}\times\frac{d[(a^2-x^2)^{-\frac{1}{6}}]}{dx}+\frac{d[(a^2+x^2)^{\frac{1}{6}}]}{(a^2-x^2)^{\frac{1}{6}}dx}。$$

令 $u=(a^2-x^2)^{-\frac{1}{6}}$，$v=a^2-x^2$，可得

$$u=v^{-\frac{1}{6}},\ \frac{du}{dv}=-\frac{1}{6}v^{-\frac{7}{6}},\ \frac{dv}{dx}=-2x,$$

$$\frac{du}{dx}=\frac{du}{dv}\times\frac{dv}{dx}=\frac{1}{3}x(a^2-x^2)^{-\frac{7}{6}}。$$

令 $w=(a^2+x^2)^{\frac{1}{6}}$，$z=a^2+x^2$，可得

$$w=z^{\frac{1}{6}},\ \frac{dw}{dz}=\frac{1}{6}z^{-\frac{5}{6}},\ \frac{dz}{dx}=2x,$$

$$\frac{dw}{dx}=\frac{dw}{dz}\times\frac{dz}{dx}=\frac{1}{3}x(a^2+x^2)^{-\frac{5}{6}}。$$

因此

$$\frac{dy}{dx}=(a^2+x^2)^{\frac{1}{6}}\times\frac{x}{3(a^2-x^2)^{\frac{7}{6}}}+\frac{x}{3(a^2-x^2)^{\frac{1}{6}}(a^2+x^2)^{\frac{5}{6}}},$$

即

$$\frac{dy}{dx}=\frac{x}{3}\left[\sqrt[6]{\frac{a^2+x^2}{(a^2-x^2)^7}}+\frac{1}{\sqrt[6]{(a^2-x^2)(a^2+x^2)^5}}\right]。$$

【例 9】求 y^n 关于 y^5 的导数。

$$\frac{d(y^n)}{d(y^5)}=\frac{ny^{n-1}}{5y^{5-1}}=\frac{n}{5}y^{n-5}。$$

【例 10】求 $y=\frac{x}{b}\sqrt{(a-x)x}$ 的一阶导数和二阶导数。

$$\frac{dy}{dx}=\frac{x}{b}\cdot\frac{d\{[(a-x)x]^{\frac{1}{2}}\}}{dx}+\frac{\sqrt{(a-x)x}}{b}。$$

令 $u=[(a-x)x]^{\frac{1}{2}}$，$w=(a-x)x$，可得

$$u=w^{\frac{1}{2}},$$

$$\frac{du}{dw}=\frac{1}{2}w^{-\frac{1}{2}}=\frac{1}{2w^{\frac{1}{2}}}=\frac{1}{2\sqrt{(a-x)x}},$$

$$\frac{dw}{dx}=a-2x,$$

$$\frac{du}{dx}=\frac{du}{dw}\times\frac{dw}{dx}=\frac{a-2x}{2\sqrt{(a-x)x}}。$$

因此

$$\frac{dy}{dx}=\frac{x(a-2x)}{2b\sqrt{(a-x)x}}+\frac{\sqrt{(a-x)x}}{b}=\frac{x(3a-4x)}{2b\sqrt{(a-x)x}}。$$

于是

$$\frac{\mathrm{d}^2 y}{\mathrm{d}x^2}=\frac{2b(3a-8x)\sqrt{(a-x)x}-\dfrac{b(3ax-4x^2)(a-2x)}{\sqrt{(a-x)x}}}{4b^2(a-x)x}$$

$$=\frac{3a^2-12ax+8x^2}{4b(a-x)\sqrt{(a-x)x}}。$$

我们在后文中需要用到最后这两个导数，参见练习10的第（11）题。

练习6

（1）求以下各式的导数。

① $y=\sqrt{x^2+1}$。

② $y=\sqrt{x^2+a^2}$。

③ $y=\dfrac{1}{\sqrt{a+x}}$。

④ $y=\dfrac{a}{\sqrt{a-x^2}}$。

⑤ $y=\dfrac{\sqrt{x^2-a^2}}{x^2}$。

⑥ $y=\dfrac{\sqrt[3]{x^4+a}}{\sqrt{x^3+a}}$。

⑦ $y=\dfrac{a^2+x^2}{(a+x)^2}$。

（2）求y^5关于y^2的导数。

（3）求$y=\dfrac{\sqrt{1-\theta^2}}{1-\theta}$的导数。

$\dfrac{\mathrm{d}y}{\mathrm{d}x}=\dfrac{\mathrm{d}y}{\mathrm{d}u}\times\dfrac{\mathrm{d}u}{\mathrm{d}x}$这一过程也可以推广到三个或更多导数，例如$\dfrac{\mathrm{d}y}{\mathrm{d}x}=\dfrac{\mathrm{d}y}{\mathrm{d}z}\times\dfrac{\mathrm{d}z}{\mathrm{d}v}\times\dfrac{\mathrm{d}v}{\mathrm{d}x}$。

请看以下例子。

【例11】若$z=3x^4$，$v=\dfrac{7}{z^2}$，$y=\sqrt{1+v}$，求$\dfrac{\mathrm{d}y}{\mathrm{d}x}$。

我们分别有$\dfrac{\mathrm{d}y}{\mathrm{d}v}=\dfrac{1}{2\sqrt{1+v}}$，$\dfrac{\mathrm{d}v}{\mathrm{d}z}=-\dfrac{14}{z^3}$，$\dfrac{\mathrm{d}z}{\mathrm{d}x}=12x^3$，可得

$$\frac{dy}{dx}=-\frac{168x^3}{\left(2\sqrt{1+v}\right)z^3}=-\frac{28}{3x^5\sqrt{9x^8+7}}。$$

【例 12】若 $t=\dfrac{1}{5\sqrt{\theta}}$，$x=t^3+\dfrac{t}{2}$，$v=\dfrac{7x^2}{\sqrt[3]{x-1}}$，求 $\dfrac{dv}{d\theta}$。

我们分别有 $\dfrac{dv}{dx}=\dfrac{7x(5x-6)}{3\sqrt[3]{(x-1)^4}}$，$\dfrac{dx}{dt}=3t^2+\dfrac{1}{2}$，$\dfrac{dt}{d\theta}=-\dfrac{1}{10\sqrt{\theta^3}}$，可得

$$\frac{dv}{d\theta}=\frac{7x(5x-6)(3t^2+\frac{1}{2})}{30\sqrt[3]{(x-1)^4}\sqrt{\theta^3}}。$$

这个表达式中的 x 必须替换为 $t^3+\dfrac{t}{2}$，t 也必须替换为 $\dfrac{1}{5\sqrt{\theta}}$，最后得出用 θ 表示的形式。

【例 13】若 $\theta=\dfrac{3a^2x}{\sqrt{x^3}}$，$\omega=\dfrac{\sqrt{1-\theta^2}}{1+\theta}$，$\phi=\sqrt{3}-\dfrac{1}{\sqrt{2}\,\omega}$，求 $\dfrac{d\phi}{dx}$。

我们得到 $\theta=3a^2x^{-\frac{1}{2}}$，$\omega=\sqrt{\dfrac{1-\theta}{1+\theta}}$，$\phi=\sqrt{3}-\dfrac{1}{\sqrt{2}}\omega^{-1}$，因此

$$\frac{d\theta}{dx}=-\frac{3a^2}{2\sqrt{x^3}},$$

$$\frac{d\omega}{d\theta}=-\frac{1}{(1+\theta)\sqrt{1-\theta^2}}\text{［参照本章前面的例 5］},$$

$$\frac{d\phi}{d\omega}=\frac{1}{\sqrt{2}\,\omega^2}。$$

于是，可得

$$\frac{d\phi}{dx}=\frac{1}{\sqrt{2}\,\omega^2}\times\frac{1}{(1+\theta)\sqrt{1-\theta^2}}\times\frac{3a^2}{2\sqrt{x^3}}。$$

先将 ω 替换为 $\sqrt{\dfrac{1-\theta}{1+\theta}}$，然后将 θ 替换为 $3a^2x^{-\frac{1}{2}}$，最后得出以 x 为自变量的函数 $\dfrac{d\phi}{dx}$。

练习 7

现在你可以顺利地解答下列各题了。

（1）设 $u=\frac{1}{2}x^3$，$v=3(u+u^2)$，$w=\frac{1}{v^2}$，求 $\frac{\mathrm{d}w}{\mathrm{d}x}$。

（2）设 $y=3x^2+\sqrt{2}$，$z=\sqrt{1+y}$，$v=\frac{1}{\sqrt{3}+4z}$，求 $\frac{\mathrm{d}v}{\mathrm{d}x}$。

（3）设 $y=\frac{x^3}{\sqrt{3}}$，$z=(1+y)^2$，$u=\frac{1}{\sqrt{1+z}}$，求 $\frac{\mathrm{d}u}{\mathrm{d}x}$。

下面给出一些练习题，一方面是因为这里尚有可用的版面，另一方面是因为它们的解答过程依赖本章介绍的巧妙方法，但读者必须在看完第14章和第15章后再来试着做这些练习题。

（4）设 $y=2a^3\ln u-u(5a^2-2au+\frac{1}{3}u^2)$，$u=a+x$，证明 $\frac{\mathrm{d}y}{\mathrm{d}x}=\frac{x^2(a-x)}{a+x}$。

（5）对于曲线 $x=a(\theta-\sin\theta)$，$y=a(1-\cos\theta)$，求 $\frac{\mathrm{d}x}{\mathrm{d}\theta}$ 和 $\frac{\mathrm{d}y}{\mathrm{d}\theta}$，从而求出 $\frac{\mathrm{d}y}{\mathrm{d}x}$ 的表达式。

（6）对于曲线 $x=a\cos^3\theta$，$x=a\,\mathrm{s}\sin^3\theta$，求 $\frac{\mathrm{d}x}{\mathrm{d}\theta}$ 和 $\frac{\mathrm{d}y}{\mathrm{d}\theta}$，从而求出 $\frac{\mathrm{d}y}{\mathrm{d}x}$ 的表达式。

（7）设 $y=\ln\sin(x^2-a^2)$，求 $\frac{\mathrm{d}y}{\mathrm{d}x}$ 的最简形式。

（8）设 $u=x+y$，$4x=2u-\ln(2u-1)$，证明 $\frac{\mathrm{d}y}{\mathrm{d}x}=\frac{x+y}{x+y-1}$。

第 10 章

导数的几何意义

导数能被赋予什么几何意义？考虑这个问题是很有意义的。

我们知道，x的任何函数，例如x^2，$\sqrt{x}$或$ax+b$，都可以绘制成一条曲线[①]。现今每个中学生都熟悉这种绘制曲线的过程。

设图 7 中的曲线 PQR 是在坐标系中绘制的一条曲线上的一段。考虑这条曲线上的任意一点 Q，设该点的横坐标为 x，纵坐标为 y。现在观察 x 在这条曲线上变化时，y 是如何变化的。如果使 x 向右增加一个小的增量 $\mathrm{d}x$，就可以观察到 y（在这条特定的曲线上）也增加了一个小的增量 $\mathrm{d}y$（因为这条特定的曲线恰好是一条上升曲线）。于是，$\mathrm{d}y$ 与 $\mathrm{d}x$ 之比就是这条曲线在 Q 和 T 两点之间向上倾斜的程度的一个度量。事实上，从图 7 中可以看出，这条曲线在 Q 和 T 两点之间有很多不同的斜率。不过，如果 Q 和 T 两点靠得很近，以至于这条曲线的一小段 QT 实际上是直的，那么我们就可以确切地说 $\frac{\mathrm{d}y}{\mathrm{d}x}$ 就是这条曲线沿着 QT 的斜率。延长 QT 两端得到的直线仅在 QT 这一小段与该曲线接触。如果 QT 的长度为无穷小，那么这条直线实际上仅在一点与该曲线接触，

① 在本书中，我们把直线看成一种特殊的曲线。——译者

因此它是该曲线的一条切线。

该曲线的这条切线显然与QT有相同的斜率，因此$\frac{dy}{dx}$在点Q的值就是该曲线在点Q的切线的斜率。

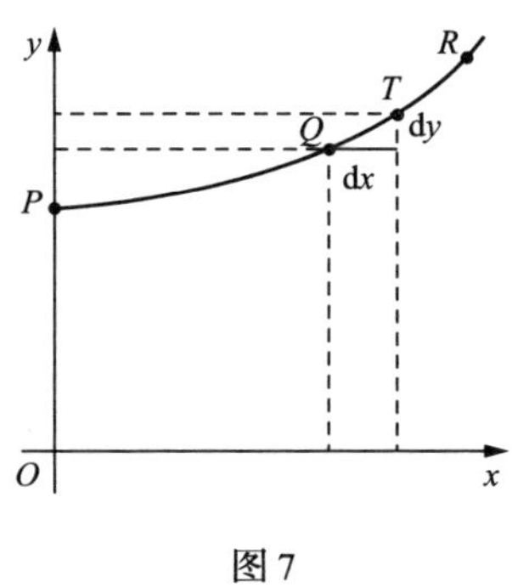

图7

我们已经看到，“曲线的斜率”这个简短的表述并没有任何确切的含义，因为一条曲线有很多斜率。事实上，一条曲线的每一小段都有着不同的斜率。不过，“一条曲线在一点的斜率”是一个完美定义的概念，它是此曲线恰好在该点非常小的那一段的斜率。我们已经看到，这与“这条曲线在该点的切线的斜率”是一样的。

注意，dx是向右的一小步，而dy是对应的向上的一小步。它们的步长必须被视为尽可能小——事实上是无穷小，尽管在图像中，我们必须用并非无穷短的小线段表示它们，否则它们就看不见了。

$\frac{dy}{dx}$表示曲线在任一点的切线的斜率，下面我们将充分利用这一事实。

如果一条曲线在某一特定点以45°角向上倾斜（见图8），那么dy和dx就会相等，因此$\frac{dy}{dx}=1$。

如果一条曲线在某一点向上倾斜的角度大于45°（见图9），那么$\frac{dy}{dx}$就会大于1。

如果一条曲线在某一点非常平缓地向上倾斜（见图10），那么$\frac{dy}{dx}$就小于1。

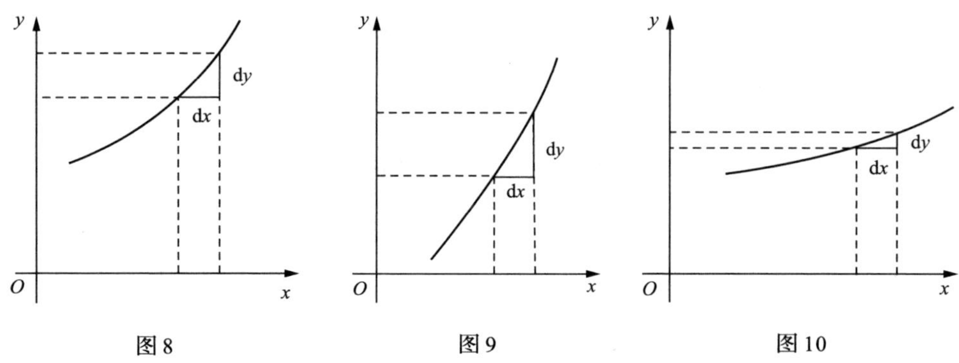

图8　　图9　　图10

对于水平线或曲线上水平的那一段，$dy=0$，因此$\frac{dy}{dx}=0$。

如果曲线在某一点向下倾斜（见图11），那么dy就会是向下的一小步，因此我们必须将其看作负值，于是$\frac{dy}{dx}$也就带有负号。

如果这条曲线恰好是一条直线（见图12），那么它在所有点的$\frac{dy}{dx}$的值都相等。换言之，它的斜率是恒定的。

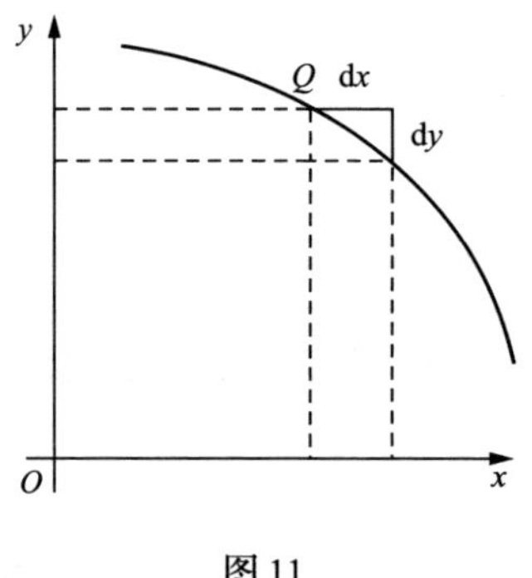

图11

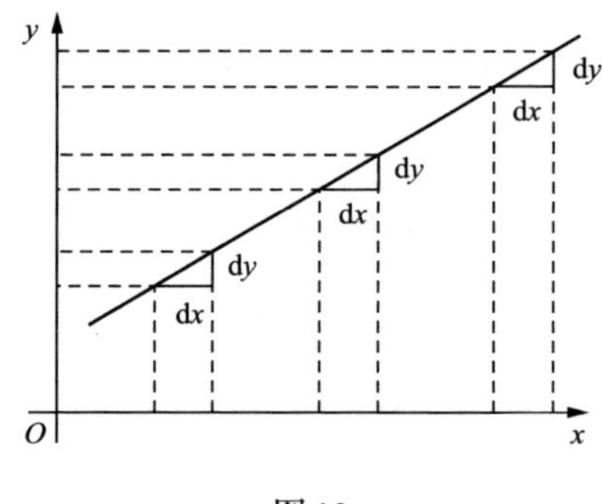

图12

如果在向右上方延伸的过程中，一条曲线越来越向上弯曲，那么$\frac{dy}{dx}$的值会随着该曲线倾斜程度的增大而越来越大，如图13所示。

如果在向右上方延伸的过程中，一条曲线变得越来越平缓，那么$\frac{dy}{dx}$的值就会越来越小，如图14所示。

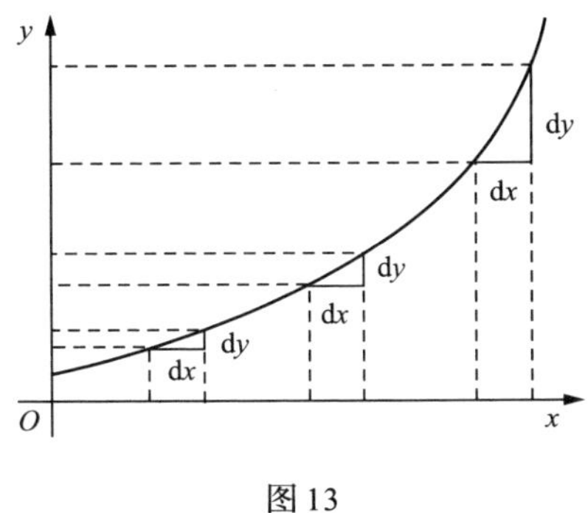

图13

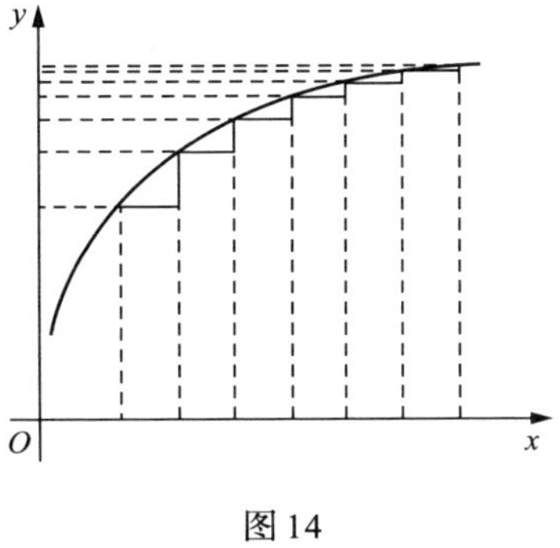

图14

如果一条曲线先下降，然后上升，呈现一种向下凹的形状（见图15），那么很明显，$\frac{dy}{dx}$先是负的，而且随着曲线越来越平缓，其值逐渐增大，然后在曲线下凹的最低点变为零，随后变成正的，并且不断增大。在这种情况下，我们说y经过了一个极小值。这个值不一定是y的最小值，而是对应于下凹处最低点的那个y值。例如，在图28中，下凹处最低点对应的y值为1，而y在其他地方的一些值小于1。极小值的特征是y在该值的两侧都必须增大。

注意：对于使y为一个极小值的特定的x值，有$\frac{dy}{dx}=0$。

如果一条曲线先上升，然后下降，则$\frac{dy}{dx}$的值先是正的，在最高点变成零，然后变成负的，如图16所示。

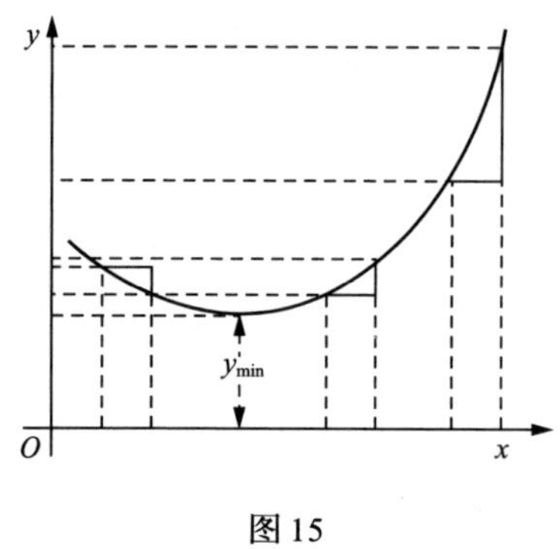

图 15

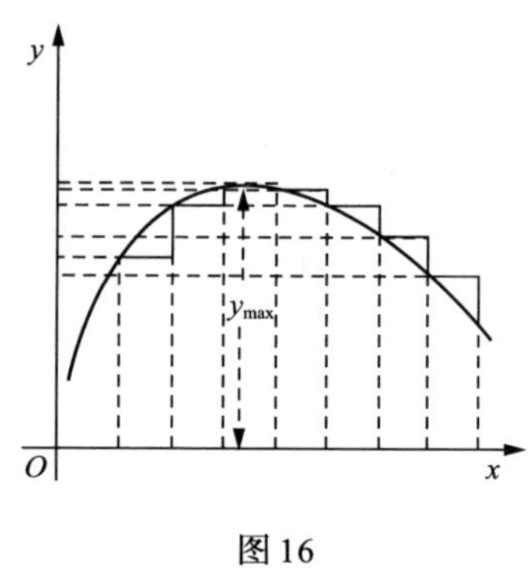

图 16

在这种情况下，我们说 y 取得了一个极大值，但这个值不一定是 y 的最大值。在图 28 中，$2\frac{1}{3}$ 是 y 的极大值，但这绝不是 y 在该曲线上可能取的最大值。

注意：对于使 y 为一个极大值的特定的 x 值，有 $\frac{dy}{dx}=0$。

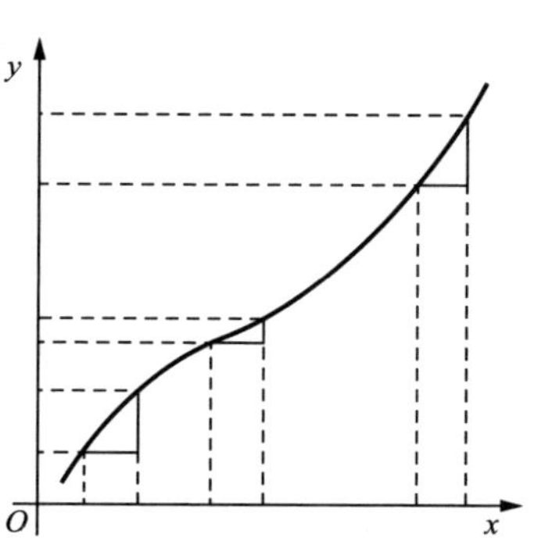

图 17

如果一条曲线具有图 17 所示的特定形式，那么 $\frac{dy}{dx}$ 的值将始终是正的。但这条曲线的斜率在一个特定的地方最小，此时 $\frac{dy}{dx}$ 取极小值。也就是说，这一点的 $\frac{dy}{dx}$ 值比曲线上任何其他部分的都要小。

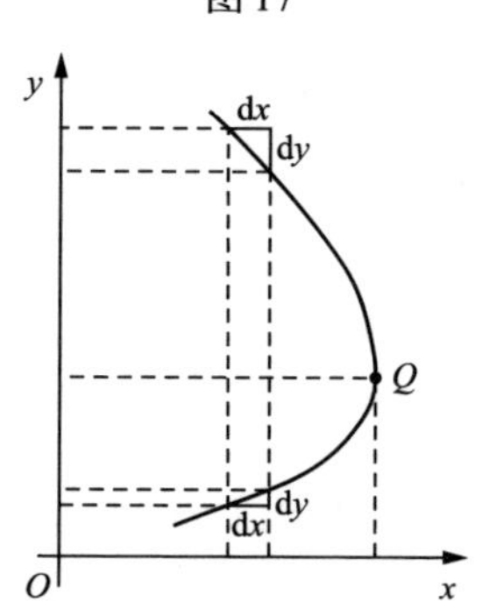

图 18

如果一条曲线具有图 18 所示的形式，则 $\frac{dy}{dx}$ 的值在其上部是负的，在其下部是正的。这条曲线向右凸出的点 Q 的切线实际上垂直于 x 轴，此处的 $\frac{dy}{dx}$ 值是无穷大。

既然我们现在已经明白了$\frac{dy}{dx}$度量的是一条曲线在任一点的倾斜程度，那么接下来讨论一些函数式。我们已经学习过如何求这些函数式的导数。

【例1】举一个最简单的例子：

$$y=x+b。$$

这个函数的图像如图19所示，其中对x和y使用的标度是相同的。如果我们取$x=0$，那么对应的纵坐标就是$y=b$。也就是说，这条直线与y轴的交点到原点的距离为b①。从这里开始，它以45°角上升。无论dx在x轴的正方向（向右）上取什么值，dy都是相等的。这条直线的倾斜度为1∶1。

现在按照我们已经学过的那些法则来求$y=x+b$的导数，得到$\frac{dy}{dx}=1$。

这条直线的斜率是这样的：这条直线上的一个点每向右移动一小步dx，就同时向上移动相等的一小步dy，并且这个斜率是恒定的——斜率总是相同。

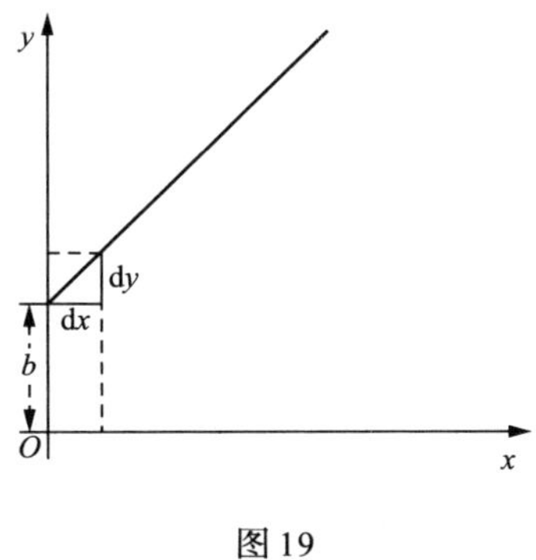

图19

【例2】再举一个例子：

$$y=ax+b。$$

我们知道，这条直线和前面的那条直线一样，它与y轴的交点到原点的距离为b。但在绘制这条直线之前，让我们先通过导数求出它的斜率，结果是

① 这里假定$b>0$。对于$b\leqslant 0$的情况，下述结论依然正确。下面不再一一说明。——译者

$\frac{dy}{dx}=a$。这个斜率是恒定的，相应倾角的正切在这里恰为a。让我们给a赋一个数值，比如$\frac{1}{3}$，那么我们就必须给这条直线这样的一个斜率：横向增大3对应于纵向上升1，或者说dx应是dy的3倍。图20（a）把这一结果放大了。按照这个斜率，我们画出图20（b）所示的图像。

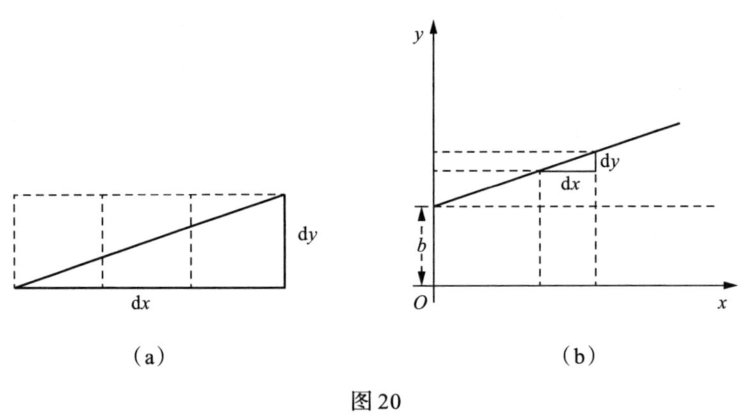

图20

【例3】现在来看一个稍难一点的例子。设

$$y=ax^2+b。$$

显然，$x=0$时，$y=b$，即这条曲线与y轴的交点到原点的距离也是b。

现在求这个函数的导数。（如果你忘记了如何求导，请复习一下第5章，但更好的做法是不要翻回去看，而是想想如何求这个函数的导数。）我们可以得到

$$\frac{dy}{dx}=2ax。$$

这表明这条曲线的倾斜程度并不是恒定的，而是随x的增大而增大。如图21所示，在点P，即$x=0$处，这条曲线的斜率为零，也就是说它是水平的。在原点O左侧，x的值是负的，$\frac{dy}{dx}$的值也是负的，或者说从左向右倾斜下降。

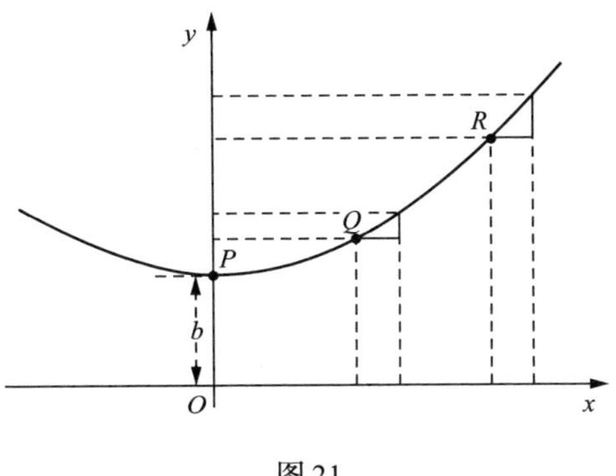

图21

让我们通过一个特定的例子来说明这一点。取函数

$$y=\frac{1}{4}x^2+3$$

并求它的导数，我们得到

$$\frac{\mathrm{d}y}{\mathrm{d}x}=\frac{1}{2}x。$$

现在给x赋几个相继的值，比如从-3到5的整数，然后根据上面的第一个式子计算y的相应值，根据第二个式子计算$\frac{\mathrm{d}y}{\mathrm{d}x}$的相应值，将所得的结果制成表4。

表4

x	-3	-2	-1	0	1	2	3	4	5
y	$5\frac{1}{4}$	4	$3\frac{1}{4}$	3	$3\frac{1}{4}$	4	$5\frac{1}{4}$	7	$9\frac{1}{4}$
$\frac{\mathrm{d}y}{\mathrm{d}x}$	$-1\frac{1}{2}$	-1	$-\frac{1}{2}$	0	$\frac{1}{2}$	1	$1\frac{1}{2}$	2	$2\frac{1}{2}$

根据表4绘制两条曲线，如图22和图23所示。图22以x为横坐标，y为纵坐标；图23以x为横坐标，$\frac{\mathrm{d}y}{\mathrm{d}x}$为纵坐标。对于任意指定的$x$值，第二条曲线（实际上是直线）的纵坐标与第一条曲线的斜率成正比。

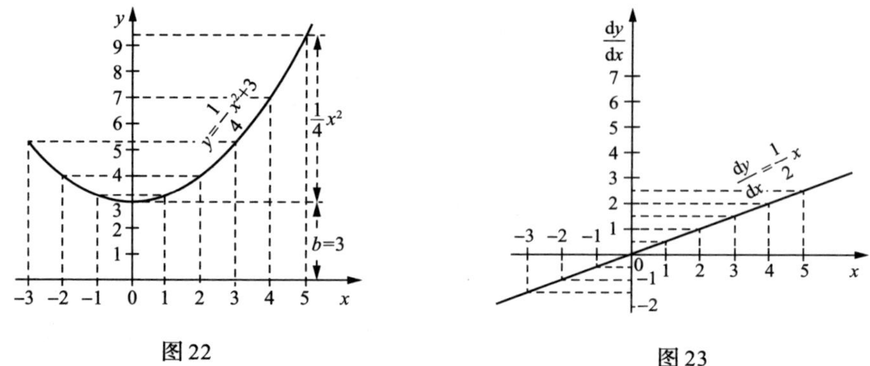

图 22　　图 23

如果一条曲线上有一个突然出现的尖点（见图 24），那么它的切线在该点将突然改变方向。在这种情况下，$\frac{dy}{dx}$显然会经历从正值到负值的突变[①]。

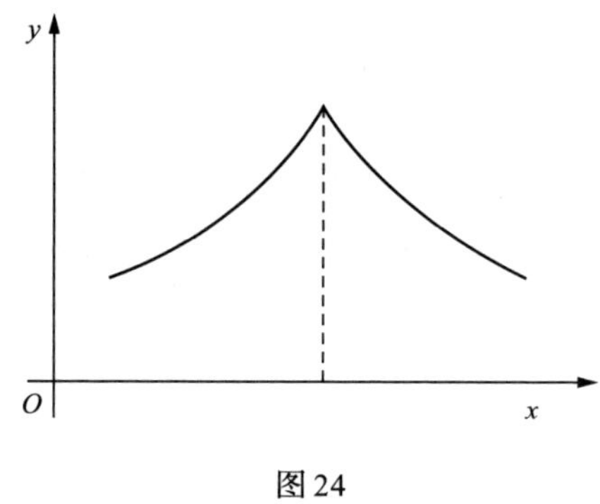

图 24

接下来的几个例子用于说明刚刚解释过的这些原理的进一步应用。

① 尖点是指曲线上的一个尖锐的点，曲线的方向在这里突然改变了 180°。如果曲线的方向是以其他角度变化的，那么该点就被称为一个“角点”。当然，尖点或角点可以指向上方、下方、左方或右方，也可以指向任何其他方向。图 24 所示的尖点的切线是竖直的。曲线从一侧接近这条切线，在另一侧离开这条切线。尖点不存在导数。一个典型的例子是 $y=(x-4)^{\frac{2}{3}}$ 所表示的曲线，其尖点在 $x=4$ 处，指向下方。

在由一些直线组成的连续函数的图像上也可能出现角点。例如，绝对值函数的定义为：若 $x\geqslant 0$，则 $y=x$；若 $x<0$，则 $y=-x$。该函数的图像在 $x=0$ 处有一个角点。——M. G.

【例4】求曲线$y=\dfrac{1}{2x}+3$在$x=-1$所对应的点的切线的斜率，并求该切线与曲线$y=2x^2+2$所夹的角度。

该曲线在$x=-1$所对应的点的斜率就是函数$y=\dfrac{1}{2x}+3$在$x=-1$时的$\dfrac{\mathrm{d}y}{\mathrm{d}x}$值。这里$\dfrac{\mathrm{d}y}{\mathrm{d}x}=-\dfrac{1}{2x^2}$。当$x=-1$时，$\dfrac{\mathrm{d}y}{\mathrm{d}x}=-\dfrac{1}{2}$，这就是该曲线在$x=-1$所对应的点的切线的斜率。切线是一条直线，因此它的方程具有$y=ax+b$的形式，其斜率为$a=\dfrac{\mathrm{d}y}{\mathrm{d}x}$，因此$a=-\dfrac{1}{2}$。此外，如果$x=-1$，那么$y=\dfrac{1}{2\times(-1)}+3=2\dfrac{1}{2}$。当该曲线的切线经过该点时，该点的坐标必须满足切线方程

$$y=-\frac{1}{2}x+b。$$

于是有$2\dfrac{1}{2}=-\dfrac{1}{2}\times(-1)+b$，由此可得$b=2$，因此该曲线在该点的切线方程为$y=-\dfrac{1}{2}x+2$。

当两条曲线相交时，交点是这两条曲线的公共点，因此该点的坐标必须同时满足这两条曲线的方程。也就是说，该点的坐标必须是这两条曲线的方程组合在一起所构成的联立方程组的解。在这里，这两条曲线的交点的坐标由

$$\begin{cases} y=2x^2+2 \\ y=-\dfrac{1}{2}x+2 \end{cases}$$

的解给出。由此可得

$$x\left(2x+\frac{1}{2}\right)=0。$$

这个方程的解为$x_1=0$，$x_2=-\dfrac{1}{4}$。曲线$y=2x^2+2$在任一点的斜率为

$$\frac{\mathrm{d}y}{\mathrm{d}x}=4x。$$

对于$x=0$，曲线$y=2x^2+2$的斜率为零，而对于$x=-\dfrac{1}{4}$，则有

$$\frac{dy}{dx}=-1。$$

因此，曲线在该点向右下方倾斜。设曲线在该点与水平方向的夹角为θ，则$\tan\theta=1$，即曲线在该点与水平方向成45°角[①]。

直线$y=-\frac{1}{2}x+2$的斜率是$-\frac{1}{2}$，也就是说它向右下方倾斜。设该直线与水平方向构成的角为ϕ，则$\tan\phi=\frac{1}{2}$，即该直线与水平方向的夹角约为26°34′。由此可知，上述曲线与直线在第一个点（$x=0$）的夹角约为26°34′，在第二个点（$x=-\frac{1}{4}$）的夹角为45° − 26°34′ = 18°26′。

【例5】绘制一条直线，使其通过坐标为$x=2$，$y=-1$的点，并与曲线

$$y=x^2-5x+6$$

相切。求切点的坐标。

该曲线的切线的斜率等于函数$y=x^2-5x+6$的导数，即$\frac{dy}{dx}=2x-5$。

设所求直线的方程为$y=ax+b$，由于它满足$x=2$，$y=-1$，因此$-1=a\times2+b$。此外，由该直线与已知曲线相切可知

$$\frac{dy}{dx}=a=2x-5。$$

切点的坐标x和y也必须同时满足上述切线方程和曲线方程。于是，我们有

$$\begin{cases} y=x^2-5x+6, & \cdots\cdots ① \\ y=ax+b, & \cdots\cdots ② \\ -1=2a+b, & \cdots\cdots ③ \\ a=2x-5。 & \cdots\cdots ④ \end{cases}$$

这是一个以a，b，x，y为未知量的方程组。

由方程①和②可得

① 我们习惯上称曲线在该点的切线与水平方向的夹角为45°。——译者

$$x^2-5x+6=ax+b。$$

根据方程③和④求出a和b的表达式并将其代入上式，我们就可以得到

$$x^2-5x+6=(2x-5)x-1-2(2x-5)。$$

可将上式化简为$x^2-4x+3=0$，该方程的解为：$x_1=1$，$x_2=3$。将它们分别代入方程①，我们得到$y_1=2$，$y_2=0$。于是，两个切点的坐标就是$x_1=1$，$y_1=2$，以及$x_2=3$，$y_2=0$。

注意：大家会发现，在所有与曲线有关的练习中，通过实际绘制曲线来验证推断出的那些结论是非常有益的。

练习 8

（1）以毫米为标度，绘制函数$y=\frac{3}{4}x^2-5$的曲线。在该曲线上对应于不同x值的各点，试测量其倾斜的角度。通过求这个函数的导数，得出其斜率的表达式。看看你的计算结果是否与测得的角度一致。

（2）求曲线

$$y=0.12x^3-2$$

在$x=2$所对应的点的切线的斜率。

（3）设$y=(x-a)(x-b)$，证明在这条曲线上$\frac{\mathrm{d}y}{\mathrm{d}x}=0$的这一特定点，$x$的值为$\frac{1}{2}(a+b)$。

（4）求函数$y=x^3+3x$的导数，并计算其导数分别对应于$x=0$，$x=\frac{1}{2}$，$x=1$，$x=2$的值。

（5）求方程为$x^2+y^2=4$的曲线上斜率为1的各点的x坐标值。

（6）求方程为$\frac{x^2}{3^2}+\frac{y^2}{2^2}=1$的曲线在任意点的斜率，并分别求出该曲线在$x=0$和$x=1$处的斜率的值。

（7）曲线$y=5-2x+0.5x^3$的一条切线的方程具有$y=mx+n$的形式，其中m

和 n 是常数。若切点的横坐标 x 为2，求 m 和 n 的值。

（8）$y=3.5x^2+2$ 和 $y=x^2-5x+9.5$ 这两条曲线以什么角度相交？

（9）在曲线 $y=\pm\sqrt{25-x^2}$ 上的 $x=3$ 和 $x=4$ 且 y 取正值的两个点分别作切线。求这两条切线的交点的坐标，以及它们的夹角的大小。

（10）假设直线 $y=2x-b$ 与曲线 $y=3x^2+2$ 相切于一点。该切点的坐标是什么？b 的值是多少？

附　注

如果一个连续函数的曲线与 x 轴交于 a 和 b 两点，并且该函数在 a 和 b 之间的闭区间内是可导的，那么在这条曲线上，在 a 和 b 之间必定至少存在一个点，该函数在此处的切线是水平的，即其导数为零。这就是以法国数学家米歇尔·罗尔（1652—1719）的姓氏命名的罗尔定理。

罗尔定理是以法国数学家约瑟夫·路易·拉格朗日（1736—1813）的姓氏命名的拉格朗日中值定理的一个特例。拉格朗日中值定理指出，给定一个连续可微函数 $f(x)$，并连接曲线上的点 a 和点 b 得到一条直线，那么在 a 和 b 两点之间的闭区间中，至少存在一点 c，使得该曲线在该点的切线与上述直线平行（见图25）。

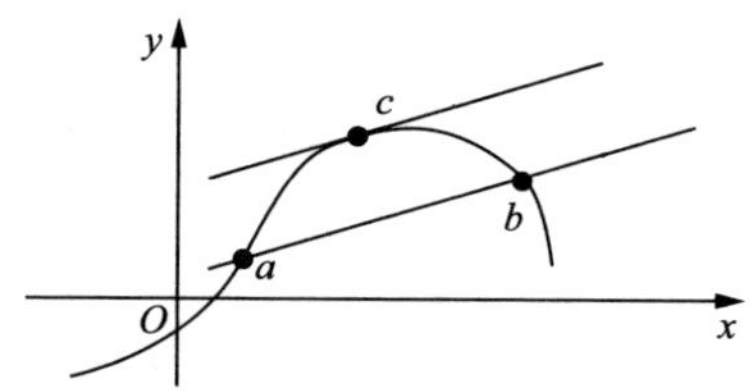

图25　拉格朗日中值定理

这条定理可用于分析一辆汽车的速度。比如，某辆汽车以45英里/时的平均速度从点 A 行驶到点 B，无论它在行驶过程中改变了多少次速度（甚至包括停车），至少有一个时刻，它的瞬时速度正好是45英里/时。

这两条定理在直觉上都是显而易见的，但它们是许多重要的、更复杂的微积分定理的基础。其中，拉格朗日中值定理是计算不定积分的基础。

法国数学家奥古斯丁·路易斯·柯西（1789—1857）将拉格朗日中值定理进一步推广，得出了以他的姓氏命名的柯西中值定理。该定理涉及在一个闭区间内两个可微的连续函数，你会在更高等的微积分教科书中学到它。

M. G.

第11章 极大值和极小值

一个连续变化的量变化时，若邻近的前一个值和后一个值都小于所指定的值，我们就说它在此处取得了一个极大值；若邻近的前一个值和后一个值都大于所指定的值，我们就说它在此处取得了一个极小值。因此，一个无穷大的值不是极大值，一个无穷小的值也不是极小值。

导数的主要用途之一是求出在什么条件下，被求导的对象的值取得最大值或最小值。在工程和经济问题中，这通常是极其重要的。在这些问题中，人们最希望知道什么条件会使工作成本最低，或者使效率最高。

现在让我们从一个具体的例子开始，取方程

$$y = x^2 - 4x + 7。$$

通过为x赋予一系列相继的值，并求出对应的y值（见表5），我们就可以看到该方程代表一条具有一个极小值的曲线。

表5

x	0	1	2	3	4
y	7	4	3	4	7

将这些值绘制在图26中，所得的图像表明：当x等于2时，y的极小值显

然为3。但你能确定这一极小值出现在$x=2$时，而不是$x=2\frac{1}{4}$或$x=1\frac{3}{4}$时吗？

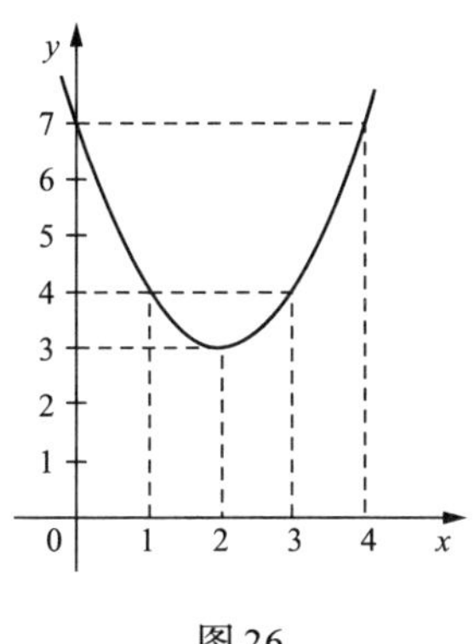

图26

当然，对于任何代数表达式，我们都有可能计算出很多值，并以这种方式逐渐得出特定的值。这些特定的值可能是极大值，也可能是极小值。

下面是另一个例子。设

$$y=3x-x^2。$$

计算出表6中的几个值。

表6

x	−1	0	1	2	3	4
y	−4	0	2	2	0	−4

根据这些值绘制方程$y=3x-x^2$的曲线，如图27所示。

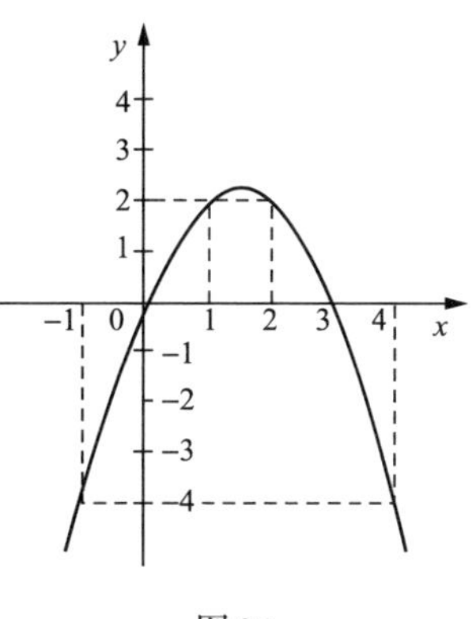

图27

很明显，在$x=1$和$x=2$之间的某处会存在y的一个极大值。在这条曲线上，y的极大值看起来应该在$2\frac{1}{4}$左右。尝试用一些中间值进行验证。若$x=1\frac{1}{4}$，则$y=2\frac{3}{16}$；若$x=1\frac{1}{2}$，则$y=2\frac{1}{4}$；若$x=1\frac{3}{5}$，则$y=2\frac{6}{25}$。我们如何确定$2\frac{1}{4}$是真正的极大值，或

者它恰好出现在$x=1\frac{1}{2}$时？

现在，如果有一种方法可以确保在不进行大量尝试或猜测的情况下直接得到极大值（或极小值），那么这听起来也许就像是棋高一着了。这种方法就是求导。回顾第10章中关于图15和图16的介绍，你会发现，每当一条曲线达到其最大高度或最小高度时，它的函数在这一点的导数$\frac{dy}{dx}=0$。于是，这就给了我们找到想要的巧妙方法的线索。如果有一个函数摆在你的面前，你想求出y为极大值（或极小值）时对应的x值，那么首先求它的导数$\frac{dy}{dx}$，在得到结果后，使$\frac{dy}{dx}$等于零而得到一个方程，然后求解x。把x的这个特定值代入原函数，于是你就会得到要求的y的极值。这个过程通常称为“求驻点”。

为了理解这一过程有多么简单，我们再看一下本章开头的那个例子。求

$$y=x^2-4x+7$$

的导数，我们就得到

$$\frac{dy}{dx}=2x-4。$$

现在令上式等于零，于是有方程

$$2x-4=0。$$

求解这个方程，得到

$$2x=4，x=2。$$

现在，我们就知道了极大值（或极小值）恰好出现在$x=2$时。

将$x=2$代入原函数，我们得到

$$\begin{aligned}y&=2^2-4\times2+7\\&=4-8+7\\&=3。\end{aligned}$$

现在再来看一下图26，你会发现当$x=2$时，原函数出现极小值，这个极小值是$y=3$。

我们来看看第二个例子（见图27），求函数

$$y = 3x - x^2$$

的导数，得到

$$\frac{dy}{dx} = 3 - 2x。$$

让上式等于零，得到方程

$$3 - 2x = 0,$$

解得

$$x = 1\frac{1}{2}。$$

将x的这个值代入原函数中，我们就得到

$$y = 3 \times 1\frac{1}{2} - 1\frac{1}{2} \times 1\frac{1}{2} = 2\frac{1}{4}。$$

对于此前我们曾经多次尝试而仍然不敢确定的事情，现在有了确切的答案。

在继续讨论其他情况之前，我们还需要提醒大家注意两点。首先介绍第一点。当我告诉你要让$\frac{dy}{dx}$等于零时，一开始你会有点反感（如果你有自己的思考的话），因为你知道$\frac{dy}{dx}$在曲线的不同位置有着各种不同的值，而这些值取决于曲线是向上倾斜还是向下倾斜。所以，当我突然告诉你要写下$\frac{dy}{dx} = 0$时，你可能有些反感，并且会说这是不可能成立的。现在你必须理解“一个函数”和“一个条件方程”之间的本质区别。在通常情况下，你所处理的是一些本身就成立的方程。不过，在某些情况下，比如在我们现在所举的例子中，你必须写下一些不一定恒成立的方程，它们只在满足某些条件的情况下才成立。你把这些方程按顺序写下来，通过求解它们，找到使它们成立的条件。现在我们想求的是曲线既不向上倾斜也不向下倾斜时x所对应的特定值，那就是由$\frac{dy}{dx} = 0$确定的那些特定位置。所以，写下方程$\frac{dy}{dx} = 0$并不

意味着$\frac{dy}{dx}$总是等于0。但是为了看看当$\frac{dy}{dx}$为零时x会是多大，你可以把它写下来作为一个条件。

下面介绍要提醒大家注意的第二点（如果你有自己的思考的话），你很可能已经注意到了这个备受赞誉的求驻点的过程完全无法告诉你，你由此求出的x值带给你的是y的一个极大值还是一个极小值。确实如此。这样做本身并不能让我们分辨出这两种情况，只是求出了正确的x值，但还需要你自己去判断求出的y值是极大值还是极小值。当然，如果你事先绘制了函数的曲线，那么你就容易知道它是极大值还是极小值了。

例如，对于函数

$$y = 4x + \frac{1}{x},$$

我们不停下来思考它对应的是什么曲线，而直接求它的导数并令其等于零，于是就得到方程

$$\frac{dy}{dx} = 4 - x^{-2} = 4 - \frac{1}{x^2} = 0。$$

解上述方程，可得

$$x_1 = \frac{1}{2}，\ x_2 = -\frac{1}{2}。$$

分别将这两个值代入原函数，就得到

$$y_1 = 4，\ y_2 = -4。$$

其中每一个值要么是极大值，要么是极小值，但它究竟是极大值还是极小值呢？在第12章中，我们将告诉一种取决于二阶导数的方法。但现在你只要简单地用与求得的x值略微不同的另外两个x值（一个略大一点，另一个略小一点）进行计算，看看这些改变的x值所对应的y值是小于还是大于那个已经求得的y值，就能够消除我们的疑问了。

再试解一个关于最大值（或最小值）的简单问题。假设要求你将任意一个数分成两部分，而且这两部分的乘积为最大值。如果你不知道那个“令其等于零”

的诀窍，会怎么着手呢？我想你可以通过尝试、尝试、再尝试这种方法来很费力地解决这个问题。设这个数为60。你可以试着把它分成两部分，然后把这两部分相乘。例如，50乘以10等于500，52乘以8等于416，40乘以20等于800，45乘以15等于675，30乘以30等于900。最后这个数看起来像是一个最大值，我们试着改变它，看看如何。31乘以29等于899，这比900小了一点；32乘以28等于896，这更小。因此，将这个数分成相等的两个数似乎会得到最大的乘积900。

现在来看看我们用微积分是怎样做的。将这个要分成两部分的数称为n，并假设x是其中一部分，那么另一部分就是$n-x$，而它们的乘积是$x(n-x)$或$nx-x^2$。因此，我们写出$y=nx-x^2$。现在求此式的导数并令其等于零，有

$$\frac{\mathrm{d}y}{\mathrm{d}x}=n-2x=0。$$

求解x，我们得到

$$x=\frac{n}{2}。$$

现在我们知道，无论n这个数是多少，我们必须将其分成相等的两部分，才能使这两部分的乘积为最大值，并且该最大乘积的值总是等于$\frac{1}{4}n^2$。

这是一条非常有用的规则，并且适用于将一个数分成任意多个数的情况。如果$m+n+p=$常数，那么当$m=n=p$时，$m\times n\times p$为最大值①。

---

① 将一个数分成三部分的情况证明如下。设$m+n+p=c$，其中c为常数，则$p=c-m-n$。于是，我们要求的是$z=mn(c-m-n)$的最大值。此时，我们不能用前面的方法，因为z是m和n的函数。利用第16章介绍的求偏微分的方法，我们得出

$$\frac{\partial z}{\partial m}=cn-2mn-n^2，\frac{\partial z}{\partial n}=cm-2mn-m^2。$$

由此可得

$$cn-2mn-n^2=0，cm-2mn-m^2=0，$$

即

$$c-2m-n=0，c-2n-m=0。$$

这两个方程给出$m=n$。又由$c-2m-n=0$得$m=n=\frac{c}{3}$，所以$p=c-m-n=\frac{c}{3}$。因此，当$m=n=p=\frac{c}{3}$时，z取最大值$\left(\frac{c}{3}\right)^3$。——译者

供验证的例子

让我们马上把刚学的知识应用到一个可以验证的例子中。设

$$y=x^2-x,$$

我们来判断这个函数是否具有一个极大值或极小值。如果有的话，我们验证一下它是极大值还是极小值。

对上式求导，我们得到

$$\frac{dy}{dx}=2x-1。$$

让上式等于零，得到

$$2x-1=0。$$

解得

$$2x=1。$$

即

$$x=\frac{1}{2}。$$

也就是说，当 $x=\frac{1}{2}$ 时，相应的 y 值就是一个极大值或极小值。将 $x=\frac{1}{2}$ 代入原函数，我们就得到

$$y=\left(\frac{1}{2}\right)^2-\frac{1}{2}=-\frac{1}{4}=-0.25。$$

这是极大值还是极小值？为了验证这一点，尝试令 x 比 $\frac{1}{2}$ 略大一点，比如令 $x=\frac{3}{5}$，那么可得

$$y=\left(\frac{3}{5}\right)^2-\frac{3}{5}=\frac{9}{25}-\frac{3}{5}=-\frac{6}{25}=-0.24。$$

也可以尝试令 x 比 $\frac{1}{2}$ 略小一点，比如令 $x=\frac{2}{5}$，那么可得

$$y=\left(\frac{2}{5}\right)^2-\frac{2}{5}=\frac{4}{25}-\frac{2}{5}=-\frac{6}{25}=-0.24。$$

这两个值都大于 -0.25，表明前面求出的 -0.25 是 y 的一个极小值。

请你自己绘制曲线，验证上述计算结果。

更多例子

一条同时具有极大值和极小值的曲线提供了一个非常有趣的例子，它的函数是

$$y=\frac{1}{3}x^3-2x^2+3x+1。$$

由此可得

$$\frac{\mathrm{d}y}{\mathrm{d}x}=x^2-4x+3。$$

让上式等于零，我们就得到二次方程

$$x^2-4x+3=0。$$

求解该二次方程，得到两个根，即

$$x_1=3，x_2=1。$$

当 $x_1=3$ 时，$y_1=1$；当 $x_2=1$ 时，$y_2=2\frac{1}{3}$。其中，$y_1=1$ 是极小值，$y_2=2\frac{1}{3}$ 是极大值[①]。

① 图28中曲线上的极大点所对应的值称为极大值，事实上它是“局部最大的”，因为这条曲线的右边显然还有值更大的点。同样，曲线上的极小点所对应的值称为极小值，事实上它是“局部最小的”，因为这条曲线的左边还有值更小的点。如果极大点和极小点分别是一条曲线上的最高点和最低点（如图27和图26所示），那么它们就分别称为最大值点和最小值点。图28中的这条曲线没有最大值点和最小值点，因为它在两端都趋向于无穷。

在图28中，曲线上 $x=3$ 对应的点称为拐点。在这一点，曲线的一边向下倾斜，另一边向上倾斜。换言之，当从左向右移动时，这条曲线的切线在该点停止向一个方向继续转动，而开始向另一个方向转动。当一条曲线的函数的二阶导数为正时，该曲线向下凹（像微笑时嘴角上扬的样子）；当二阶导数为负时，该曲线向上凸（像悲伤时嘴角向下耷拉的样子）。微积分教科书经常说一条曲线能“装水”（向下凹），而另一条曲线则不能（向上凸）。

有时，一条曲线在 $\frac{\mathrm{d}y}{\mathrm{d}x}=0$ 处有一个拐点。在这种情况下，这个点既不是极大点也不是极小点。例如，对于 $y=x^3$ 在 $x=0$ 处就是如此。因此，在让导数等于零之后，我们还需要检查求解出的 x 值两边的点，以确定我们得到的是极大值还是极小值，或者二者都不是。——M. G.

我们可以根据原函数计算出表7中的值，然后绘制相应的曲线，如图28所示。

表7

x	−1	0	1	2	3	4	5
y	$-4\frac{1}{3}$	1	$2\frac{1}{3}$	$1\frac{2}{3}$	1	$2\frac{1}{3}$	$7\frac{2}{3}$

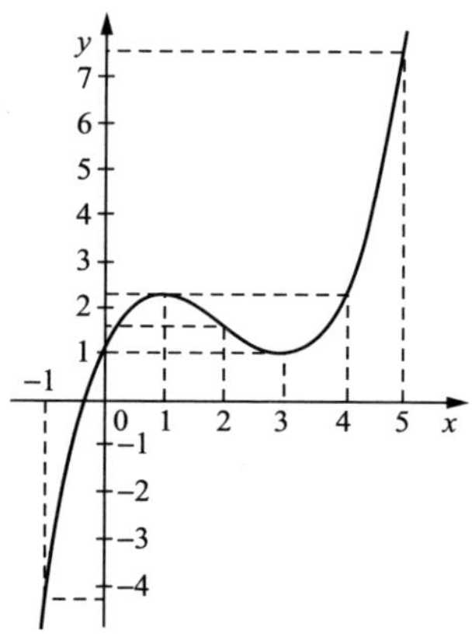

图28

下面提供了求函数极大值或极小值的又一个练习。

有一个半径为r的圆，其圆心C的坐标为$x=a$，$y=b$（如图29所示），其方程为

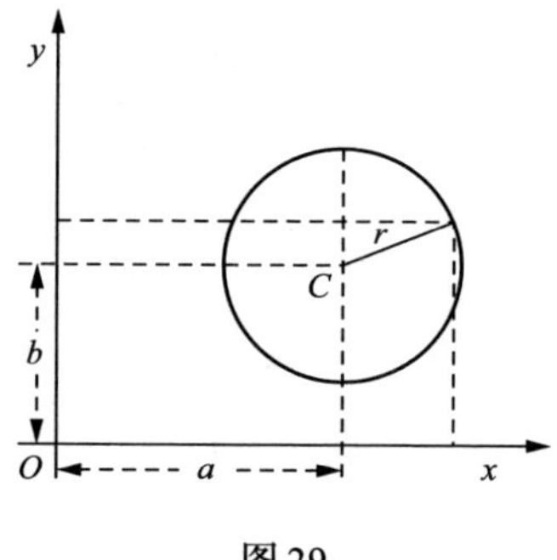

图29

$$(y-b)^2+(x-a)^2=r^2。$$

上式可以转换为

$$y=\pm\sqrt{r^2-(x-a)^2}+b。$$

(其中，平方根既可以是正的，也可以是负的。这实际上是两个函数，下面对它们同时进行处理)

现在，我们只需检查一下这个图形就会知道，当$x=a$时，y要么为极大值$b+r$，要么为极小值$b-r$。不过，我们不想利用这一点，而是通过求驻点的过程，着手求出使y为极大值或极小值的x值：

$$\frac{dy}{dx}=\frac{\pm 1}{2\sqrt{r^2-(x-a)^2}}\times(2a-2x)。$$

将上式化简为

$$\frac{dy}{dx}=\frac{\pm(x-a)}{\sqrt{r^2-(x-a)^2}}。$$

于是，y为极大值或极小值的条件就是

$$\frac{a-x}{\sqrt{r^2-(x-a)^2}}=0。$$

由于x无论取什么值都不会使分母为无穷大，因此使该式为零的唯一条件是

$$x=a。$$

将这个值代入表示圆的原方程中，我们得到

$$y_1=b+r，\ y_2=b-r。$$

第一个值y_1是y的极大值，第二个值y_2是y的极小值。

如果一条曲线上的任何地方都没有出现极大值和极小值，那么求驻点的过程将给出一个不可能发生的结果。请看下面的例子。

如果$y=ax^3+bx+c$，那么

$$\frac{dy}{dx}=3ax^2+b。$$

令上式等于零，我们得到 $3ax^2+b=0$，即 $x^2=\frac{-b}{3a}$，而这在假设 a 和 b 的符号相同的情况下是不可能的。因此，在这种情况下，y 既没有极大值也没有极小值。简单地说，它没有极值。

再举几个例子，你就能彻底掌握微积分的这个极为有趣和有用的应用了[①]。

【例 1】对于内接在一个半径为 R 的圆内的矩形，当其面积最大时，它的长和宽各是多少？

设这个矩形的长和宽分别为 a 和 b，对角线为 c，且 $a=x$，那么

$$b=\sqrt{c^2-x^2}。$$

这个矩形的对角线必然是其外接圆的直径，因此 $b=\sqrt{4R^2-x^2}$。

所以，这个矩形的面积为 $S=x\sqrt{4R^2-x^2}$。于是，有

$$\frac{\mathrm{d}S}{\mathrm{d}x}=x\times\frac{\mathrm{d}\left(\sqrt{4R^2-x^2}\right)}{\mathrm{d}x}+\sqrt{4R^2-x^2}\times\frac{\mathrm{d}x}{\mathrm{d}x}。$$

如果你忘记了如何求 $\sqrt{4R^2-x^2}$ 的导数，这里有一个提示：令 $w=4R^2-x^2$，则 $y=\sqrt{w}$，然后求出 $\frac{\mathrm{d}y}{\mathrm{d}w}$ 和 $\frac{\mathrm{d}w}{\mathrm{d}x}$。努力算出结果，只有当你实在算不下去的时候，才去参阅一下第 9 章。

你会得到

$$\frac{\mathrm{d}S}{\mathrm{d}x}=x\left(-\frac{x}{\sqrt{4R^2-x^2}}\right)+\sqrt{4R^2-x^2}=\frac{4R^2-2x^2}{\sqrt{4R^2-x^2}}。$$

当取极值时，必有

$$\frac{4R^2-2x^2}{\sqrt{4R^2-x^2}}=0,$$

即 $4R^2-2x^2=0$，因此 $x=\sqrt{2}\,R$，也就是说该矩形的一条边为 $\sqrt{2}\,R$。此时，该

① 这还是一种保守的说法。求函数的极值（极大值和极小值）是微分学最美丽和最有用的方面之一。只要让导数等于零，然后求解 x 即可。这看起来就像魔法一样有效！——M. G.

矩形的另一条相邻的边为$\sqrt{4R^2-2R^2}=\sqrt{2}\,R$，可见该矩形的两条邻边相等。这个矩形是一个正方形，其边长等于以外接圆的半径为边长的正方形的对角线。在这种情况下，矩形的面积必然最大。

【例2】一个圆锥形容器的母线长度为l，当容器口的半径为多少时，其容积最大?

设R为容器口的半径，H是容器的高，V是容器的容积，则

$$H=\sqrt{l^2-R^2},$$

$$V=\pi R^2\times\frac{H}{3}=\pi R^2\times\frac{\sqrt{l^2-R^2}}{3}。$$

按照前一题的处理方法，我们通过

$$\begin{aligned}\frac{\mathrm{d}V}{\mathrm{d}R}&=\pi R^2\times\left(-\frac{R}{3\sqrt{l^2-R^2}}\right)+\frac{2\pi R}{3}\times\sqrt{l^2-R^2}\\&=\frac{2\pi R(l^2-R^2)-\pi R^3}{3\sqrt{l^2-R^2}}=0\end{aligned}$$

求极大值或极小值。

由上式得$2\pi R(l^2-R^2)-\pi R^3=0$，因此$R=\sqrt{\frac{2}{3}}\,l$，此时容积最大。

【例3】求函数

$$y=\frac{x}{4-x}+\frac{4-x}{x}$$

的极值。

我们通过

$$\frac{\mathrm{d}y}{\mathrm{d}x}=\frac{(4-x)-(-x)}{(4-x)^2}+\frac{-x-(4-x)}{x^2}=0$$

求极值，可得

$$\frac{4}{(4-x)^2}-\frac{4}{x^2}=0,$$

解得$x=2$。

该方程只有一个根，因此原函数最多只在一处取得极值（极大值或极小值）。

若$x=2$，则$y=2$；若$x=1.5$，则$y\approx 2.27$；若$x=2.5$，则$y\approx 2.27$。可见，这是一个极小值。（绘制该函数的曲线会有启发意义。）

【例4】求函数

$$y=\sqrt{1+x}+\sqrt{1-x}$$

的极大值或极小值。（绘制该函数的曲线会有启发意义。）

对上式求导并令所得导数等于零，可立即得到（参见第9章例1）

$$\frac{\mathrm{d}y}{\mathrm{d}x}=\frac{1}{2\sqrt{1+x}}-\frac{1}{2\sqrt{1-x}}=0。$$

由此可求出原函数的极值。

由上式得$\sqrt{1+x}=\sqrt{1-x}$，因此$x=0$，这是唯一解。

若$x=0$，则$y=2$；若$x=\pm 0.5$，则$y\approx 1.932$。因此，此时求得的是极大值。

【例5】求函数

$$y=\frac{x^2-5}{2x-4}$$

的极值。我们得到

$$\frac{\mathrm{d}y}{\mathrm{d}x}=\frac{(2x-4)\times 2x-(x^2-5)\times 2}{(2x-4)^2}=0,$$

即

$$\frac{x^2-4x+5}{(2x-4)^2}=0。$$

解得

$$x=2\pm\sqrt{-1}。$$

因为这两个根是复数，所以不存在任何实值的x能使$\frac{\mathrm{d}y}{\mathrm{d}x}=0$。因此，这个函数既没有极大值也没有极小值。

【例6】求函数

$$(y-x^2)^2=x^5$$

的极值。

这个函数可以写成$y=x^2\pm x^{\frac{5}{2}}$，于是有

$$\frac{\mathrm{d}y}{\mathrm{d}x}=2x\pm\frac{5}{2}x^{\frac{3}{2}}=0,$$

即

$$x\left(2\pm\frac{5}{2}x^{\frac{1}{2}}\right)=0。$$

解得$x_1=0$，$x_2=\frac{16}{25}$。因此，上述方程有两个根。

首先讨论$x_1=0$的情况。若$x=-0.5$，则$y=0.25\pm\sqrt{(-0.5)^5}$；若$x=0.5$，则$y=0.25\pm\sqrt{0.5^5}$。当$x=-0.5$时，y是复数，也就是说不存在任何可以用图像来表示的y值。因此，$y=0.25\pm\sqrt{0.5^5}$。函数$y=x^2\pm x^{\frac{5}{2}}$的图像完全位于y轴的右侧（见图30），其中上面的分支对应于$y=0.25+\sqrt{0.5^5}$，下面的分支对应于$y=0.25-\sqrt{0.5^5}$。

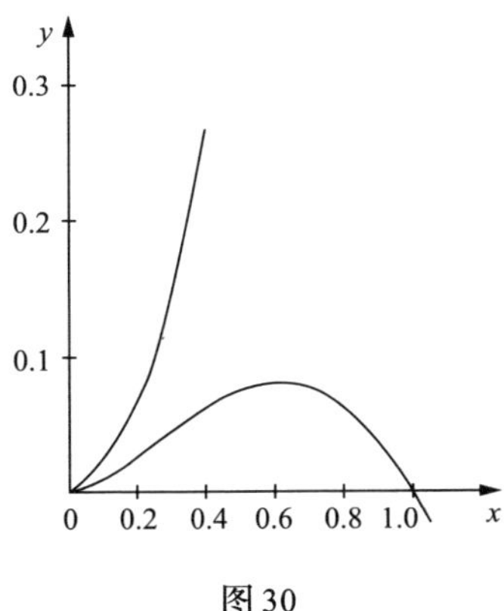

图30

在绘制这一图像时，我们发现曲线指向原点，就好像那里有一个极小值。不过，它并没有像极小值应该表现的那样连续变化到原点的另一边，而是向右折返。因此，尽管满足极小值的条件——$\frac{\mathrm{d}y}{\mathrm{d}x}=0$，但极小值并不存在。因此，

我们有必要在两边各取一个值进行检验[1]。

接下来，我们讨论$x_2=\frac{16}{25}=0.64$的情况。若$x=0.64$，则y约为0.7373和0.0819；若$x=0.6$，则y约为0.6389和0.0811；若$x=0.7$，则y约为0.9000和0.0800。

这表明该图像有两个分支，上方的分支没有极值，但下方的分支有一个极大值[2]。

【例7】一个圆柱的高为其底面半径的两倍，在其体积逐渐增大时，它的所有部分始终保持相同的比例，也就是说在任意时刻，这个圆柱与原始圆柱都是相似的。当底面半径为r（以英寸为单位）时，其表面积S以20平方英寸/秒的速率增大。它的体积V以多少立方英寸/秒的速率增大？

我们可得

$$S=2(\pi r^2)+2\pi r\times 2r=6\pi r^2,$$

$$V=\pi r^2\times 2r=2\pi r^3。$$

因此

$$\frac{dS}{dt}=12\pi r\times\frac{dr}{dt}=20,$$

即

$$\frac{dr}{dt}=\frac{20}{12\pi r}。$$

所以

$$\frac{dV}{dt}=6\pi r^2\times\frac{dr}{dt}=6\pi r^2\times\frac{20}{12\pi r}=10r。$$

该圆柱的体积以$10r$的速率增大。

请你自己举一些其他的例子。很少有学科能提供如此丰富的有趣例子。

---

① 如今的术语拓宽了极值的含义，在尖点、角点和函数定义域的端点也允许有极值。——M. G.

② 在这里，汤普森引入了一个与极值无关的问题，但我还是将它保留了下来。还要注意的是，出于同样的原因，练习9中的第（10）题也出现在看起来不适当的地方。——M. G

练习 9

（1）设$y=\dfrac{x^2}{x+1}$，x取哪些值会使y取得极大值或极小值？

（2）x取什么值会使函数$y=\dfrac{x}{a^2+x^2}$取极大值？

（3）将一条长为p的线段切成4段并组合成一个矩形。证明：当矩形的每一条边都等于$\dfrac{1}{4}p$时，其面积最大。

（4）将一根30英寸长的绳子的两端连接在一起，然后用3个钉子将绳子拉直，形成一个三角形。这个三角形的最大面积是多少？

（5）绘制函数$y=\dfrac{10}{x}+\dfrac{10}{8-x}$的图像，并求出$y$取极小值时的$x$值，并求出$y$的这个极小值。

（6）设$y=x^5-5x$，求y取极大值或极小值时的x值。

（7）在一个给定的正方形中放置一个小正方形，问四个顶点都在大正方形的不同边上的最小正方形的边长是多少。

（8）有一个圆锥，它的高等于其底面半径。在下列情况下，分别求该圆锥的内接圆柱的底面半径。①该圆柱的体积最大；②它的侧面积最大；③它的表面积最大。

（9）在下列情况下，求半径为R的球的内接圆柱的底面半径。①该圆柱的体积最大；②它的侧面积最大；③它的表面积最大。

（10）一个球形气球的体积在不断增大。当它的半径为r（以英尺为单位）时，如果它的体积以4立方英尺/秒的速率增大，那么它的表面积以什么速率增大？

（11）给定一个半径为R的球，问这个球的内接圆锥的体积在什么情况下最大。

第12章 曲线的曲率

回到求高阶导数的过程，你可能会问为什么有人想求二阶导数。我们知道，当变量是空间和时间时，我们通过求两次导数，就得到了一个运动物体的加速度。而在几何解释中，将导数应用于曲线，$\frac{\mathrm{d}y}{\mathrm{d}x}$就意味着曲线的斜率，但在这种情况下，$\frac{\mathrm{d}^2 y}{\mathrm{d}x^2}$意味着什么呢？很明显，它指的是斜率的变化率。简而言之，它表明了所考虑的那段曲线的斜率的变化方式，也就是说当x增大时，该曲线的斜率是增大还是减小，或者曲线在向右延伸的过程中是向上弯曲还是向下弯曲。

假设有一条曲线的斜率是常数，如图31所示。这里的$\frac{\mathrm{d}y}{\mathrm{d}x}$是一个常数。

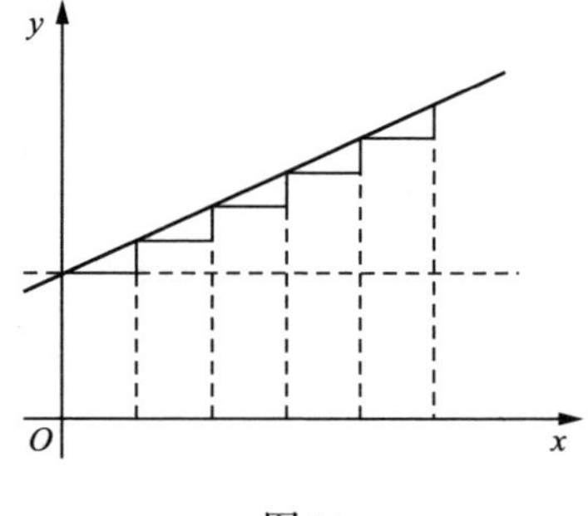

图31

再假设在一条曲线向右延伸的过程中，它的斜率变得越来越大（见图32），那么$\frac{\mathrm{d}\left(\frac{\mathrm{d}y}{\mathrm{d}x}\right)}{\mathrm{d}x}$，即$\frac{\mathrm{d}^2 y}{\mathrm{d}x^2}$会是正的。

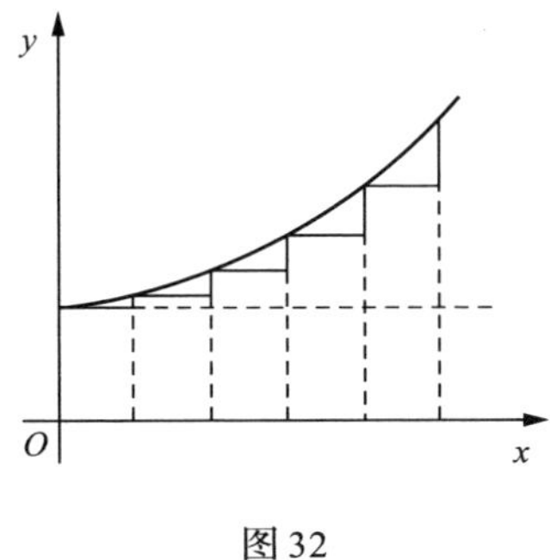

图32

如果在一条曲线向右延伸的过程中，它的斜率变得越来越小（见图33），那么即使这条曲线可能向右上方延伸，由于其变化形式使得斜率减小，因此$\frac{d^2y}{dx^2}$也会是负的。

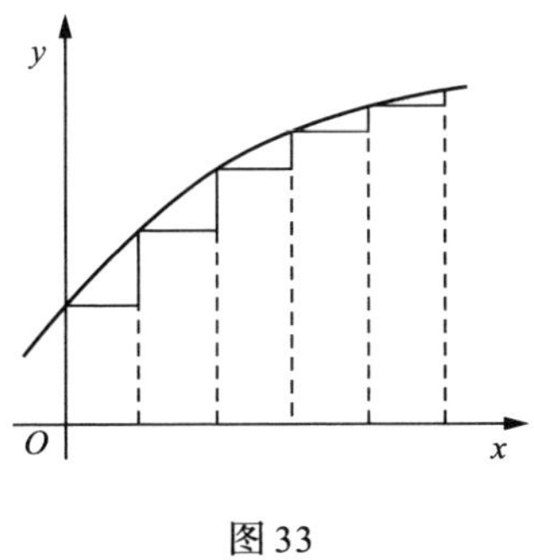

图33

现在是时候让你开始接触另一个秘密了，那就是如何判断在求驻点的过程后所得到的结果是一个极大值还是一个极小值。诀窍是这样的：在求一次导数（以得到求驻点的那个表达式）之后，再求一次导数，看看二阶导数是正的还是负的。如果发现$\frac{d^2y}{dx^2}$是正的，那么你就知道所得到的y值是一个极小值；如果发现$\frac{d^2y}{dx^2}$是负的，那么你得到的y值就必定是一个极大值。这就是判断法则。

原因应该是相当明显的。考虑任意一条具有一个极小点的曲线，如图34所示。在图34中，曲线向下凹，它的极小点被标记为M。在点M的左侧，斜率是负的，并且越来越接近零。在点M的右侧，斜率变成了正的，并且越来越大。显而易见，当这条曲线通过点M时，其斜率的变化表明$\frac{d^2y}{dx^2}$是正的，因为随着x的增大，这条曲线的斜率从负的变成了正的。

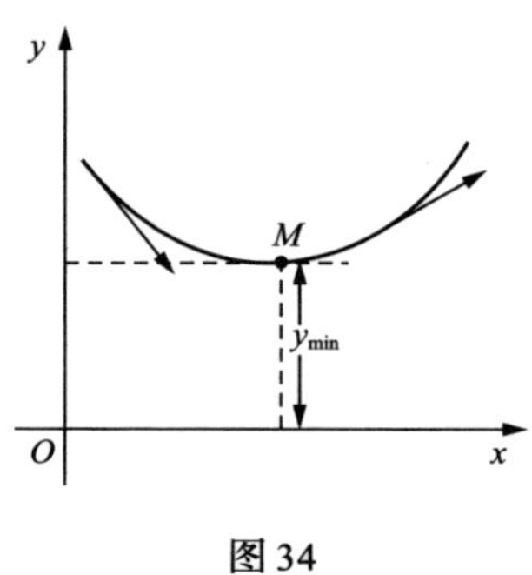

图34

同理，考虑任意一条具有一个极大点的曲线，如图35所示。图35中的曲线向上凸，它的极大点被标记为M。在这种情况下，当曲线从左向右通过点M时，其斜率由正的变成了负的。因此，在这种情况下，“斜率的斜率”$\frac{d^2y}{dx^2}$是负的。

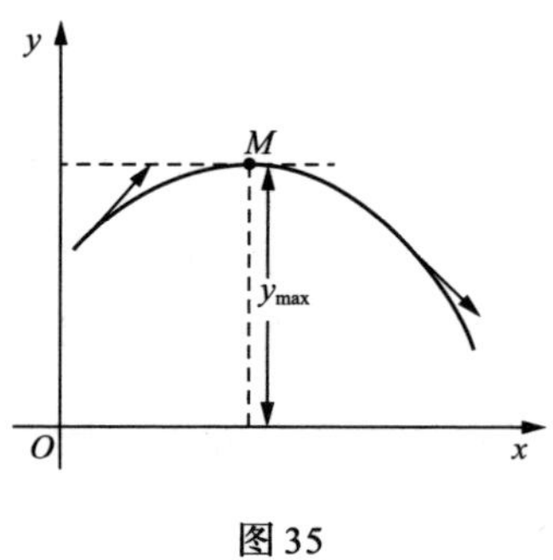

图35

对于上一章的那些例子，可以用这里的求二阶导数的方式来验证当时得出的结论，即在特定情况下是否存在极大值或极小值的结论。下面再看几个例子。

【例1】求 $y=4x^2-9x-6$ 和 $y=6+9x-4x^2$ 的极大值或极小值，并在每种情况下确定所求的函数值是极大值还是极小值。

① $\frac{dy}{dx}=8x-9=0$，所以 $x=1\frac{1}{8}$，$y=-11\frac{1}{16}$。

$\frac{d^2y}{dx^2}=8$，它是正的，因此 $y=-11\frac{1}{16}$ 是一个极小值。

② $\frac{dy}{dx}=9-8x=0$，所以 $x=1\frac{1}{8}$，$y=11\frac{1}{16}$。

$\frac{d^2y}{dx^2}=-8$，它是负的，因此 $y=11\frac{1}{16}$ 是一个极大值。

【例2】求函数 $y=x^3-3x+16$ 的极值。

$$\frac{dy}{dx}=3x^2-3=0，所以 x^2=1，即 x=\pm 1。$$

$$\frac{d^2y}{dx^2}=6x。$$

当 $x=1$ 时，$\frac{d^2y}{dx^2}$ 是正的，因此 $x=1$ 对应于一个极小值 $y=14$。

当 $x=-1$ 时，$\frac{d^2y}{dx^2}$ 是负的，因此 $x=-1$ 对应于一个极大值 $y=18$。

【例3】求 $y=\frac{x-1}{x^2+2}$ 的极值。

$$\frac{dy}{dx}=\frac{(x^2+2)\times 1-(x-1)\times 2x}{(x^2+2)^2}=\frac{2x-x^2+2}{(x^2+2)^2}=0,$$

即 $2x-x^2+2=0$，其根为 $x_1\approx 2.73$ 和 $x_2\approx -0.73$。

$$\frac{d^2y}{dx^2}=\frac{(x^2+2)^2(2-2x)-(2x-x^2+2)(4x^3+8x)}{(x^2+2)^4}$$

$$=\frac{2x^5-6x^4-8x^3-8x^2-24x+8}{(x^2+2)^4}。$$

上式中的分母为正的，因此只要确定分子的正负就行了。

如果我们取 $x\approx 2.73$，那么分子是负的，此时有极大值 $y\approx 0.183$。

如果我们取 $x\approx -0.73$，那么分子是正的，此时有极小值 $y\approx -0.683$。

【例4】某工厂加工产品的费用C随着周产量P的变化遵循以下关系：

$$C=aP+\frac{b}{c+P}+d。$$

其中，a，b，c，d为正的常数。当产量为多少时，费用最低？

通过$\frac{\mathrm{d}C}{\mathrm{d}P}=a-\frac{b}{(c+P)^2}=0$求极值，可得$a=\frac{b}{(c+P)^2}$，$P=\pm\sqrt{\frac{b}{a}}-c$。由于产量不能为负，因此$P=\sqrt{\frac{b}{a}}-c$。于是有

$$\frac{\mathrm{d}^2C}{\mathrm{d}P^2}=\frac{b(2c+2P)}{(c+P)^4},$$

它对于P的所有值都是正的，因此$P=\sqrt{\frac{b}{a}}-c$对应于一个极小值。

【例5】用N盏特定类型的灯给一幢建筑物照明，每小时的总成本C为

$$C=N\left(\frac{C_1}{t}+\frac{EPC_\mathrm{e}}{1000}\right)。$$

其中，E是商业效率（瓦/烛光），P是每盏灯的光强（烛光），t是灯的平均寿命（小时），C_1为每使用一小时的更新成本（美分），C_e为每千瓦·时的能源成本［美分/（千瓦·时）］。

此外，灯的平均寿命与其点亮时的商业效率之间的关系为$t=mE^n$，其中m和n是常数，取决于灯的类型。

求与照明的最低总成本所对应的商业效率。

对于极大值或极小值，有

$$C=N\left(\frac{C_1}{m}E^{-n}+\frac{PC_\mathrm{e}}{1000}E\right),$$

$$\frac{\mathrm{d}C}{\mathrm{d}E}=N\left[\frac{PC_\mathrm{e}}{1000}-\frac{nC_1}{m}E^{-(n+1)}\right]=0,$$

$$E^{n+1}=\frac{1000nC_1}{mPC_\mathrm{e}}。$$

因此

$$E=\sqrt[n+1]{\frac{1000nC_1}{mPC_e}}。$$

这显然是极小值，因为

$$\frac{d^2C}{dE^2}=N\left[(n+1)\frac{nC_1}{m}E^{-(n+2)}\right]$$

在E取正值时是正的。

对于一种P为16烛光的特定类型的灯，$C_1=17$美分，$C_e=5$美分/（千瓦·时），还可查明$m=10$，$n=3.6$。因此

$$E=\sqrt[4.6]{\frac{1000\times3.6\times17}{10\times16\times5}}\approx2.6\text{（瓦/烛光）。}$$

练习10

建议你为所有数值运算题绘制出相应的函数图像。

（1）求$y=x^3+x^2-10x+8$的极大值和极小值。

（2）设$y=\frac{b}{a}x-cx^2$，其中$c>0$。求$\frac{dy}{dx}$和$\frac{d^2y}{dx^2}$的表达式，然后求出y取极值时的x值，并证明它是极大值还是极小值。

（3）分别求函数$y=1-\frac{x^2}{2}+\frac{x^4}{24}$和$y=1-\frac{x^2}{2}+\frac{x^4}{24}-\frac{x^6}{720}$的曲线上有多少个极大点和极小点。

（4）求$y=2x+1+\frac{5}{x^2}$的极值。

（5）求$y=\frac{3}{x^2+x+1}$的极值。

（6）求$y=\frac{5x}{2+x^2}$的极值。

（7）求$y=\frac{3x}{x^2-3}+\frac{x}{2}+5$的极值。

（8）将数字N分成两部分，使得其中一部分的平方的3倍加上另一部分的平方的2倍为最小值。

（9）发电机的输出功率x与效率u的关系可表示为$u=\frac{x}{a+bx+cx^2}$，其中a是一个主要取决于铁制部件中的能量损失的常数，c是一个主要取决于铜制部件的电阻的常数。求效率达到最大值时输出功率的表达式。

（10）已知某轮船的煤消耗量可以表示为$y=0.3+0.001v^3$，其中y是每小时烧的煤（以吨为单位），v表示航速（以海里/时为单位）。这艘轮船的人工成本、贷款利息和折旧费用加在一起，每小时等于烧1吨煤的费用。航速为多少时才能使一次1000海里航行的总成本最低？如果煤的价格是每吨10美元，那么这次航行的最低成本是多少？

（11）求$y=\pm\frac{x}{6}\sqrt{x(10-x)}$的极值。

（12）求$y=4x^3-x^2-2x+1$的极值。

第13章 部分分式和反函数

我们已经看到，当我们对一个分式求导时，必须进行相当复杂的运算。如果这个分式本身不具有最简形式，那么我们必然会得到一个复杂的表达式。如果我们可以将这个分式拆分为两个或多个比较简单的分式，使它们的和等于原分式，那么我们就可以这样做：分别求这些更简单的表达式的导数，再把得到的（两个或多个）导数加起来，其中每一个都相对简单一些。尽管最终的表达式与不用这种巧妙方法时求得的表达式是一样的，但工作量要小得多，并且以简化的形式出现。

让我们看看如何达到这种效果。首先设法将两个分式相加，得到另一个分式。这里以$\dfrac{1}{x+1}$和$\dfrac{2}{x-1}$这两个分式为例，每个中学生都能将它们加起来，得到它们的和为$\dfrac{3x+1}{x^2-1}$。我们还可以用同样的方法将三个或更多的分式相加。这个过程当然也可以反过来，也就是说如果给出最后的那个表达式，肯定可以将其以某种方式拆分为构成它的原分式（或者称为部分分式）。我们只是暂时不知道，在可能出现的每一种情形下，我们如何将它拆分成那些原分式。为了弄清这一点，我们首先考虑一个简单的例子。重要的是要记住，以下方法仅适用于所谓的“真”代数分式，即像上面那样的分式，分子的次数要比分母的次数小（分子中x的最高次数小于分母中x的最高次数）。如果必须处理像$\frac{x^2+2}{x^2-1}$这样的表达式，那么我们可以通过除法进行化简。$\frac{x^2+2}{x^2-1}$等价于$1+\frac{3}{x^2-1}$，而$\frac{3}{x^2-1}$是一个真代数分式，我们可以将它拆分成部分分式。

情形 1

如果要对两个或多个分式做加法运算，其中每个分式的分母只包含x项，而不包含x^2，x^3以及x的任何其他次幂，我们总会发现最终得到的那个分式的分母就是相加的各个分式的分母的乘积。因此，我们只要对最终得到的这个分式的分母进行因式分解，就可以求出每一个部分分式的分母。

假设我们想将$\frac{3x+1}{x^2-1}$拆分为部分分式之和，那么可以得到$\frac{1}{x+1}$和$\frac{2}{x-1}$。如果我们不知道这两个部分分式是什么，就需要将原分式写成下面的样子：

$$\frac{3x+1}{x^2-1}=\frac{3x+1}{(x+1)(x-1)}=\frac{(\ )}{x+1}+\frac{(\ )}{x-1}。$$

其中，两个分子的位置暂时空着，我们找到分子后再将它们填上。我们总是可以假设这两个部分分式之间的符号是加号，因为如果这个符号是减号的话，我们只要改变后面的那个分式的分子的符号即可。由于这两个部分分式都是真分式，因此这两个分子都只是数字，而不包含x。我们可以称它们为A，B，C，…。在这种情形下，我们可以得到

$$\frac{3x+1}{x^2-1}=\frac{A}{x+1}+\frac{B}{x-1}。$$

将这两个部分分式相加，就可以得到$\frac{A(x-1)+B(x+1)}{(x+1)(x-1)}$，而这个式子一定就是$\frac{3x+1}{(x+1)(x-1)}$。由于这两个表达式的分母相同，因此它们的分子必须相等，于是我们得到

$$3x+1=A(x-1)+B(x+1)。$$

这是一个有两个未知量A和B的方程，我们似乎还需要另一个方程才能从

中解出 A 和 B。不过，还有另一种方法可以解决这个问题。这个方程对于 x 的所有值都必定成立，因此对于会使 $x-1$ 和 $x+1$ 分别为零的 x 值，也就是对于 $x=1$ 和 $x=-1$，它都必定成立[①]。如果我们令 $x=1$，就得到 $4=A\times0+B\times2$，因此 $B=2$；而如果我们令 $x=-1$，就得到 $-2=A\times(-2)+B\times0$，因此 $A=1$。将那两个部分分式中的 A 和 B 替换为这些新的值，我们就发现它们现在分别是 $\frac{1}{x+1}$ 和 $\frac{2}{x-1}$。我们的任务就这样完成了。

再举一个例子。我们考虑以下分式：

$$\frac{4x^2+2x-14}{x^3+3x^2-x-3}。$$

当 x 的值取 1 时，上面分式的分母变为零，因此 $x-1$ 是这个分母的一个因式，于是另一个因式显然是 x^2+4x+3，而后者可以再分解为 $(x+1)(x+3)$。因此，我们可以将原分式写为

$$\frac{4x^2+2x-14}{x^3+3x^2-x-3}=\frac{A}{x+1}+\frac{B}{x-1}+\frac{C}{x+3}。$$

这样就得到了三个部分分式。于是，可得

$$4x^2+2x-14=A(x-1)(x+3)+B(x+1)(x+3)+C(x+1)(x-1)。$$

现在，如果令 $x=1$，我们就得到

$$-8=A\times0+B\times2\times4+C\times0。$$

因此，$B=-1$。

如果令 $x=-1$，我们就得到

$$-12=A\times(-2)\times2+B\times0+C\times0。$$

因此，$A=3$。

如果令 $x=-3$，我们就得到

$$16=A\times0+B\times0+C\times(-2)\times(-4)。$$

---

① 对于原分式 $\frac{3x+1}{x^2-1}$ 来说，x 不能取 1 和 −1。下文不再一一说明。——译者

因此，$C=2$。

因此，我们可以得到

$$原分式=\frac{3}{x+1}-\frac{1}{x-1}+\frac{2}{x+3}。$$

对这个式子求导，要比对导出这个式子的复杂表达式$\frac{4x^2+2x-14}{x^3+3x^2-x-3}$求导容易得多。

情形2

如果所给定分式的分母中有一些因子包含x^2，并且它们难以分解因式，那么相应的分子可能包含x项，还可能包含一个简单的数字，因此就有必要将这个未知的分子表示为$Ax+B$，而不是A。其余的计算与前一种情形一样。

让我们来看看$\frac{-x^2-3}{(x^2+1)(x+1)}$，此时有

$$\frac{-x^2-3}{(x^2+1)(x+1)}=\frac{Ax+B}{x^2+1}+\frac{C}{x+1},$$

因此

$$-x^2-3=(Ax+B)(x+1)+C(x^2+1)。$$

令$x=-1$，我们就得到$-4=C\times 2$，因此$C=-2$。

于是，有

$$-x^2-3=(Ax+B)(x+1)-2x^2-2,$$

即

$$x^2-1=Ax(x+1)+B(x+1)。$$

再令$x=0$，我们就得到$B=-1$。于是，有

$$x^2-1=Ax(x+1)-x-1,$$

即

$$x+1=A(x+1)。$$

因此，$A=1$，从而可得

$$原分式=\frac{x-1}{x^2+1}-\frac{2}{x+1}。$$

再看一个例子。由分式

$$\frac{x^3-2}{(x^2+1)(x^2+2)},$$

我们得到

$$\frac{x^3-2}{(x^2+1)(x^2+2)}=\frac{Ax+B}{x^2+1}+\frac{Cx+D}{x^2+2}$$

$$=\frac{(Ax+B)(x^2+2)+(Cx+D)(x^2+1)}{(x^2+1)(x^2+2)}$$

在这种情况下，要确定A，B，C，D就不那么容易了，但按照以下方式进行操作相对简单。由于给定的分式和通过将部分分式相加得到的那个分式相等，并且它们具有完全相同的分母，因此它们的分子也必定完全相同。在这种情况下，对于我们在这里处理的这些代数表达式，含x的相同次幂的项的系数应相等，并且同号。因此，可得

$$x^3-2=(Ax+B)(x^2+2)+(Cx+D)(x^2+1)$$

$$=(A+C)x^3+(B+D)x^2+(2A+C)x+(2B+D)。$$

于是，我们可得$1=A+C$，$0=B+D$（上式等号左边的表达式中含x^2的项的系数为零），$0=2A+C$，$-2=2B+D$。这里有4个方程，我们很容易得到它们的解：$A=-1$，$B=-2$，$C=2$，$D=2$。因此，所求的部分分式之和就是$\frac{2(x+1)}{x^2+2}-\frac{x+2}{x^2+1}$。这种方法总是可以使用，但是在只有含$x$的因子的情况下，你会发现第一种方法最便捷。

情形3

当给定的分式的分母中有一些因子是某次幂时，我们必须考虑到可能存在一些部分分式，它们的分母中有该因子的较低次幂。例如，在拆分分式$\frac{3x^3-2x+1}{(x+1)^2(x-2)}$时，我们必须考虑可能存在分母$x+1$，也可能存在分母$(x+1)^2$和$(x-2)$。

不过，由于拆分后分母为$(x+1)^2$的分式的分子中可能包含x项，因此我们可以将其分子写成$Ax+B$。于是，可得

$$\frac{3x^3-2x+1}{(x+1)^2(x-2)}=\frac{Ax+B}{(x+1)^2}+\frac{C}{x+1}+\frac{D}{x-2}。$$

如果我们在这种情况下试图求出A，B，C，D，就会失败，因为这里有4个未知数，但只有3个关系式将它们联系起来。不过，我们确实有

$$\frac{3x^3-2x+1}{(x+1)^2(x-2)}=\frac{x-1}{(x+1)^2}+\frac{1}{x+1}+\frac{1}{x-2}\text{。}$$

我们将原式改写成

$$\frac{3x^3-2x+1}{(x+1)^2(x-2)}=\frac{A}{(x+1)^2}+\frac{B}{x+1}+\frac{C}{x-2},$$

就得到

$$3x^2-2x+1=A(x-2)+B(x+1)(x-2)+C(x+1)^2\text{。}$$

对于$x=-1$，有$6=-3A$，即$A=-2$；对于$x=2$，有$9=9C$，即$C=1$；对于$x=0$，有$1=-2A-2B+C$。代入A和C的值，可得$1=4-2B+1$，解得$B=2$。

因此，原分式可写成

$$\frac{2}{x+1}-\frac{2}{(x+1)^2}+\frac{1}{x-2}\text{。}$$

粗看起来，这与上面所说的分解式$\frac{x-1}{(x+1)^2}+\frac{1}{x+1}+\frac{1}{x-2}$不同。如果我们观察到$\frac{x-1}{(x+1)^2}$本身可以拆分为两个分式$\frac{1}{x+1}-\frac{2}{(x+1)^2}$，那么前面所给出的三个分式之和实际上就是

$$\frac{1}{x+1}+\frac{1}{x+1}-\frac{2}{(x+1)^2}+\frac{1}{x-2}=\frac{2}{x+1}-\frac{2}{(x+1)^2}+\frac{1}{x-2}\text{。}$$

此式的右边就是我们所得到的部分分式之和，于是一切疑问就都清楚了。

我们看到，在每个分子中只要考虑一个数字项就足够了，并且我们总是会得到最终的部分分式。

不过，当分母中有包含x^2项的幂时，相应的分子就必须是$Ax+B$的形式。例如：

$$\frac{3x-1}{(2x^2-1)^2(x+1)}=\frac{Ax+B}{(2x^2-1)^2}+\frac{Cx+D}{2x^2-1}+\frac{E}{x+1}\text{。}$$

由此可得

$$3x-1=(Ax+B)(x+1)+(Cx+D)(x+1)(2x^2-1)+E(2x^2-1)^2。$$

对于$x=-1$，可得$E=-4$。将$E=-4$代入上式，交换其中各项的位置，合并同类项，然后除以$x+1$，我们得到

$$16x^3-16x^2+3=2Cx^3+2Dx^2+x(A-C)+(B-D)。$$

因此，$2C=16$，即$C=8$；$2D=-16$，即$D=-8$；$A-C=0$，即$A=8$。最后，$B-D=3$，即$B=-5$。由此可得到

$$原分式=\frac{8x-5}{(2x^2-1)^2}+\frac{8(x-1)}{2x^2-1}-\frac{4}{x+1}。$$

对得出的结果进行检验是一种有效的做法。最简单的方法是在给定的表达式和得到的部分分式之和中，给x取一个值（比如1），看看二者是否相等。

当原分式的分母只包含一个因子的幂时，有一种非常快速的方法来求部分分式之和。

例如，对于$\frac{4x+1}{(x+1)^3}$，设$x+1=z$，则$x=z-1$。将x代以$z-1$，得到

$$\frac{4(z-1)+1}{z^3}=\frac{4z-3}{z^3}=\frac{4}{z^2}-\frac{3}{z^3}。$$

因此，原分式拆分的结果就是

$$\frac{4x+1}{(x+1)^3}=\frac{4}{(x+1)^2}-\frac{3}{(x+1)^3}。$$

可将这种技巧应用到求导运算中。假设我们要求$y=\frac{5-4x}{6x^2+7x-3}$的导数，则有

$$\begin{aligned}\frac{dy}{dx}&=-\frac{(6x^2+7x-3)\times 4+(5-4x)(12x+7)}{(6x^2+7x-3)^2}\\&=\frac{24x^2-60x-23}{(6x^2+7x-3)^2}。\end{aligned}$$

如果我们将给定的表达式拆分为

$$\frac{1}{3x-1}-\frac{2}{2x+3},$$

就会得到

$$\frac{dy}{dx}=-\frac{3}{(3x-1)^2}+\frac{4}{(2x+3)^2}。$$

这实际上与把$\frac{24x^2-60x-23}{(6x^2+7x-3)^2}$拆分为部分分式之和的结果是一样的。但是，如果在求导之后再进行拆分，就会更加复杂，这一点很容易看出。当处理这类表达式的积分时，我们就会发现将其拆分成部分分式之和是一种有效的方法。

练习 11

分别将以下各式化为部分分式之和。

(1) $\frac{3x+5}{(x-3)(x+4)}$。 (2) $\frac{3x-4}{(x-1)(x-2)}$。

(3) $\frac{3x+5}{x^2+x-12}$。 (4) $\frac{x+1}{x^2-7x+12}$。

(5) $\frac{x-8}{(2x+3)(3x-2)}$。 (6) $\frac{x^2-13x+26}{(x-2)(x-3)(x-4)}$。

(7) $\frac{x^2-3x+1}{(x-1)(x+2)(x-3)}$。 (8) $\frac{5x^2+7x+1}{(2x+1)(3x-2)(3x+1)}$。

(9) $\frac{x^2}{x^3-1}$。 (10) $\frac{x^4+1}{x^3+1}$。

(11) $\frac{5x^2+6x+4}{(x+1)(x^2+x+1)}$。 (12) $\frac{x}{(x-1)(x-2)^2}$。

(13) $\frac{x}{(x^2-1)(x+1)}$。 (14) $\frac{x+3}{(x+2)^2(x-1)}$。

(15) $\frac{3x^2+2x+1}{(x+2)(x^2+x+1)^2}$。 (16) $\frac{5x^2+8x-12}{(x+4)^3}$。

(17) $\frac{7x^2+9x-1}{(3x-2)^4}$。 (18) $\frac{x^2}{(x^3-8)(x-2)}$。

反函数的导数

考虑函数$y=3x$，它可以表示为$x=\frac{y}{3}$的形式，后一种形式称为原给定函数的反函数。

若 $y=3x$，则 $\frac{dy}{dx}=3$；若 $x=\frac{y}{3}$，则 $\frac{dx}{dy}=\frac{1}{3}$，于是我们看到

$$\frac{dy}{dx}=\frac{1}{\frac{dx}{dy}} \text{或} \frac{dy}{dx}\times\frac{dx}{dy}=1。$$

考虑函数 $y=4x^2$，$\frac{dy}{dx}=8x$，它的反函数[①]是

$$x=\frac{1}{2}y^{\frac{1}{2}}。$$

因此

$$\frac{dx}{dy}=\frac{1}{4\sqrt{y}}=\frac{1}{4\times 2x}=\frac{1}{8x}。$$

同样有

$$\frac{dy}{dx}\times\frac{dx}{dy}=1。$$

可以证明，对于所有可以写成反函数形式的函数，我们总是可以写出

$$\frac{dy}{dx}\times\frac{dx}{dy}=1 \quad \text{或} \quad \frac{dy}{dx}=\frac{1}{\frac{dx}{dy}}。$$

由此可知，给定一个函数，如果对其反函数求导更容易，那么此反函数的导数的倒数就是给定函数本身的导数。

举个例子，假设我们希望求 $y=\sqrt{\frac{3}{x}-1}$ 的导数。我们已经学会一种方法了，可将其写成 $y=\sqrt{u}$，$u=\frac{3}{x}-1$，然后求出 $\frac{dy}{du}$ 和 $\frac{du}{dx}$。这样就得到了

$$\frac{dy}{dx}=-\frac{3}{2x^2\sqrt{\frac{3}{x}-1}}。$$

如果我们忘记了如何使用这种方法，或者希望通过其他的求导方法来检验我们的结果，或者由于任何其他原因而不能采用通常的方法，那么我们可以先

---

① $y=4x^2$ 的反函数也可以是 $x=-\frac{1}{2}y^{\frac{1}{2}}$。作者在下面只取 $x=\frac{1}{2}y^{\frac{1}{2}}$ 来讨论。——译者

求出它的反函数$x=\dfrac{3}{1+y^2}$，然后进行以下运算：

$$\frac{\mathrm{d}x}{\mathrm{d}y}=-\frac{3\times 2y}{(1+y^2)^2}=-\frac{6y}{(1+y^2)^2}。$$

因此

$$\frac{\mathrm{d}y}{\mathrm{d}x}=\frac{1}{\frac{\mathrm{d}x}{\mathrm{d}y}}=-\frac{(1+y^2)^2}{6y}=-\frac{\left(1+\frac{3}{x}-1\right)^2}{6\sqrt{\frac{3}{x}-1}}=-\frac{3}{2x^2\sqrt{\frac{3}{x}-1}}。$$

让我们来举另一个例子：$y=\dfrac{1}{\sqrt[3]{\theta+5}}$。它的反函数是$\theta=\dfrac{1}{y^3}-5$或$\theta=y^{-3}-5$，因此

$$\frac{\mathrm{d}\theta}{\mathrm{d}y}=-3y^{-4}=-3\sqrt[3]{(\theta+5)^4}。$$

由此可得$\dfrac{\mathrm{d}y}{\mathrm{d}\theta}=-\dfrac{1}{3\sqrt[3]{(\theta+5)^4}}$。采用其他方法也可求得相同的结果。

我们以后会发现这种巧妙的方法是非常有用的。同时，建议读者通过验证下列各题来熟悉这种方法：第4章的练习1中的第（5）、（6）、（7）题，第9章的例1、例2、例4；以及第9章的练习6中第（1）题的第①～④小题。

从本章和前一章中，你肯定会意识到微积分在许多方面是一门艺术，而不是一门科学。像其他艺术一样，微积分是一门只有通过实践才能掌握的艺术。因此，你应该多做练习，并给自己出一些题目，看看自己能否把它们解答出来，直到通过练习熟悉各种技巧。

第14章 关于连续复利和有机增大的规律

单利与复利

假定某个量的增长方式如下：在一段给定的时间内，其增量总是与其自身的大小成正比。这类似于以某一固定利率计算本金利息的过程——本金越多，在一段给定的时间内得到的利息就越多。

在计算中，我们必须明确区分两种情况：是按照算术书中所称的“单利”来计算，还是按照某些书中所说的“复利”来计算。在前一种情况下，本金是固定的，而在后一种情况下，利息被加到本金中，因此本金由于利息的连续注入而不断增加。

（1）按照单利计算。考虑一个具体的例子。假设初始本金为100美元，利率为每年10%。那么本金所有者每年的收益（即增量）都是10美元。假设他每年都去提取他的利息，把这些利息放在长筒袜里或者锁在保险柜里。如果他连续10年坚持这一做法，那么10年后他就会得到10个增量，每个增量都是10美元，总的增量就是100美元，再加上最初的100美元本金，他的财产总共是200美元。他的财产在10年中翻了一番。如果年利率是5%，那么要使他的财产翻倍，他就不得不等待20年。如果年利率只有2%，那么他就不得不等待50年。我们很容易看出，如果年利率是$\frac{1}{n}$，他就必须等待n年，才能使他的财产翻一番。

换言之，如果原始本金是y，年利率是$\frac{1}{n}$，那么在第n年末，他的财产将是

$$y+ny\times\frac{1}{n}=2y。$$

（2）按照复利计算。和前一种情况一样，假设本金所有者的初始本金为100美元，以10%的年利率获得利息。不过，这次他不是提取利息，而是将每年获得的利息加到本金中，这样本金就会逐年增加。于是，在第一年末，本金就会增加到110美元；而在第二年末（年利率仍为10%），他就会获得11美元的利息。在第三年开始时，他的本金将是121美元，他在这一年末获得的利息为12.1美元。因此，在第四年开始时，他的本金将是133.1美元，以此类推。这一计算过程很简单，并且我们会发现在第十年末，他的本金将增加到259美元以上。事实上，我们看到，在每一年末，每一美元都会产生$\frac{1}{10}$美元的利息。如果总是这样累加上去，那么每年都会将本金乘以$\frac{11}{10}$。如果这样持续10年（将这个因子乘10次），那么原始本金就需要乘以约2.59374。让我们用符号来表示上述内容。设原始本金为y_0，运算次数为n，每一次运算所增加的比例为$\frac{1}{n}$，第n次运算完成时的本金为y_n，那么就有

$$y_n=y_0\left(1+\frac{1}{n}\right)^n。$$

但这种每年计算一次复利的模式实际上还是不太合理，因为即使在第一年内，本金也应该一直在增长。到上半年结束时，本金至少要变成105美元。如果下半年的利息按照本金为105美元进行计算，无疑会更加合理，这相当于每半年的利息为5%。如果这样计算，那么到第10年末，本金就会增长到265美

元以上，因为

$$\left(1+\frac{1}{20}\right)^{20}\approx 2.653。$$

即便如此，这个过程仍然不太合理，因为第一个月末就会有一些利息收入，而每半年进行一次清算，实际上是假设本金在6个月内保持不变。假设我们将一年时间分为10段，并计算每十分之一年产生的利息，再算复利，持续时间是10年，那么我们要进行100次运算，可得

$$y_n=100\left(1+\frac{1}{100}\right)^{100}。$$

计算结果是约270.48美元。

就算这样也不完美。将10年时间分为1000段，每一段都是一年的$\frac{1}{100}$，其中每一段的利率都是$\frac{1}{1000}$，那么可得

$$y_n=100\left(1+\frac{1}{1000}\right)^{1000}。$$

计算结果是比271.69美元略多一点。

再继续细分，将10年时间分为10000段，每一段都是一年的$\frac{1}{1000}$，这样每一段的利率都是$\frac{1}{10000}$，那么可得

$$y_n=100\left(1+\frac{1}{10000}\right)^{10000},$$

总计约271.81美元。

最后，我们会发现，我们试图要找到的实际上是表达式$\left(1+\frac{1}{n}\right)^n$的极限。正如我们看到的，这个表达式的值大于2，并且随着我们所取的n值越来越大，它越来越接近一个特定的极限。随着n值的增大，这个表达式的值越来越接近

极限2.71828…，这是一个决不能忘记的数[①]。

让我们用几何图形来说明这件事情。在图36中，OP代表原始值。OT是这个值的整个增长时间，它被分为10个时段，每个时段都上升一个相同的台阶。在这里，$\frac{\mathrm{d}y}{\mathrm{d}x}$是一个常数。如果每次上升的台阶的高度是原始值$OP$的$\frac{1}{10}$，那么这样上升10个台阶后，高度就加倍。如果上升20个台阶，而每个台阶的高度都是图36中所示台阶高度的一半，那么最后的高度仍然是原来的两倍。如果上升n个这样的台阶，而每个台阶的高度都是原始高度OP的$\frac{1}{n}$，那么最终高度也将加倍。这就是单利的情况。这里从1开始，直到结果变成2。

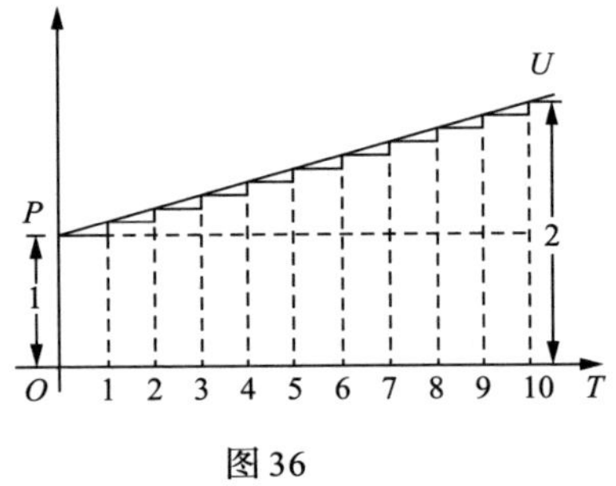

图36

在图37中，我们用等比数列进行相应的说明。每一个相继的纵坐标都是前

① 这个数是一个超越数——一个不满足任何整系数多项式方程的无理数。著名的瑞士数学家欧拉（1707—1783）将它命名为e。他首先证明了e是$\left(1+\frac{1}{x}\right)^x$在$x$趋向无穷大时的极限。

像所有其他无理数一样，e的十进制小数形式（2.718281828459045…）永不循环。（1828这个奇怪的重复完全是巧合。）它的由小于1000的整数构成的最佳近似分数是$\frac{878}{323}=2.71826\cdots$。

e这个数和π一样随处可见，尤其是在概率论中。如果你相继随机选择0和1之间的实数，直到它们的总和超过1，那么选择次数的期望值是e。请参阅我的《意料之外的绞刑和其他数学娱乐》（*Unexpected Hanging and Other Mathematical Diversions*, 1969）一书中关于e的那一章。——M. G.

《意料之外的绞刑和其他数学娱乐》中文版由上海教育出版社出版，胡乐士译，2003年。也可参见《从代数基本定理到超越数：一段经典数学的奇幻之旅（第二版）》，冯承天著，华东师范大学出版社，2019年。——译者一个纵坐标的$\left(1+\frac{1}{n}\right)$倍，即$\frac{n+1}{n}$倍。这些台阶不是相同的，因为现在每上一个台阶，它的高度都比前一个台阶的高度增大了$\frac{1}{n}$。如果我们确实上了10个台阶，那么最终的高度就会是$\left(1+\frac{1}{10}\right)^{10}$，即约2.594。只要我们将$n$取得足够大（因此相应的$\frac{1}{n}$足够小），那么从1增大到的最终值$\left(1+\frac{1}{n}\right)^{n}$就会是2.71828…。

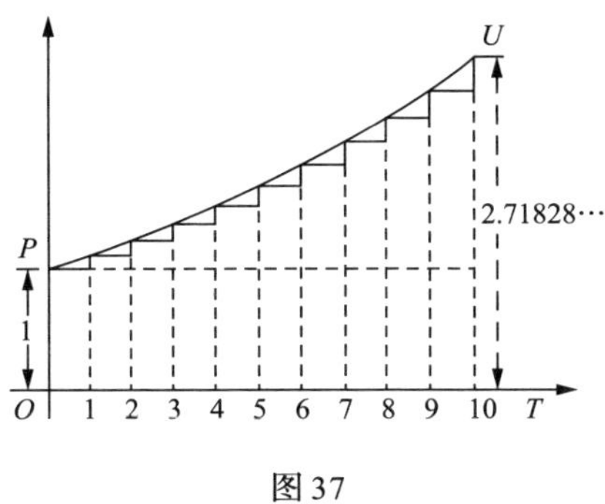

图37

数学家用英文字母e来表示这个神秘的数2.71828…。很多小学生都知道希腊字母π代表3.141592…，但他们中有多少人知道e代表2.71828…？这是一个比π更重要的数！

那么，e是什么呢？

假设我们令本金1以单利增长，直到它变成2。如果以相同的名义利率，在相同的时间内，我们让1不是以单利增长，而是按连续复利增长，那么它就会增长到e这个数。

有些人将这种在每一时刻都在按照与那一时刻的大小成正比的速率增长的过程称为指数增长。单位指数增长率是指在单位时间内使1增长到2.71828…的速率。它也可以称为有机增长率，因为（在某些环境下）有机体生长的特点是：有机体在给定时间内的增量与有机体本身的大小成正比。

如果我们把100%作为速率单位，以任何固定的时段为时间单位，那么在单位时间内，让1以单位速率算术增长的结果将是2，而在同一时间内，让1按单位速率指数增长的结果将是2.71828…。

关于e再多说一点

我们需要知道的是，当n趋于无穷大时，表达式$\left(1+\frac{1}{n}\right)^n$会达到什么值。下面给出了在$n=2$，5，10，20，100，1000，10000的情况下$\left(1+\frac{1}{n}\right)^n$的值：

$$\left(1+\frac{1}{2}\right)^2 = 2.25,$$

$$\left(1+\frac{1}{5}\right)^5 \approx 2.489,$$

$$\left(1+\frac{1}{10}\right)^{10} \approx 2.594,$$

$$\left(1+\frac{1}{20}\right)^{20} \approx 2.653,$$

$$\left(1+\frac{1}{100}\right)^{100} \approx 2.705,$$

$$\left(1+\frac{1}{1000}\right)^{1000} \approx 2.7169,$$

$$\left(1+\frac{1}{10000}\right)^{10000} \approx 2.7181。$$

找到另一种方法来计算这个极其重要的数是值得的。

我们将利用二项式定理，以大家都熟知的方法展开表达式$\left(1+\frac{1}{n}\right)^n$。

二项式定理给出的法则是

$$(a+b)^n = a^n + n\cdot\frac{a^{n-1}b}{1!} + n(n-1)\frac{a^{n-2}b^2}{2!} + n(n-1)(n-2)\frac{a^{n-3}b^3}{3!} + \cdots。$$

令$a=1$，$b=\frac{1}{n}$，我们就得到

$$\left(1+\frac{1}{n}\right)^n = 1 + 1 + \frac{1}{2!}\left(\frac{n-1}{n}\right) + \frac{1}{3!}\left[\frac{(n-1)(n-2)}{n^2}\right] + \frac{1}{4!}\left[\frac{(n-1)(n-2)(n-3)}{n^3}\right] + \cdots。$$

现在，我们假设n趋于无穷大（比如10亿或100亿亿），那么就可以合理地认为$n-1$，$n-2$，$n-3$等都等于n，于是上面这个级数就变成了

$$e=1+\frac{1}{1!}+\frac{1}{2!}+\frac{1}{3!}+\frac{1}{4!}+\cdots。$$

这是一个快速收敛的级数。通过取适当数量的项，我们就可以将这个和计算到想要的任意精度。以下是最初10项的计算过程：

$$\begin{aligned}
& & 1,\\
\frac{1}{1!} &= & 1,\\
\frac{1}{2!} &= & 0.5,\\
\frac{1}{3!} &\approx & 0.166667,\\
\frac{1}{4!} &\approx & 0.041667,\\
\frac{1}{5!} &\approx & 0.008333,\\
\frac{1}{6!} &\approx & 0.001389,\\
\frac{1}{7!} &\approx & 0.000198,\\
\frac{1}{8!} &\approx & 0.000025,\\
\frac{1}{9!} &\approx & \underline{0.000003},\\
\text{总和} &= & \underline{\underline{2.718282}}。
\end{aligned}$$

e与1是无公度的，并且与π类似，是一个无限不循环小数。

指数级数

我们还需要另一个级数。让我们再次利用二项式定理展开表达式$\left(1+\frac{1}{n}\right)^{nx}$。当我们令$n$为无穷大时，这个表达式就与$e^x$相同。

$$e^x = 1^{nx} + nx\left[\frac{1^{nx-1}\left(\frac{1}{n}\right)}{1!}\right] + nx(nx-1)\left[\frac{1^{nx-2}\left(\frac{1}{n}\right)^2}{2!}\right] + nx(nx-1)(nx-2)\left[\frac{1^{nx-3}\left(\frac{1}{n}\right)^3}{3!}\right] + \cdots$$

$$=1 + x + \frac{1}{2!}\left(\frac{n^2x^2 - nx}{n^2}\right) + \frac{1}{3!}\left(\frac{n^3x^3 - 3n^2x^2 + 2nx}{n^3}\right) + \cdots$$

$$= 1 + x + \frac{x^2 - \frac{x}{n}}{2!} + \frac{x^3 - \frac{3x^2}{n} + \frac{2x}{n^2}}{3!} + \cdots。$$

于是，当n为无穷大时，上式就可简化为

$$e^x = 1 + x + \frac{x^2}{2!} + \frac{x^3}{3!} + \cdots。$$

这个级数称为指数级数。

e被认为很重要的主要原因是，e^x具有一个x的任何其他函数都不具有的性质——当你对它求导时，它保持不变。换言之，它的导数和它本身是一样的。求上式关于x的导数，就可以立即看出这一点：

$$\frac{d(e^x)}{dx} = 0 + 1 + \frac{2x}{1\times 2} + \frac{3x^2}{1\times 2\times 3} + \frac{4x^3}{1\times 2\times 3\times 4} + \frac{5x^4}{1\times 2\times 3\times 4\times 5} + \cdots$$

$$= 1 + \frac{x}{1!} + \frac{x^2}{2!} + \frac{x^3}{3!} + \frac{x^4}{4!} + \cdots,$$

这与原级数完全相同。

现在我们可以换一种方式推导这一结果。我们说，来吧，让我们求一个x的函数，使它的导数与它本身相同。或者说，有没有一个表达式只包含x的幂，并且求导后保持不变？假设有下面这个一般表达式：

$$y = A + Bx + Cx^2 + Dx^3 + Ex^4 + \cdots,$$

其中的系数A，B，C，…待确定。对它求导，可得

$$\frac{dy}{dx} = B + 2Cx + 3Dx^2 + 4Ex^3 + \cdots。$$

如果这个新的表达式确实和推导出它的原表达式是一样的，那么必定有$A=B$，$C=\frac{B}{2}=\frac{A}{1\times 2}$，$D=\frac{C}{3}=\frac{A}{1\times 2\times 3}$，$E=\frac{D}{4}=\frac{A}{1\times 2\times 3\times 4}$，…。

因此，B，C，D，E，…都可用A表示。将这些结果代入原表达式中，有

$$y = A\left(1 + \frac{x}{1} + \frac{x^2}{1\times2} + \frac{x^3}{1\times2\times3} + \frac{x^4}{1\times2\times3\times4} + \cdots\right)。$$

为了进一步化简，我们取$A=1$，于是有

$$y = 1 + \frac{x}{1!} + \frac{x^2}{2!} + \frac{x^3}{3!} + \frac{x^4}{4!} + \cdots。$$

对它求任意多次导数都会得到这个级数。

如果我们现在取$A=1$这个特例，按$x=1$，2，3，…计算出这个级数的值，就会得到

当$x=1$时，$y=2.718281\cdots$，即$y=\mathrm{e}$；

当$x=2$时，$y=(2.718281\cdots)^2$，即$y=\mathrm{e}^2$；

当$x=3$时，$y=(2.718281\cdots)^3$，即$y=\mathrm{e}^3$；

…………

因此，一般地，$y=(2.718281\cdots)^x$，即$y=\mathrm{e}^x$，从而最终证明了

$$\mathrm{e}^x = 1 + \frac{x}{1!} + \frac{x^2}{2!} + \frac{x^3}{3!} + \frac{x^4}{4!} + \cdots。$$

自然对数或纳皮尔对数

e之所以重要还有另一个原因：对数的发明者纳皮尔将e作为他的系统的基础。如果y是e^x的值，那么x就是y以e为底的对数。换言之，如果

$$y = \mathrm{e}^x,$$

那么

$$x = \log_{\mathrm{e}} y = \ln y^{①}。$$

图38和图39中绘制的两条曲线表示这两个函数。

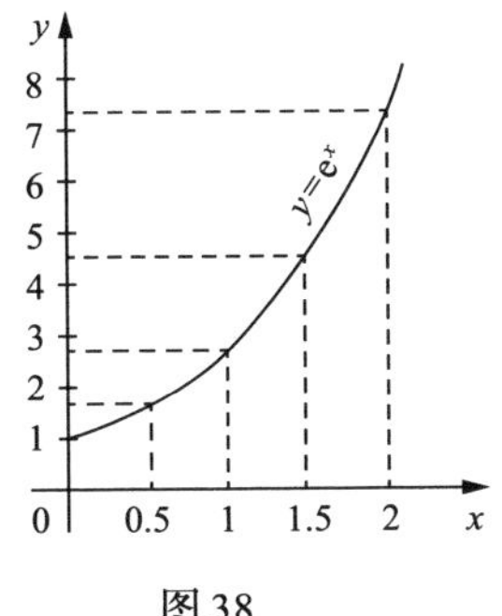

图38

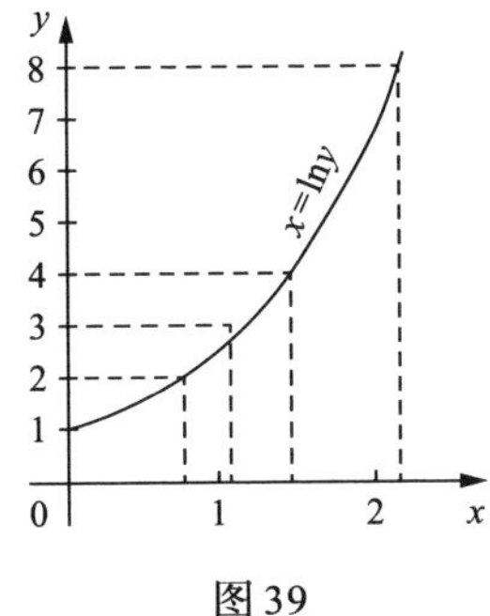

图39

① 如今的习惯是将自然对数写成$\ln y$，而不再是$\log_{\mathrm{e}} y$。从现在起，我会用$\ln y$取代汤普森的$\log_{\mathrm{e}} y$。——M. G.

图38和图39中计算出的各点坐标分别见表8和表9。

表8

x	0	0.5	1	1.5	2
y	1	1.65	2.72	4.48	7.39

表9

y	1	2	3	4	8
x	0	0.69	1.10	1.39	2.08

可以看出，尽管表8和表9给出的是不同的绘图点，但绘出的曲线是完全相同的。这两个函数的意义确实是一样的，它们互为反函数。

由于使用常用对数（这些对数不是以e为底，而是以10为底）的许多人并不熟悉自然对数，因此就这些对数说上几句可能是值得的。对数相加得到乘积的对数这条一般规则仍然适用，即

$$\ln a+\ln b=\ln ab。$$

幂的法则也适用，即

$$n\times\ln a=\ln a^n。$$

由于这里不再以10为底，因此将真数乘以100或1000而得到的对数就不等于仅仅将原来的对数加上2或3。自然对数通过下列关系与同一数字的常用对数相联系：

$$\lg x=\lg \mathrm{e}\times\ln x，\ln x=\ln 10\times\lg x。$$

但是

$$\lg \mathrm{e}\approx\lg 2.718\approx 0.4343，\ln 10\approx 2.3026，$$

因此

$$\lg x\approx 0.4343\ln x，$$

$$\ln x\approx 2.3026\times\lg x。$$

表10给出了部分纳皮尔对数（也称为自然对数或双曲对数）。

表10

真数	ln	真数	ln
1.0	0.0000	6	1.7918
1.1	0.0953	7	1.9459
1.2	0.1823	8	2.0794
1.5	0.4055	9	2.1972
1.7	0.5306	10	2.3026
2.0	0.6931	20	2.9957
2.2	0.7885	50	3.9120
2.5	0.9163	100	4.6052
2.7	0.9933	200	5.2983
2.8	1.0296	500	6.2146
3.0	1.0986	1000	6.9078
3.5	1.2528	2000	7.6009
4.0	1.3863	5000	8.5172
4.5	1.5041	10000	9.2103
5.0	1.6094	20000	9.9035

指数函数和对数函数

现在我们尝试求某些包含对数或指数的函数的导数。

考虑函数

$$y = \ln x,$$

首先将其转换为

$$e^y = x。$$

由于 e^y 关于 y 的导数就是原函数，于是有

$$\frac{dx}{dy} = e^y。$$

然后从反函数回到原函数

$$\frac{dy}{dx}=\frac{1}{\frac{dx}{dy}}=\frac{1}{e^y}=\frac{1}{x}。$$

这是一个非常奇特的结果，它可以写成

$$\frac{d(\ln x)}{dx}=x^{-1}。$$

注意，这里的结果x^{-1}是我们永远无法根据幂的求导法则得到的。幂的求导法则是$\frac{dx^n}{dx}=nx^{n-1}$，即乘以这个幂的指数n，再将x的指数减1。因此，求x^3的导数就得到$3x^2$，求x^2的导数就得到$2x$。不过，求x^0的导数得到$0\times x^{-1}=0$，因为x^0本身就等于1，是一个常数。当讲到关于积分的那一章时，我们就会用到求$\ln x$的导数时得到$\frac{1}{x}$这个奇特的事实。

现在，试求下式的导数：

$$y=\ln(x+a),$$

即

$$e^y=x+a。$$

我们有$\frac{d(x+a)}{dy}=e^y$，因为e^y的导数仍然是e^y。这给出了

$$\frac{dx}{dy}=e^y=x+a。$$

因此，回到原始函数，我们得到

$$\frac{dy}{dx}=\frac{1}{\frac{dx}{dy}}=\frac{1}{x+a}。$$

接下来尝试求函数

$$y=\lg x$$

的导数。首先利用$\lg x\approx 0.4343\ln x$，把$\lg x$变为自然对数。这给出了

$$y=0.4343\ln x,$$

因此

$$\frac{dy}{dx}=\frac{0.4343}{x}。$$

接下来的事情就不是那么简单了。试求下式的导数：

$$y=a^x。$$

两边取对数，我们得到

$$\ln y=x\ln a,$$

或

$$x=\frac{\ln y}{\ln a}=\frac{1}{\ln a}\times\ln y。$$

由于$\frac{1}{\ln a}$是一个常数，因此我们得到

$$\frac{\mathrm{d}x}{\mathrm{d}y}=\frac{1}{\ln a}\times\frac{1}{y}=\frac{1}{a^x\times\ln a}。$$

回到原函数，就有

$$\frac{\mathrm{d}y}{\mathrm{d}x}=\frac{1}{\frac{\mathrm{d}x}{\mathrm{d}y}}=a^x\times\ln a。$$

我们看到，由于

$$\frac{\mathrm{d}x}{\mathrm{d}y}\times\frac{\mathrm{d}y}{\mathrm{d}x}=1\text{ 和 }\frac{\mathrm{d}x}{\mathrm{d}y}=\frac{1}{\ln a}\times\frac{1}{y},$$

因此

$$\frac{1}{y}\times\frac{\mathrm{d}y}{\mathrm{d}x}=\ln a。$$

我们发现，只要一个表达式具有$\ln y$等于x的一个函数这样的形式，就总有$\frac{1}{y}\times\frac{\mathrm{d}y}{\mathrm{d}x}$等于$x$的这个函数的导数。所以，我们可以由$\ln y=x\ln a$立即写出

$$\frac{1}{y}\times\frac{\mathrm{d}y}{\mathrm{d}x}=\ln a,$$

即

$$\frac{\mathrm{d}y}{\mathrm{d}x}=y\ln a=a^x\ln a。$$

现在让我们来看更多的例子。

一些例子

【例1】$y=\mathrm{e}^{-ax}$。令$z=-ax$，则$y=\mathrm{e}^z$，因此

$$\frac{dy}{dz}=e^z，\ \frac{dz}{dx}=-a。$$

于是，有

$$\frac{dy}{dx}=-ae^z=-ae^{-ax}。$$

也可以这样做：

$$\ln y=-ax，\ \frac{1}{y}\times\frac{dy}{dx}=-a，\ \frac{dy}{dx}=-ay=-ae^{-ax}。$$

【例 2】$y=e^{\frac{x^2}{3}}$。令 $z=\frac{x^2}{3}$，则 $y=e^z$，因此

$$\frac{dy}{dz}=e^z，\ \frac{dz}{dx}=\frac{2x}{3}，\ \frac{dy}{dx}=\frac{2x}{3}e^{\frac{x^2}{3}}。$$

也可以这样做：

$$\ln y=\frac{x^2}{3}，\ \frac{1}{y}\times\frac{dy}{dx}=\frac{2x}{3}，\ \frac{dy}{dx}=\frac{2x}{3}e^{\frac{x^2}{3}}。$$

【例 3】$y=e^{\frac{2x}{x+1}}$。由于 $\ln y=\frac{2x}{x+1}$，$\frac{1}{y}\times\frac{dy}{dx}=\frac{2(x+1)-2x}{(x+1)^2}=\frac{2}{(x+1)^2}$，因此

$$\frac{dy}{dx}=\frac{2y}{(x+1)^2}=\frac{2}{(x+1)^2}e^{\frac{2x}{x+1}}。$$

令 $z=\frac{2x}{x+1}$，然后将 $y=e^{\frac{2x}{x+1}}$ 改写成 $y=e^z$ 的形式，以检验上述结果。

【例 4】$y=e^{\sqrt{x^2+a}}$。由于 $\ln y=(x^2+a)^{\frac{1}{2}}$，$\frac{1}{y}\times\frac{dy}{dx}=\frac{x}{(x^2+a)^{\frac{1}{2}}}$，因此

$$\frac{dy}{dx}=\frac{xe^{\sqrt{x^2+a}}}{(x^2+a)^{\frac{1}{2}}}。$$

令 $u=(x^2+a)^{\frac{1}{2}}$，$v=x^2+a$，则

$$u=v^{\frac{1}{2}}，$$

$$\frac{du}{dv}=\frac{1}{2v^{\frac{1}{2}}}，\ \frac{dv}{dx}=2x，\ \frac{du}{dx}=\frac{x}{(x^2+a)^{\frac{1}{2}}}。$$

令 $z=\sqrt{x^2+a}$，然后将 $y=e^{\sqrt{x^2+a}}$ 写成 $y=e^z$ 的形式，以检验上述结果。

【例5】$y=\ln(a+x^3)$。令 $z=a+x^3$，则

$$y=\ln z,$$

$$\frac{\mathrm{d}y}{\mathrm{d}z}=\frac{1}{z},\ \frac{\mathrm{d}z}{\mathrm{d}x}=3x^2,$$

$$\frac{\mathrm{d}y}{\mathrm{d}x}=\frac{3x^2}{a+x^3}。$$

【例6】$y=\ln(3x^2+\sqrt{a+x^2})$。令 $z=3x^2+\sqrt{a+x^2}$，则

$$y=\ln z,$$

$$\frac{\mathrm{d}y}{\mathrm{d}z}=\frac{1}{z},\ \frac{\mathrm{d}z}{\mathrm{d}x}=6x+\frac{x}{\sqrt{a+x^2}},$$

$$\frac{\mathrm{d}y}{\mathrm{d}x}=\frac{6x+\dfrac{x}{\sqrt{a+x^2}}}{3x^2+\sqrt{a+x^2}}=\frac{x(1+6\sqrt{a+x^2})}{\left(3x^2+\sqrt{a+x^2}\right)\sqrt{a+x^2}}。$$

【例7】$y=(x+3)^2\sqrt{x-2}$。

$$\ln y=2\ln(x+3)+\frac{1}{2}\ln(x-2),$$

$$\frac{1}{y}\times\frac{\mathrm{d}y}{\mathrm{d}x}=\frac{2}{x+3}+\frac{1}{2(x-2)},$$

$$\frac{\mathrm{d}y}{\mathrm{d}x}=(x+3)^2\sqrt{x-2}\left[\frac{2}{x+3}+\frac{1}{2(x-2)}\right]=\frac{5(x+3)(x-1)}{2\sqrt{x-2}}。$$

【例8】$y=(x^2+3)^3(x^3-2)^{\frac{2}{3}}$。

$$\ln y=3\ln(x^2+3)+\frac{2}{3}\ln(x^3-2),$$

$$\frac{1}{y}\times\frac{\mathrm{d}y}{\mathrm{d}x}=3\times\frac{2x}{x^2+3}+\frac{2}{3}\times\frac{3x^2}{x^3-2}=\frac{6x}{x^2+3}+\frac{2x^2}{x^3-2}。$$

若 $u=\ln(x^2+3)$，$z=x^2+3$，则

$$u=\ln z,$$

$$\frac{\mathrm{d}u}{\mathrm{d}z}=\frac{1}{z},\ \frac{\mathrm{d}z}{\mathrm{d}x}=2x,\ \frac{\mathrm{d}u}{\mathrm{d}x}=\frac{2x}{z}=\frac{2x}{x^2+3}。$$

同理，令 $v=\ln(x^3-2)$，则

$$\frac{\mathrm{d}v}{\mathrm{d}x}=\frac{3x^2}{x^3-2},$$

$$\frac{1}{y}\times\frac{\mathrm{d}y}{\mathrm{d}x}=\frac{\mathrm{d}u}{\mathrm{d}x}+\frac{\mathrm{d}v}{\mathrm{d}x}=3\times\frac{2x}{x^2+3}+\frac{2}{3}\times\frac{3x^2}{x^3-2}=\frac{6x}{x^2+3}+\frac{2x^2}{x^3-2},$$

$$\frac{\mathrm{d}y}{\mathrm{d}x}=(x^2+3)^3(x^3-2)^{\frac{2}{3}}\left(\frac{6x}{x^2+3}+\frac{2x^2}{x^3-2}\right)。$$

【例 9】$y=\dfrac{\sqrt{x^2+a}}{\sqrt[3]{x^3-a}}$。

$$\ln y=\frac{1}{2}\ln(x^2+a)-\frac{1}{3}\ln(x^3-a),$$

$$\frac{1}{y}\times\frac{\mathrm{d}y}{\mathrm{d}x}=\frac{1}{2}\times\frac{2x}{x^2+a}-\frac{1}{3}\times\frac{3x^2}{x^3-a}=\frac{x}{x^2+a}-\frac{x^2}{x^3-a},$$

$$\frac{\mathrm{d}y}{\mathrm{d}x}=\frac{\sqrt{x^2+a}}{\sqrt[3]{x^3-a}}\left(\frac{x}{x^2+a}-\frac{x^2}{x^3-a}\right)。$$

【例 10】$y=\dfrac{1}{\ln x}$。

$$\frac{\mathrm{d}y}{\mathrm{d}x}=\frac{\ln x\times 0-1\times\frac{1}{x}}{\ln^2 x}=-\frac{1}{x\ln^2 x}。$$

【例 11】$y=\sqrt[3]{\ln x}=(\ln x)^{\frac{1}{3}}$。令 $z=\ln x$，则有

$$y=z^{\frac{1}{3}},$$

$$\frac{\mathrm{d}y}{\mathrm{d}z}=\frac{1}{3}z^{-\frac{2}{3}},\quad\frac{\mathrm{d}z}{\mathrm{d}x}=\frac{1}{x},\quad\frac{\mathrm{d}y}{\mathrm{d}x}=\frac{1}{3x\sqrt[3]{\ln^2 x}}。$$

【例 12】$y=\left(\dfrac{1}{a^x}\right)^{ax}$。

$$\ln y=-ax\ln a^x=-ax^2\ln a,$$

$$\frac{1}{y}\times\frac{\mathrm{d}y}{\mathrm{d}x}=-2ax\ln a,$$

$$\frac{\mathrm{d}y}{\mathrm{d}x}=-2ax\left(\frac{1}{a^x}\right)^{ax}\ln a=-2xa^{1-ax^2}\ln a。$$

现在请试做下面的练习题。

练习 12

（1）求 $y=b(\mathrm{e}^{ax}-\mathrm{e}^{-ax})$ 的导数。

（2）求表达式 $u=at^2+2\ln t$ 关于 t 的导数。

（3）设 $y=n^t$，求 $\dfrac{\mathrm{d}(\ln y)}{\mathrm{d}t}$。

（4）证明：若 $y=\dfrac{1}{b}\cdot\dfrac{a^{bx}}{\ln a}$，则 $\dfrac{\mathrm{d}y}{\mathrm{d}x}=a^{bx}$。

（5）设 $w=pv^n$，求 $\dfrac{\mathrm{d}w}{\mathrm{d}v}$。

（6）求以下各式的导数。

① $y=\ln x^n$。　　② $y=3\mathrm{e}^{-\frac{x}{x-1}}$。

③ $y=(3x^2+1)\mathrm{e}^{-5x}$。　　④ $y=\ln(x^a+a)$。

⑤ $y=(3x^2-1)(\sqrt{x}+1)$。　　⑥ $y=\dfrac{\ln(x+3)}{x+3}$。

⑦ $y=ax\times x^a$。

（7）开尔文勋爵指出，通过海底电缆的信号传输速度取决于电缆外径与被包裹在其中的铜线直径的比值。如果将这个比值称为 y，那么每分钟可以发送的信号数 s 可以由公式 $s=ay^2\ln\dfrac{1}{y}$ 表示，其中 a 是一个取决于材料的长度和质量的常数。若 a 的值是给定的，试证明：当 $y=\mathrm{e}^{-\frac{1}{2}}$ 时，s 取极大值。

（8）求 $y=x^3-\ln x$ 的极值。

（9）求 $y=\ln(ax\mathrm{e}^x)$ 的导数。

（10）求 $y=(\ln ax)^3$ 的导数。

对数曲线

让我们回到由相继的纵坐标构成的等比数列的曲线，如函数 $y=bp^x$ 的曲线。我们可以看到，如果令 $x=0$，那么 b 就是这条曲线的初始高度。

当$x=1$时，$y=bp$；当$x=2$时，$y=bp^2$；当$x=3$时，$y=bp^3$；以此类推。

我们还可以看到，p是两个相邻的纵坐标的比值[①]。在图40中，我们取$p=\frac{6}{5}$，那么每一个纵坐标都是前一个纵坐标的$\frac{6}{5}$。

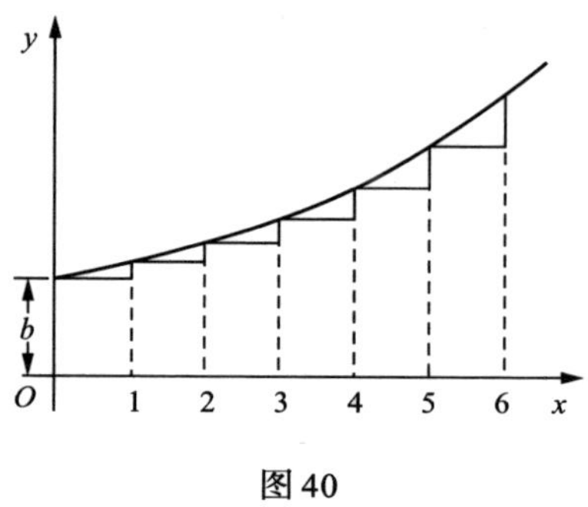

图40

如果两个相继的纵坐标以恒定的比值联系在一起，那么它们的对数就会具有恒定的差。因此，如果我们以ln$y$为纵坐标绘制出一条新的曲线（如图41所示），那么它将是一条以相同的台阶向上倾斜的直线。事实上，由原曲线的函数可以得出

$$\ln y=\ln b+x\ln p,$$

因此

$$\ln y-\ln b=x\ln p。$$

现在，由于$\ln p$只是一个数，因此我们可以令$\ln p=a$。于是，有

$$\ln\frac{y}{b}=ax。$$

可将原函数表示为以下新的形式：

$$y=be^{ax}。$$

① 这里仅针对x取整数值的情况。——译者

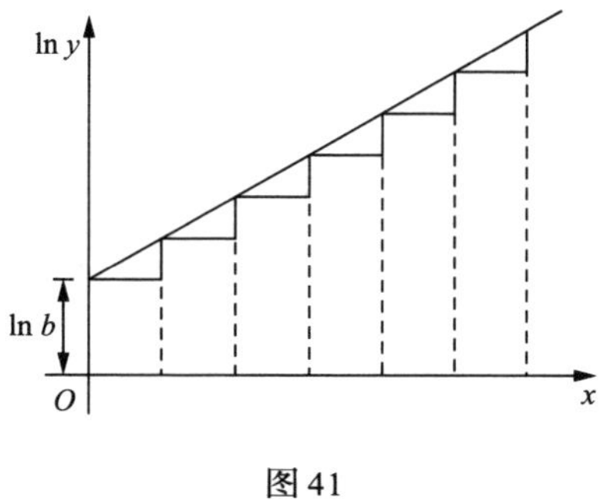

图41

衰减曲线

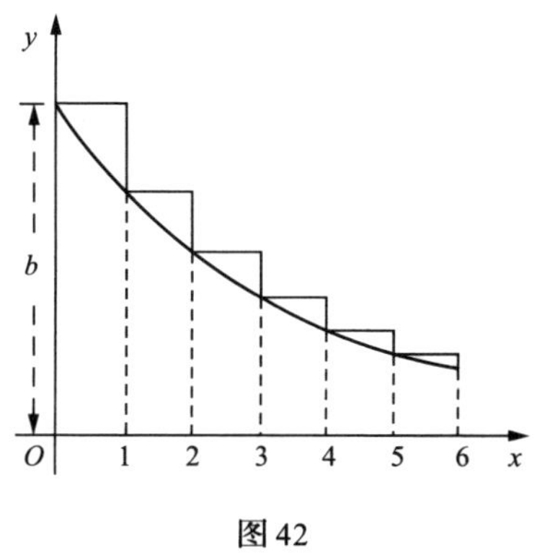

图42

对于函数$y=bp^x$，如果p为真分数（小于1的分数），那么此时的曲线显然呈现下降趋势，如图42所示。该图中两个相邻的纵坐标之比为$\frac{3}{4}$。但是，由于p小于1，因此$\ln p$是一个负数，我们可以令$\ln p=-a$，此时可得$p=\mathrm{e}^{-a}$。现在原函数就变成了以下形式：

$$y=b\mathrm{e}^{-ax}。$$

这个表达式的重要性在于：在自变量为时间的情况下，这个函数代表了某个物理量逐渐衰减的物理过程。因此，一个热的物体的冷却过程（在牛顿的著名“冷却定律”中）可由以下方程表示：

$$\theta_t=\theta_0\mathrm{e}^{-at}。$$

其中，θ_0是一个热的物体在开始冷却时与周围环境的温差；θ_t是经过时间t后的温差；a是一个常数，即衰减常数，它取决于这个物体暴露在外的表面积的大小，以及它的导热系数和热辐射率等。

还有一个类似的公式

$$Q_t=Q_0\mathrm{e}^{-at},$$

用于表示一个带电体的电量。该带电体的初始电量为Q_0，其电量以衰减常数a发生泄漏，而这个常数在本例中取决于该带电体的电容和泄漏路径的电阻。

弹簧开始振动，经过一段时间后逐渐停止，其振动幅度的逐渐减小也可以用类似的方式表示。

事实上，e^{-at}在这些现象中充当衰减因子。在这些现象中，衰减速率与正在衰减的那个量的大小成正比。我们也可用通常的符号来表示，$\frac{dy}{dt}$在每一时刻都与y的值成正比。我们只需要检视图42中的那条曲线就能看出，在它的每一部分，斜率$\frac{dy}{dx}$都与纵坐标y成正比，而该曲线随着y的减小而逐渐变得平缓。用符号来表示，可得

$$y = be^{-ax},$$

$$\ln y = \ln b - ax \ln e = \ln b - ax。$$

求导，得到

$$\frac{1}{y} \times \frac{dy}{dx} = -a,$$

$$\frac{dy}{dx} = -ay = be^{-ax} \times (-a)。$$

换言之，这条曲线的斜率是负的，并且与y成正比。

如果我们将函数$y = be^{-ax}$写成

$$y = bp^x$$

的形式，那么我们应该得到相同的结果。此时，有

$$\frac{dy}{dx} = bp^x \times \ln p。$$

若$\ln p = -a$，我们就可以得到

$$\frac{dy}{dx} = y \times (-a) = -ay,$$

这与前面的运算结果相同。

时间常数

在衰减因子的表达式e^{-at}中，a这个量是另一个称为时间常数的量的倒数，我们可以用符号T来表示这个时间常数。于是，衰减因子就可以写成$e^{-\frac{t}{T}}$。如

果令 $t=T$，我们就可以看出 $T\left(\text{即}\dfrac{1}{a}\right)$ 的含义是物理量衰减到其初始值（在前面的那两个例子中称为 θ_0 和 Q_0）的 $\dfrac{1}{\mathrm{e}}$（约0.3679）所需要的时间。

在物理学的不同分支中需要频繁地用到 e^x 和 e^{-x} 的值，而很少有数学表给出它们的值。因此，为了方便起见，表11列出了其中的一些。

表11

x	e^x	e^{-x}	$1-\mathrm{e}^{-x}$
0.00	1.0000	1.0000	0.0000
0.10	1.1052	0.9048	0.0952
0.20	1.2214	0.8187	0.1813
0.50	1.6487	0.6065	0.3935
0.75	2.1170	0.4724	0.5276
0.90	2.4596	0.4066	0.5934
1.00	2.7183	0.3679	0.6321
1.10	3.0042	0.3329	0.6671
1.20	3.3201	0.3012	0.6988
1.25	3.4903	0.2865	0.7135
1.50	4.4817	0.2231	0.7769
1.75	5.755	0.1738	0.8262
2.00	7.389	0.1353	0.8647
2.50	12.182	0.0821	0.9179
3.00	20.086	0.0498	0.9502
3.50	33.115	0.0302	0.9698
4.00	54.598	0.0183	0.9817
4.50	90.017	0.0111	0.9889
5.00	148.41	0.0067	0.9933
5.50	244.69	0.0041	0.9959
6.00	403.43	0.00248	0.99752
7.50	1808.04	0.00055	0.99945
10.00	22026.5	0.000045	0.999955

下面介绍一个使用该表的例子。假设一个热的物体正在逐渐冷却，在开始冷却时（$t=0$），它的温度比周围环境的高72℃。如果它的冷却时间常数是20分钟（它的温度需要20分钟才能降到72℃的1/e），那么我们就可以计算出它在任一给定时间t内下降的温度。假设t为60分钟，那么$\frac{t}{T}=60\div 20=3$，因此我们必须求出e^{-3}的值，然后用初始温差72℃乘以这个值。表11中显示，e^{-3}为0.0498。因此，在60分钟时，它与周围环境的温差将从72℃降至72℃ × 0.0498，即约3.586℃。

更多例子

【例13】设对一个导体施加电压的时间为t（单位为秒）[①]，该导体中产生的电流强度的表达式为$C=\frac{E}{R}\left(1-e^{-\frac{Rt}{L}}\right)$。时间常数为$\frac{L}{R}$。

如果$E=10$，$R=1$，$L=0.01$，那么当t非常大时，$1-e^{-\frac{Rt}{L}}$这一项就变为1，于是$C=\frac{E}{R}=10$，而$\frac{L}{R}=T=0.01$。

由于时间常数为0.01，因此电流强度在任一时刻的值就可以写成

$$C=10-10e^{-\frac{t}{0.01}}$$

这意味着可变项$10e^{-\frac{t}{0.01}}$需要0.01秒降至初始值$10e^{-\frac{0}{0.01}}$（即10）的$\frac{1}{e}$，即降至约3.679。

如果要求出$t=0.001$秒时的电流强度，那么$\frac{t}{T}=0.1$，$e^{-0.1}\approx 0.9048$（由前面的表11得到）。

由此可知，在0.001秒后，可变项为

$$0.9048\times 10=9.048。$$

因此，实际的电流强度为$10-9.048=0.952$。

同理，在0.1秒后，有

① 原著没有给出其他变量的单位。——译者

$$\frac{t}{T}=10，\ \mathrm{e}^{-10}\approx 0.000045。$$

因此，可变项为 $10\times 0.000045=0.00045$，电流强度为9.9995。

【例14】一束光穿过厚度为 l（以厘米为单位）的透明介质后，其光强为 $I=I_0\mathrm{e}^{-Kl}$，其中 I_0 为该光束的初始光强，K 为吸收常数。

这个常数通常是通过实验得出的。例如，如果发现一束光穿过10厘米厚的某种透明介质后光强降低了18%，这就意味着 $82=100\times \mathrm{e}^{-K\times 10}$，即 $\mathrm{e}^{-10K}=0.82$。我们从表11中可以看出，$10K$ 非常接近0.20，因此 $K\approx 0.02$。

为了求出光强降低到其初始值一半时透明介质的厚度，就必须求出满足方程 $50=100\times \mathrm{e}^{-0.02l}$（即 $0.5=\mathrm{e}^{-0.02l}$）的 l 值。该方程的自然对数形式为

$$l=\frac{\ln 0.5}{-0.02}。$$

因此，l 的近似值为34.7厘米。

【例15】有一种放射性物质，它尚未发生衰变的量 Q 与初始量 Q_0 之间的关系为 $Q=Q_0\mathrm{e}^{-\lambda t}$，其中 λ 是一个常数（以秒为单位），t 是衰变时间（以秒为单位）。

对于“镭A”，如果时间用秒表示，实验表明 $\lambda=3.85\times 10^{-3}$ 秒$^{-1}$。求其中一半物质发生衰变所需的时间。（这个时间称为该物质的半衰期。）

我们有

$$0.5=\mathrm{e}^{-0.00385t},$$
$$\lg 0.5=-0.00385t\times \lg \mathrm{e}$$

由此解得 t 非常接近180秒。

练习13

（1）绘制曲线 $y=b\mathrm{e}^{-\frac{t}{T}}$，其中 $b=12$，$T=8$，而 t 则取从0到20的各个整数值。

（2）若一个热的物体冷却24分钟后，它与环境的温差降至初始温差的一半，请你推导出这一情况下的时间常数，并求出该物体冷却到与环境的温差为

初始温差的1%需要多长时间。

（3）绘制曲线$y=100(1-e^{-2t})$。

（4）以下各函数的曲线非常相似[①]：

$$①y=\frac{ax}{x+b}，②y=a\left(1-e^{-\frac{x}{b}}\right)，③y=\frac{a}{90°}\arctan\frac{x}{b}。$$

绘制这三个函数的曲线，取$a=100$毫米，$b=30$毫米。

（5）求以下函数的导数。

$$① y=x^x；② y=(e^x)^x；③ y=e^{x^x}。$$

（6）对于“钍A”，以下式子成立，且λ的值为5秒$^{-1}$。求它的半衰期，即发生衰变的“钍A”的量Q为其初始量Q_0的一半时所需的时间。

$$Q=Q_0e^{-\lambda t},$$

时间t的单位为秒。

（7）一个电容K为4×10^{-6}皮法的电容器充电至电压$V_0=20$伏，然后通过阻值为10000欧的电阻放电。假设电压下降遵循以下规律：

$$V=V_0e^{-\frac{t}{KR}}。$$

试分别求放电0.1秒和0.01秒时的电压V。

（8）带电金属球的电量Q在10分钟内从20个单位减少到16个单位。若$Q=Q_0\times e^{-\mu t}$，其中Q_0是初始电量，t是以秒为单位的时间，求漏电系数μ，进而求出漏掉一半电量所需的时间。

（9）电话线上的阻尼可以由关系式$i=i_0e^{-\beta l}$确定，其中i_0是初始电流强度，i是t秒后的电流强度，l是以千米为单位的电话线长度，β是一个常数。对于1910年铺设的法英海底电缆，$\beta=0.0114$ (千米)$^{-1}$。求这条电缆末端（40千米）的i与i_0的比值，以及i为初始电流强度的8%时的电缆长度。

（10）海拔为h（以千米为单位）处的大气压p可近似地表示为$p=p_0e^{-kh}$，其中k是一个常数，p_0为海平面的大气压（760毫米汞柱）。在海拔10千米，20

---

① 第三个函数中的90°需化为弧度。——译者

千米和50千米处的大气压分别为199.2毫米汞柱，42.4毫米汞柱和0.32毫米汞柱，求每种情况下的k值。使用这3个k值的平均值，求出在上面3个高度处大气压计算值的误差。

（11）求$y=x^x$的极值。

（12）求$y=x^{\frac{1}{x}}$的极值。

（13）设$a>1$，求$y=xa^{\frac{1}{x}}$的极值。

第15章
如何处理正弦函数和余弦函数

我们经常用希腊字母表示角度，比如用字母θ表示任何可变角度。

让我们考虑函数

$$y=\sin\theta。$$

我们必须探究的是$\frac{\mathrm{d}(\sin\theta)}{\mathrm{d}\theta}$的值。换句话说，如果角度$\theta$发生变化，我们必须找到其正弦的增量与角度的增量之间的关系，而这两个增量本身都是无穷小。请看图43，如果圆的半径为1，则y就是正弦，而θ是相应的角度。假设θ增大了一个小角度$\mathrm{d}\theta$（称为角度微元），那么y（即正弦）就会增加一个微元$\mathrm{d}y$。新的高度$y+\mathrm{d}y$就是新的角度$\theta+\mathrm{d}\theta$的正弦，即

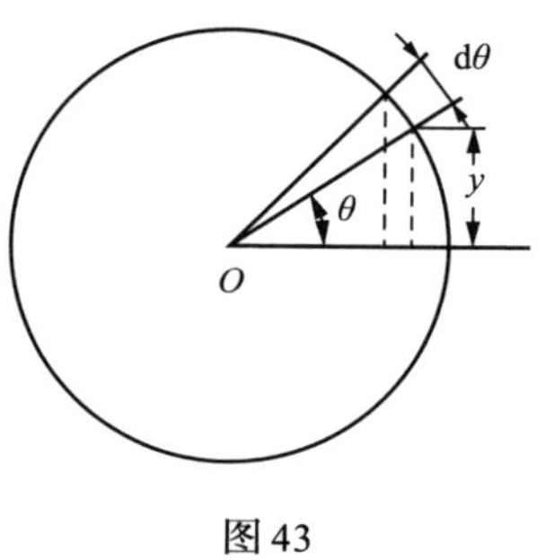

图43

$$y+\mathrm{d}y=\sin(\theta+\mathrm{d}\theta)。$$

用该式减去上面的等式，就得到

$$\mathrm{d}y=\sin(\theta+\mathrm{d}\theta)-\sin\theta。$$

上式右边的项是两个正弦之差，讲述三角学的那些著作会告诉我们如何计

算其结果。如果M和N是两个不同的角度，那么

$$\sin M-\sin N=2\cos\frac{M+N}{2}\cdot\sin\frac{M-N}{2}。$$

如果取$M=\theta+\mathrm{d}\theta$，$N=\theta$，就可以得到

$$\mathrm{d}y=2\cos\frac{\theta+\mathrm{d}\theta+\theta}{2}\cdot\sin\frac{\theta+\mathrm{d}\theta-\theta}{2},$$

即

$$\mathrm{d}y=2\cos\left(\theta+\frac{\mathrm{d}\theta}{2}\right)\cdot\sin\frac{\mathrm{d}\theta}{2}。$$

如果我们考虑到$\mathrm{d}\theta$趋于无穷小，那么在这种极限情况下，与θ相比，$\frac{\mathrm{d}\theta}{2}$可以忽略，$\sin\frac{\mathrm{d}\theta}{2}$可视为与$\frac{\mathrm{d}\theta}{2}$相等。于是，上述等式就变成了

$$\mathrm{d}y=2\cos\theta\cdot\frac{\mathrm{d}\theta}{2},$$

$$\mathrm{d}y=\cos\theta\cdot\mathrm{d}\theta。$$

最后可得

$$\frac{\mathrm{d}y}{\mathrm{d}\theta}=\cos\theta。$$

图44和图45中按比例绘制的曲线展示了$y=\sin\theta$和$\frac{\mathrm{d}y}{\mathrm{d}\theta}=\cos\theta$的值与对应的$\theta$值之间的关系。

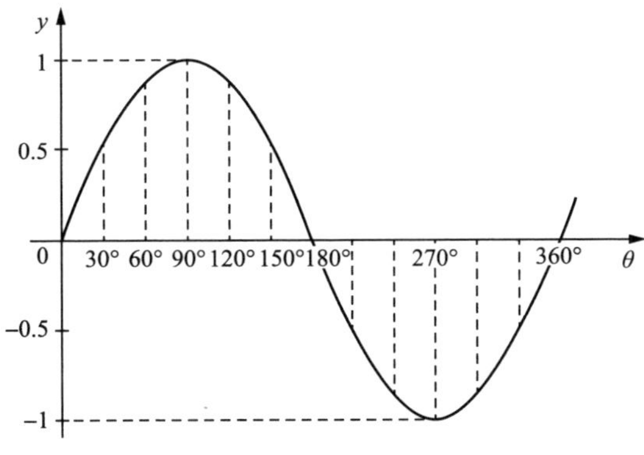

图44

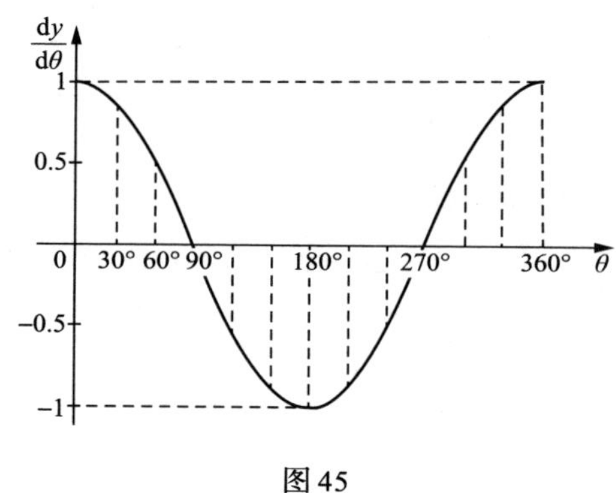

图45

接下来讨论余弦。令

$$y = \cos\theta,$$

而
$$\cos\theta = \sin\left(\frac{\pi}{2} - \theta\right),$$

因此

$$dy = d\left[\sin\left(\frac{\pi}{2} - \theta\right)\right] = \cos\left(\frac{\pi}{2} - \theta\right) \times d(-\theta) = \cos\left(\frac{\pi}{2} - \theta\right) \times (-d\theta),$$

$$\frac{dy}{d\theta} = -\cos\left(\frac{\pi}{2} - \theta\right)。$$

由此可得

$$\frac{dy}{d\theta} = -\sin\theta。$$

最后讨论正切函数。令

$$y = \tan\theta = \frac{\sin\theta}{\cos\theta}。$$

根据第6章给出的对两个函数的商求导的法则，我们得到

$$\begin{aligned}\frac{dy}{d\theta} &= \frac{\cos\theta \times \frac{d(\sin\theta)}{d\theta} - \sin\theta \times \frac{d(\cos\theta)}{d\theta}}{\cos^2\theta} \\ &= \frac{\cos^2\theta + \sin^2\theta}{\cos^2\theta} \\ &= \frac{1}{\cos^2\theta},\end{aligned}$$

即
$$\frac{\mathrm{d}y}{\mathrm{d}\theta}=\sec^2\theta。$$

将这些结果收集起来，可得到表12。

表12

y	$\frac{\mathrm{d}y}{\mathrm{d}\theta}$
$\sin\theta$	$\cos\theta$
$\cos\theta$	$-\sin\theta$
$\tan\theta$	$\sec^2\theta$

有时，在机械问题和物理问题中，如在简谐运动和波动中，我们必须处理随时间成比例增大的角度。因此，如果T是一个完整周期持续的时间，或者是绕圆运动一周所需的时间，而绕圆一周经过的角度是2π弧度（或者说360°），那么在时间t内转过的角度就是

$$\theta=2\pi\times\frac{t}{T}，以弧度为单位；$$

或者
$$\theta=360\times\frac{t}{T}，以度为单位。$$

如果频率用n表示，那么$n=\frac{1}{T}$，于是我们可以得到

$$\theta=2\pi nt,$$

因此

$$y=\sin 2\pi \mathrm{nt}。$$

如果我们想知道这个正弦函数如何随时间变化，就必须求它关于t的导数，而不是它关于θ的导数。为此，我们必须采用第9章中介绍的技巧，即

$$\frac{\mathrm{d}y}{\mathrm{d}t}=\frac{\mathrm{d}y}{\mathrm{d}\theta}\times\frac{\mathrm{d}\theta}{\mathrm{d}t}。$$

现在，$\frac{\mathrm{d}\theta}{\mathrm{d}t}$显然是$2\pi n$，因此

$$\frac{\mathrm{d}y}{\mathrm{d}t}=\cos\theta\times 2\pi n=2\pi n\cdot\cos 2\pi nt。$$

类似地，也可得到

$$\frac{\mathrm{d}(\cos 2\pi nt)}{\mathrm{d}t}=-2\pi n\cdot\sin 2\pi nt。$$

正弦函数和余弦函数的二阶导数

我们已经看到，当求 $\sin\theta$ 关于 θ 的导数时，就可以得到 $\cos\theta$；而当求 $\cos\theta$ 关于 θ 的导数时，就可以得到 $-\sin\theta$。若将上述过程表示成符号形式，则有

$$\frac{\mathrm{d}^2(\sin\theta)}{\mathrm{d}\theta^2}=-\sin\theta。$$

因此，我们得到了一个奇怪的结果：我们发现了这样一个函数，如果我们对它求两次导数，就得到了与开始时相同的东西，但符号从“+”变成了“-”。

余弦函数也是如此。对 $\cos\theta$ 求导，得到 $-\sin\theta$，再对 $-\sin\theta$ 求导，得到 $-\cos\theta$，因此

$$\frac{\mathrm{d}^2(\cos\theta)}{\mathrm{d}\theta^2}=-\cos\theta。$$

正弦函数和余弦函数的二阶导数与原函数相同而符号相反。

利用我们目前学到的知识，现在可以求一些更为复杂的表达式的导数了。

【例 1】$y=\arcsin x$。

如果角度 y 的正弦是 x，即 $x=\sin y$，那么

$$\frac{\mathrm{d}x}{\mathrm{d}y}=\cos y。$$

现在从反函数回到原函数，我们得到

$$\frac{\mathrm{d}y}{\mathrm{d}x}=\frac{1}{\frac{\mathrm{d}x}{\mathrm{d}y}}=\frac{1}{\cos y}。$$

其中，

$$\cos y=\sqrt{1-\sin^2 y}=\sqrt{1-x^2}。$$

因此

$$\frac{\mathrm{d}y}{\mathrm{d}x}=\frac{1}{\sqrt{1-x^2}}。$$

这是一个相当出乎意料的结果。根据定义，$-\dfrac{\pi}{2} \leqslant \arcsin y \leqslant \dfrac{\pi}{2}$，我们知道此时 $\cos y$ 是正的，因此我们在这里采用了正的平方根。

【例2】$y=\cos^3\theta$。

这与 $y=(\cos\theta)^3$ 是一样的。

令 $v=\cos\theta$，则 $y=v^3$，$\dfrac{dy}{dv}=3v^2$，$\dfrac{dv}{d\theta}=-\sin\theta$。因此

$$\frac{dy}{d\theta}=\frac{dy}{dv}\times\frac{dv}{d\theta}=-3\cos^2\theta\sin\theta。$$

【例3】$y=\sin(x+a)$。

令 $v=x+a$，则 $y=\sin v$，$\dfrac{dv}{dx}=1$，$\dfrac{dy}{dv}=\cos v$。因此

$$\frac{dy}{dx}=\frac{dy}{dv}\times\frac{dv}{dx}=\cos(x+a)。$$

【例4】$y=\ln(\sin\theta)$。

令 $v=\sin\theta$，则 $y=\ln v$，$\dfrac{dv}{d\theta}=\cos\theta$，$\dfrac{dy}{dv}=\dfrac{1}{v}$，因此

$$\frac{dy}{d\theta}=\frac{dy}{dv}\times\frac{dv}{dx}=\frac{1}{\sin\theta}\times\cos\theta=\cot\theta。$$

【例5】$y=\cot\theta=\dfrac{\cos\theta}{\sin\theta}$。

$$\frac{dy}{d\theta}=\frac{-\sin^2\theta-\cos^2\theta}{\sin^2\theta}=-(1+\cot^2\theta)=-\csc^2\theta。$$

【例6】$y=\tan 3\theta$。

令 $v=3\theta$，则 $y=\tan v$，$\dfrac{dv}{d\theta}=3$，$\dfrac{dy}{dv}=\sec^2 v$。因此

$$\frac{dy}{d\theta}=3\sec^2 3\theta。$$

【例7】$y=\sqrt{1+3\tan^2\theta}=(1+3\tan^2\theta)^{\frac{1}{2}}$。

令 $v=3\tan^2\theta$，则 $y=(1+v)^{\frac{1}{2}}$，$\dfrac{dv}{d\theta}=6\tan\theta\sec^2\theta$，$\dfrac{dy}{dv}=\dfrac{1}{2\sqrt{1+v}}$。因此

$$\frac{dy}{d\theta}=\frac{6\tan\theta\sec^2\theta}{2\sqrt{1+v}}=\frac{6\tan\theta\sec^2\theta}{2\sqrt{1+3\tan^2\theta}}。$$

其中的$\frac{dv}{d\theta}$是这样求得的：令 $u=\tan\theta$，则 $v=3u^2$，$\frac{du}{d\theta}=\sec^2\theta$，$\frac{dv}{du}=6u$，因此 $\frac{dv}{d\theta}=\frac{dv}{du}\times\frac{du}{d\theta}=6\tan\theta\sec^2\theta$。

【例 8】$y=\sin x\cos x$。

$$\begin{aligned}\frac{dy}{dx}&=\sin x\cdot(-\sin x)+\cos x\cdot\cos x\\&=\cos^2 x-\sin^2 x。\end{aligned}$$

与正弦函数、余弦函数和正切函数密切相关的是另外三个非常有用的函数，它们是双曲正弦函数、双曲余弦函数和双曲正切函数，分别写作 sinh，cosh，tanh。这些函数的定义如下：

$$\sinh x=\frac{1}{2}(e^x-e^{-x}),$$

$$\cosh x=\frac{1}{2}(e^x+e^{-x}),$$

$$\tanh x=\frac{\sinh x}{\cosh x}=\frac{e^x-e^{-x}}{e^x+e^{-x}}。$$

在 $\sinh x$ 与 $\cosh x$ 之间存在着一个重要的关系，即

$$\begin{aligned}\cosh^2 x-\sinh^2 x&=\frac{1}{4}(e^x+e^{-x})^2-\frac{1}{4}(e^x-e^{-x})^2\\&=\frac{1}{4}(e^{2x}+2+e^{-2x}-e^{2x}+2-e^{-2x})\\&=1。\end{aligned}$$

根据这个关系以及

$$\frac{d}{dx}(\sinh x)=\frac{1}{2}(e^x+e^{-x})=\cosh x,$$

$$\frac{d}{dx}(\cosh x)=\frac{1}{2}(e^x-e^{-x})=\sinh x,$$

就可得出

$$\frac{\mathrm{d}}{\mathrm{d}x}(\tanh x)=\frac{\cosh x\cdot\frac{\mathrm{d}}{\mathrm{d}x}(\sinh x)-\sinh x\cdot\frac{\mathrm{d}}{\mathrm{d}x}(\cosh x)}{\cosh^2 x}$$

$$=\frac{\cosh^2 x-\sinh^2 x}{\cosh^2 x}$$

$$=\frac{1}{\cosh^2 x}。$$

练习 14

（1）求下列各式的导数。

① $y=A\sin\left(\theta-\frac{\pi}{2}\right)$。

② $y=\sin^2\theta$，$y=\sin 2\theta$。

③ $y=\sin^3\theta$，$y=\sin 3\theta$。

（2）求θ的值（$0\leqslant\theta\leqslant 2\pi$），使$\sin\theta\cdot\cos\theta$取极大值。

（3）求$y=\frac{1}{2\pi}\cos 2\pi nt$的导数。

（4）设$y=\sin a^x$，试求$\frac{\mathrm{d}y}{\mathrm{d}x}$。

（5）求$y=\ln(\cos x)$的导数。

（6）求$y=18.2\sin(x+26°)$的导数。

（7）绘制$y=100\sin(\theta-15°)$的曲线，并证明该曲线在$\theta=75°$处的斜率是其斜率极大值的一半。

（8）设$y=\sin\theta\cdot\sin 2\theta$，求$\frac{\mathrm{d}y}{\mathrm{d}\theta}$。

（9）设$y=a\tan^m(\theta^n)$，求y关于θ的导数。

（10）求$y=\mathrm{e}^x\sin^2 x$的导数。

（11）求练习13第（4）题中的3个函数的导数，并就下列3种情况比较它们的导数是否相等或近似相等。①当x取非常小的值时；②当x取非常大的值时；③当x取30附近的值时。

（12）求下列各式的导数。

① $y=\sec x$。　　② $y=\arccos x$。

③ $y=\arctan x$。　　④ $y=\mathrm{arcsec}\, x$。

⑤ $y=\tan x\times\sqrt{3\sec x}$。

（13）求 $y=\sin(2\theta+3)^{2.3}$ 的导数。

（14）求 $y=\theta^{3}+3\sin(\theta+3)-3^{\sin\theta}-3^{\theta}$ 的导数。

（15）求 $y=\theta\cos\theta$ 的极值，其中 $-\frac{\pi}{2}\leqslant\theta\leqslant\frac{\pi}{2}$。

第16章 偏导数

我们有时会遇到一些量，它们是多个自变量的函数。例如，我们可能会遇到y取决于另外两个变量的情况。我们将其中一个自变量称为u，另一个称为v。这个函数可以用符号表示为

$$y=f(u,v)。$$

看一个较简单的例子：

$$y=u\times v。$$

我们该怎么办？如果我们把v当作一个常数，求y关于u的微分，则应该得到

$$dy_v=v\,du;$$

如果我们把u当作一个常数，求y关于v的微分，则应该得到

$$dy_u=u\,dv。$$

这里出现在下标中的字母表明在运算过程中哪个量被视为常数。

要表明仅求偏微分，即仅关于其中一个自变量求微分，我们可以不用小写

的d表示微分，而是用一个基于小写希腊字母δ的符号∂[①]。用这种方法来表示，有

$$\frac{\partial y}{\partial u}=v,$$

$$\frac{\partial y}{\partial v}=u。$$

如果我们分别用这些符号来代替v和u，就会得到

$$\left.\begin{aligned}\mathrm{d}y_v=\frac{\partial y}{\partial u}\mathrm{d}u\\ \mathrm{d}y_v=\frac{\partial y}{\partial v}\mathrm{d}v\end{aligned}\right\}\text{它们是偏导数。}$$

但是，如果你仔细想想，就会发现y的总变化同时取决于u和v这两个量。也就是说，如果二者都在发生变化，那么真正的dy应该写成

$$\mathrm{d}y=\frac{\partial y}{\partial u}\mathrm{d}u+\frac{\partial y}{\partial v}\mathrm{d}v。$$

这称为全微分，过去的有些书上将其写成$\mathrm{d}y=\left(\frac{\mathrm{d}y}{\mathrm{d}u}\right)\mathrm{d}u+\left(\frac{\mathrm{d}y}{\mathrm{d}v}\right)\mathrm{d}v$。

下面看一些例子。

【例1】求表达式$w=2ax^2+3bxy+4cy^3$的偏导数和全微分。答案是

$$\frac{\partial w}{\partial x}=4ax+3by,$$

$$\frac{\partial w}{\partial y}=3bx+12cy^2。$$

---

① 罗伯特·安斯利在他的那本有趣的小册子《在数学中虚张声势》(*Bluff Your Way in Mathematics*, 1988年)中将偏导数定义为“偏向x，y或z的导数，而不是平等地对待这3个自变量的导数——‘∂’这个符号就是把6反过来写……”

这里的“偏”表示导数偏向一个自变量，其他的一个或多个自变量被视为常数。二阶偏导数就是偏导数的偏导数。如果一个导数是涉及多个自变量的二阶或更高阶偏导数，那么这个导数称为“混合偏导数”。例如$\frac{\partial^2 y}{\partial v\partial u}=\frac{\partial y}{\partial v}\left(\frac{\partial y}{\partial u}\right)$就是一个混合偏导数。——M. G.

其中，第一个等式是通过假定 y 为常量得到的，第二个等式是通过假定 x 为常量得到的，于是全微分就是

$$\mathrm{d}w=(4ax+3by)\mathrm{d}x+(3bx+12cy^2)\mathrm{d}y。$$

【例2】求 $z=x^y$ 的偏导数和全微分。先将 y 视为常数，再将 x 视为常数，我们就以通常的方式得到

$$\frac{\partial z}{\partial x}=yx^{y-1},$$

$$\frac{\partial z}{\partial y}=x^y\ln x。$$

因此

$$\mathrm{d}z=yx^{y-1}\mathrm{d}x+x^y\ln x\mathrm{d}y。$$

【例3】高为 h、半径为 r 的圆锥的体积为 $V=\frac{1}{3}\pi r^2h$。此时有两个偏导数：一是当它的高 h 保持不变而 r 变化时它的体积相对于半径的变化率，二是当它的高 h 变化而半径 r 保持不变时它的体积相对于高的变化率。二者是不同的，因为

$$\frac{\partial V}{\partial r}=\frac{2\pi rh}{3},$$

$$\frac{\partial V}{\partial h}=\frac{\pi r^2}{3}。$$

当半径和高都发生变化时，体积的变化由 $\mathrm{d}V=\frac{2\pi rh}{3}\mathrm{d}r+\frac{\pi r^2}{3}\mathrm{d}h$ 给出。

【例4】在下面的这个例子中，F 和 f 表示两个任意形式的函数。例如，它们可以是正弦函数，也可以是指数函数，还可以仅仅是两个自变量 t 和 x 的代数函数。理解了这一点，让我们来考虑表达式

$$y=F(x+at)+f(x-at),$$

或

$$y=F(w)+f(v),$$

其中

$$w=x+at,\quad v=x-at。$$

于是，有

$$\frac{\partial y}{\partial x}=\frac{\partial F(w)}{\partial w}\cdot\frac{\partial w}{\partial x}+\frac{\partial f(v)}{\partial v}\cdot\frac{\partial v}{\partial x}=F'(w)\times 1+f'(v)\times 1,$$

以及
$$\frac{\partial^2 y}{\partial x^2}=F''(w)+f''(v)。$$

其中的数字1就是 $w=x+at$ 和 $v=x-at$ 中 x 的系数。

还有

$$\frac{\partial y}{\partial t}=\frac{\partial F(w)}{\partial w}\cdot\frac{\partial w}{\partial t}+\frac{\partial f(v)}{\partial v}\cdot\frac{\partial v}{\partial t}=aF'(w)-af'(v),$$

以及
$$\frac{\partial^2 y}{\partial t^2}=a^2F''(w)+a^2f''(v)。$$

因此

$$\frac{\partial^2 y}{\partial t^2}=a^2\frac{\partial^2 y}{\partial x^2}。$$

这个微分方程在数学物理学中极为重要[①]。

【例5】让我们再来讨论一下练习9的第（4）题。

这条绳子共三段，我们设 x 和 y 是其中两段的长度，于是第三段的长度就是 $30-(x+y)$，此时构成的三角形的面积是 $A=\sqrt{s(s-x)(s-y)(s-30+x+y)}$，其中 s 是半周长。因此，$s=15$，$A=\sqrt{15P}$。[②]其中，

$$\begin{aligned}P&=(15-x)(15-y)(x+y-15)\\&=xy^2+x^2y-15x^2-15y^2-45xy+450x+450y-3375。\end{aligned}$$

显然，当 P 取极大值时，A 也取极大值。

$$\mathrm{d}P=\frac{\partial P}{\partial x}\mathrm{d}x+\frac{\partial P}{\partial y}\mathrm{d}y。$$

对于极大值（在这种情况下，显然不是极小值），以下关系必须同时成立：

$$\frac{\partial P}{\partial x}=0\text{ 和 }\frac{\partial P}{\partial y}=0,$$

即
$$2xy-30x+y^2-45y+450=0,$$

① 这是波动方程的标准形式。——译者

② 这里的长度单位应为英寸，原著略去。——译者

$$2xy-30y+x^2-45x+450=0。$$

用第一个方程减去第二个方程，并进行因式分解，可得

$$(y-x)(x+y-15)=0。$$

因此，要么$x=y$，要么$x+y-15=0$。在后一种情况下，$P=0$，这不会是极大值，因此$x=y$。

如果我们现在将这个条件代入P的表达式，就会发现

$$P=(15-x)^2(2x-15)=2x^3-75x^2+900x-3375。$$

对于极大值或极小值，$\frac{\mathrm{d}P}{\mathrm{d}x}=6x^2-150x+900=0$，由此解得$x=15$或$x=10$。

显然，$x=15$时面积为零；$x=10$时面积取极大值，因为二阶导数$\frac{\mathrm{d}^2P}{\mathrm{d}x^2}=12x-150$。该式在$x=15$时等于30，在$x=10$时等于$-30$。

【例6】一节普通铁路运煤车厢像一个顶部敞开的长方体盒子，试求它的尺寸，使得对于给定的容积V，它的表面积尽可能小。

设它的长为x，宽为y，则深为$\frac{V}{xy}$，表面积为$S=xy+\frac{2V}{x}+\frac{2V}{y}$。因此，可得

$$\mathrm{d}S=\frac{\partial S}{\partial x}\mathrm{d}x+\frac{\partial S}{\partial y}\mathrm{d}y=\left(y-\frac{2V}{x^2}\right)\mathrm{d}x+\left(x-\frac{2V}{y^2}\right)\mathrm{d}y。$$

对于极小值（这里显然不是极大值），有

$$y-\frac{2V}{x^2}=0，x-\frac{2V}{y^2}=0。$$

在上面第一个等式的两边乘以x，第二个等式的两边乘以y，然后将它们相减，就得到$x=y$。因此，$x^3=2V$，由此得到$x=y=\sqrt[3]{2V}$。

练习15

（1）分别求表达式$\frac{x^3}{3}-2x^3y-2y^2x+\frac{y}{3}$关于$x$和$y$的导数。

（2）分别求表达式$x^2yz+xy^2z+xyz^2+x^2y^2z^2$关于$x$，$y$和$z$的偏导数。

（3）设 $r^2=(x-a)^2+(y-b)^2+(z-c)^2$，求 $\frac{\partial r}{\partial x}+\frac{\partial r}{\partial y}+\frac{\partial r}{\partial z}$ 以及 $\frac{\partial^2 r}{\partial x^2}+\frac{\partial^2 r}{\partial y^2}+\frac{\partial^2 r}{\partial z^2}$。

（4）求 $y=u^v$ 的全微分。

（5）分别求 $y=u^3\sin v$，$y=(\sin x)^u$，$y=\frac{\ln u}{v}$ 的全微分。

（6）设 x，y，z 这三个量的乘积为常数 k。证明：当这三个量相等时，它们的和最小。

（7）函数 $u=x+2xy+y$ 有极值吗？

（8）邮政局曾规定，任何包裹的长度加上其横截面的周长不得超过6英尺。试求以下两种情况下可以邮寄的包裹的最大体积是多少。①包裹有矩形的横截面；②包裹有圆形的横截面。

（9）将 π 分为三部分，使它们的正弦的乘积取极大值或极小值。

（10）求 $u=\frac{e^{x+y}}{xy}$ 的极值。

（11）求 $u=y+2x-2\ln y-\ln x$ 的极值。

（12）一个容器具有给定容量 V，它的形状是底面为等腰三角形的三棱柱，顶部敞开。求它的尺寸，使得制造它所需使用的铁皮最少。

第 17 章

积分

大秘密已经被揭示。这个神秘的符号$\int$归根结底只是一个被拉长的 S，仅仅意味着“……的总和”或“所有这些量的总和”。因此，它类似于另一个求和符号Σ（希腊字母）。不过，在数学工作者的实践中，关于这两个符号的使用有这样的区别：Σ通常用于表示有限个量的总和，而积分符号$\int$通常用于表示大量无穷小量的总和，这些无穷小量实际上只是构成所需总量的微元。所以，$\int \mathrm{d}y = y$，$\int \mathrm{d}x = x$。

任何人都能理解，任何事物的整体都可以被想象成是由许多小部分组成的，并且这些小部分越小，它们的数量就越多。因此，一根1英寸长的线可以被想象为由10段组成，每段长$\frac{1}{10}$英寸；或者由100段组成，每段长$\frac{1}{100}$英寸；或者由1000000段组成，每段长$\frac{1}{1000000}$英寸；又或者，将思维推到可想象的极限，它可以被视为由无限多个微元组成，每一个微元都是无穷小。

你会说，是的，但这样想有什么用呢？为什么不直接把它作为一个整体来考虑呢？简单的原因是，在很多情况下，如果不计算出一个整体的许多小部分的总和，那么就无法评估整个事物的大小。“积分”的过程是使我们能够计算出原本无法直接计算出的那些总量。

让我们先举一个简单的例子来熟悉这种将许多分开的部分相加的概念。

考虑一下级数

$$1+\frac{1}{2}+\frac{1}{4}+\frac{1}{8}+\frac{1}{16}+\frac{1}{32}+\frac{1}{64}+\cdots。$$

从第二项开始，这个级数中的每一项都是通过取前一项的一半而构成的。如果我们可以这样继续下去，直到无穷多项，那么由此得到的总和是多少？很多中学生知道答案是2。如果你愿意，那么就可以把它想象成一条线段（见图46），从1英寸开始，增加$\frac{1}{2}$英寸，增加$\frac{1}{4}$英寸，增加$\frac{1}{8}$英寸，以此类推。如果在操作过程的任何一个环节停止，那么要构成整个2英寸就会缺少一段，并且缺少的这一段的长度总是与最后为了补足2英寸而需要加上的那一段的长度相同。因此，如果在把1英寸、$\frac{1}{2}$英寸和$\frac{1}{4}$英寸加在一起之后停止，就会缺少$\frac{1}{4}$英寸。如果我们继续下去，直到加上了$\frac{1}{64}$英寸，但此时离2英寸仍然缺少$\frac{1}{64}$英寸。缺少的差值总是等于最后加上的那一项。只有通过无限次操作，我们才能达到实际的2英寸。当我们添加的线段太短而无法画出来时，我们实际上应该已经十分接近2英寸了，这将在大约10项之后，因为第11项是$\frac{1}{1024}$英寸。如果我们想要达到任何测量仪器都无法检测到的程度，只需要继续添加到大约第20项。显微镜连第18项都看不见！因此，无限次操作归根结底也并不是一件多么可怕的事情。积分就是求整体。但是，正如我们将要看到的那样，在某些情况下，积分使我们能够得到由无限多次运算给出的确切总和。在这种情况下，积分计算为我们提供了一种快速而简单的方法，来得到一个原本需要无休止的烦琐计算才能得到的结果。所以，我们最好抓紧时间学习如何积分。

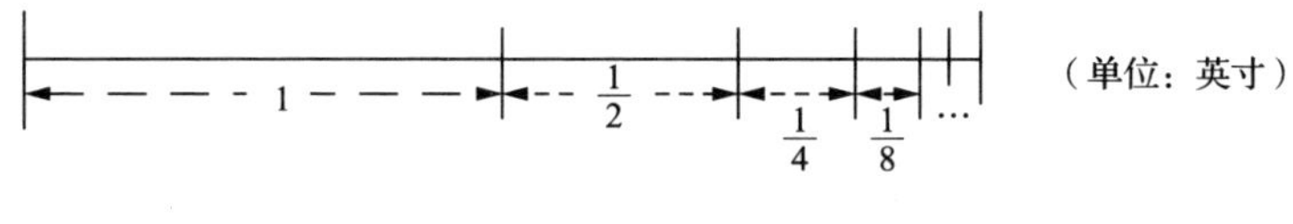

图46

让我们对曲线的斜率做一点初步探讨。我们已经看到，对一条曲线的函数求导就意味着求它的斜率的表达式（或者说曲线上不同点的斜率）。如果各点的斜率已经规定好了，那么我们能否实现这一过程的逆过程，重建整条曲线？

回到第10章的第二个例子。这里我们有一条最简单的曲线，它是一条斜线（见图47），其方程为

$$y=ax+b。$$

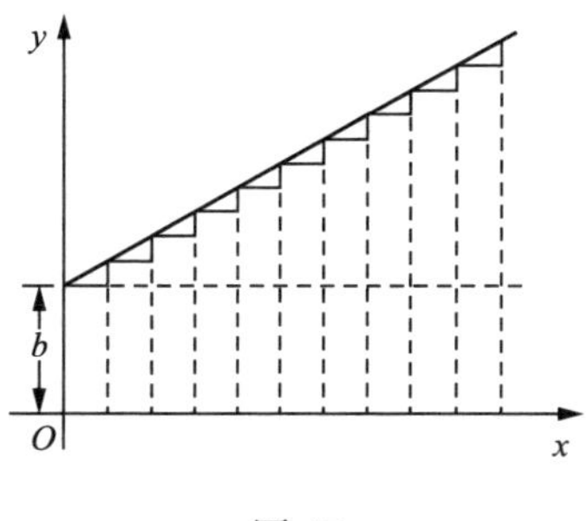

图47

我们知道，这里的b表示$x=0$时y的初始值[①]，而a是这条斜线的斜率，它等于$\frac{dy}{dx}$。这条斜线有一个恒定的斜率。这条斜线上的所有元三角形（◺ dy dx）的高dy与底dx之比都是一样的。假设我们取有限大小的dx和dy，使得10个dx组成1英寸，那么就会有10个小三角形，像这样：

① 这里仅考虑$x\geqslant 0$的情况。下文与此类似，我们不再一一说明。——译者

现在，假设我们奉命从仅有的信息$\frac{dy}{dx}=a$开始重建这条曲线。我们能做什么？我们仍然将这些dx和dy取为有限大小，可以画出其中10个元三角形（它们的大小和形状都相同），然后把它们放在一起，使其首尾相连（见图48）。

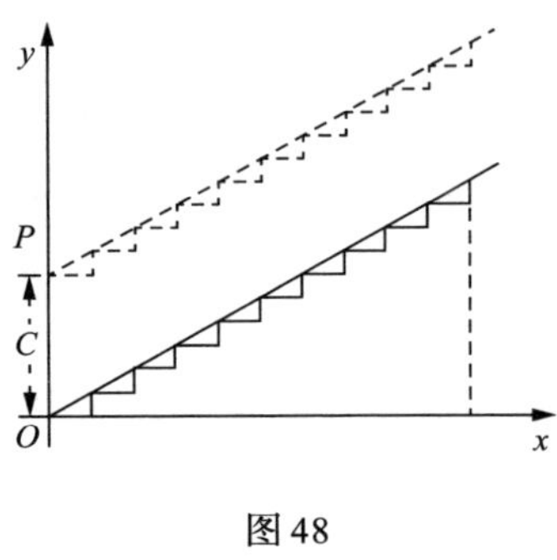

图48

由于所有元三角形的大小和形状都是一样的，因此它们连接起来就会组成一条斜率恰好为$a$$\left(\text{即}\frac{dy}{dx}=a\right)$的斜线。如果我们认为$y$是所有d$y$的总和，$x$是所有d$x$的总和，那么无论我们将这些d$x$和d$y$取为有限小或无限小，由于所有元三角形完全相同，因此显然都有$\frac{y}{x}=a$。但是，我们要把这条斜线放在哪里呢？我们是从原点O开始还是从更高处开始？由于我们所掌握的唯一信息是斜率，因此关于这条斜线的起点没有任何指示。事实上，初始高度是不确定的。无论初始高度如何，斜率都是相同的。因此，让我们尝试给出我们可能需要的东西，从点P开始画这条斜线。也就是说，我们有

$$y=ax+C。$$

现在情况就变得很明显了，加上去的这个常数C意味着$x=0$时y具有特定值。

现在让我们举一个比较难的例子：一条曲线的斜率不恒定，而是越来越大。假设随着x增大，曲线的斜率按比例越来越大，用符号来表示就是

$$\frac{\mathrm{d}y}{\mathrm{d}x}=ax。$$

为了给出一个具体的例子，取$a=\frac{1}{5}$，于是有

$$\frac{\mathrm{d}y}{\mathrm{d}x}=\frac{1}{5}x。$$

我们最好这样开始：计算出不同的x值所对应的那几个斜率值，并画出相应的小图形。

当$x=0$时，　$\frac{\mathrm{d}y}{\mathrm{d}x}=0$

当$x=1$时，　$\frac{\mathrm{d}y}{\mathrm{d}x}=0.2$

当$x=2$时，　$\frac{\mathrm{d}y}{\mathrm{d}x}=0.4$

当$x=3$时，　$\frac{\mathrm{d}y}{\mathrm{d}x}=0.6$

当$x=4$时，　$\frac{\mathrm{d}y}{\mathrm{d}x}=0.8$

当$x=5$时，　$\frac{\mathrm{d}y}{\mathrm{d}x}=1.0$

现在试着把这些小图形拼在一起，如图49所示。这样得到的曲线当然不是一条平滑的曲线，但它近似于一条平滑的曲线。如果我们取每个小图形底边的长度为原来的一半，数量为原来的两倍，那么所得到的结果应该更接近一条平滑的曲线，如图50所示[①]。

① 通过在曲线下绘制越来越小的直角三角形来近似一条光滑的曲线，这在如今被称为“梯形规则”，因为这些小直角三角形与它们下方的窄矩形相连而构成一个个梯形，如图47所示。

还有一种更好的近似方法，那就是在各条曲线段的下方（或上方）绘制微小的抛物线（尽管这种方法更难应用），然后用“抛物线法则”近似求和。这条法则也以英国数学家托马斯·辛普森（1710—1761）的姓氏被命名为“辛普森法则”。辛普森并没有对此进行深入探讨，但你可以在现代微积分教科书中读到关于辛普森法则的内容。——M. G.

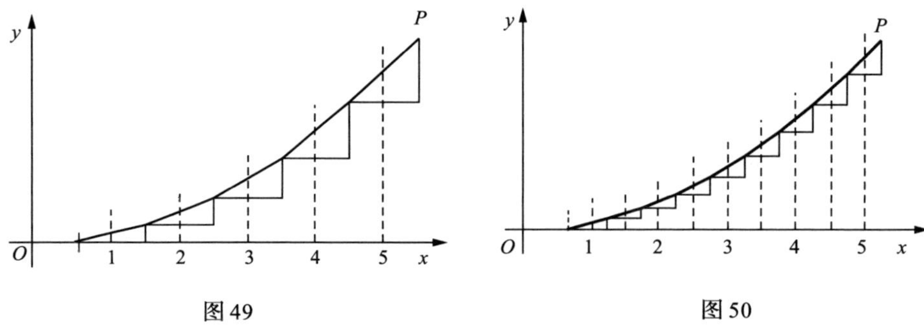

图 49　　　　图 50

但是，若要得到一条完美的曲线，我们应该把每个 dx 和它所对应的 dy 都取为无穷小，而且它们的个数为无穷多。

那么，在任意一点，y 的值应该是多少呢？很明显，在曲线上的任意一点 P，y 的值等于从原点 O 到这一点的所有 dy 的总和，也就是说 $\int dy = y$。由于每个 dy 都等于 $\frac{1}{5}x\,dx$，因此整个 y 就等于所有 $\frac{1}{5}x\,dx$ 的总和，或者我们应该将其写成 $\int \frac{1}{5}x\,dx$。

如果 x 是一个常数的话，那么 $\int \frac{1}{5}x\,dx$ 就等同于 $\frac{1}{5}x\int dx$，即 $\frac{1}{5}x^2$。但 x 是从 0 开始增大的，一直增大到点 P 所对应的那个特定值，因此 x 从 0 到该点的平均值就是 $\frac{1}{2}x$。所以，$\int \frac{1}{5}x\,dx = \frac{1}{10}x^2$，或者 $y = \frac{1}{10}x^2$。

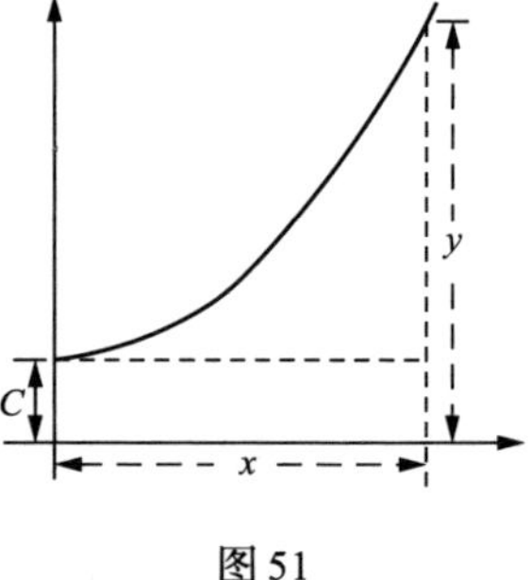

图 51

就像前面的情况一样，我们还需要加上一个不确定的常数 C，因为我们不知道 $x=0$ 时曲线与纵轴的交点在哪里。因此，对于图 51 中绘制的曲线，我们将其方程写成

$$y = \frac{1}{10}x^2 + C。$$

练习 16

（1）求$\frac{2}{3}+\frac{1}{3}+\frac{1}{6}+\frac{1}{12}+\frac{1}{24}+\cdots$的值。

（2）证明级数$1-\frac{1}{2}+\frac{1}{3}-\frac{1}{4}+\frac{1}{5}-\frac{1}{6}+\frac{1}{7}\cdots$是收敛的，并求其前8项的和。

（3）设$\ln(1+x)=x-\frac{x^2}{2}+\frac{x^3}{3}-\frac{x^4}{4}+\cdots$，求ln 1.3。

（4）设$\frac{\mathrm{d}y}{\mathrm{d}x}=\frac{1}{4}x$，请你仿效本章中的推理过程求$y$。

（5）设$\frac{\mathrm{d}y}{\mathrm{d}x}=2x+3$，求$y$。

第18章 积分作为微分的逆运算

微分运算的关键是求导，当y作为x的函数给出时，我们可以求出$\frac{\mathrm{d}y}{\mathrm{d}x}$。

就像其他数学运算一样，微分过程也有其逆运算[①]。因此，如果对$y=x^4$求导得到$\frac{\mathrm{d}y}{\mathrm{d}x}=4x^3$，那么我们就会说从$\frac{\mathrm{d}y}{\mathrm{d}x}=4x^3$开始，执行相应的微分过程的逆运算时会得到$y=x^4$。但是，这里出现了一个奇怪的问题。如果有$x^4$，$x^4+a$，$x^4+c$，或者$x^4+$任意常数，我们从这些函数中的任意一个开始，都应该得到$\frac{\mathrm{d}y}{\mathrm{d}x}=4x^3$。因此，很明显，在从$\frac{\mathrm{d}y}{\mathrm{d}x}$通过逆运算推出$y$的过程中，必须考虑到存在一个附加常数的可能性，这个常数的值是不确定的，需要用某种其他方法来

---

① 算术中常见的逆运算有减法是加法的逆运算，除法是乘法的逆运算，开方是乘方的逆运算。

在算术中，要检验减法$A-B=C$是否正确，你可以将B和C相加，看看是否得到了A。你也可以用同样的方法来检验积分和微分，只要看看逆运算能否使我们回到原来的表达式即可。

在几何模型中，对一个函数求导，可以得到一个公式，而该公式确定了相应的曲线在任意给定点的斜率。积分提供了一种方法：在给定斜率公式的情况下，可以确定该曲线及其函数。这转而又提供了一种快速计算一条曲线与x轴所包围的区域的面积的方法。——M. G.

确定。因此，如果对x^n求导得到nx^{n-1}，那么从$\frac{\mathrm{d}y}{\mathrm{d}x}=nx^{n-1}$通过逆运算就会得到$y=x^n+C$，其中$C$代表尚未确定的常数。

显然，在处理x的幂时，逆运算法则是：将指数加1，然后除以加1后的那个指数，再加上未确定的常数。

因此，在

$$\frac{\mathrm{d}y}{\mathrm{d}x}=x^n$$

的情况下，执行逆运算，我们就可以得到

$$y=\frac{1}{n+1}x^{n+1}+C。$$

如果对函数$y=ax^n$求导，有

$$\frac{\mathrm{d}y}{\mathrm{d}x}=anx^{n-1},$$

那么从

$$\frac{\mathrm{d}y}{\mathrm{d}x}=anx^{n-1}$$

开始，通过执行逆运算会得到

$$y=ax^n$$

就几乎是常识了。因此，当我们处理一个相乘的常数时，只要简单地把这个常数作为积分结果中的一个乘数即可。

于是，如果$\frac{\mathrm{d}y}{\mathrm{d}x}=4x^2$，那么逆运算就会给出$y=\frac{4}{3}x^3$。

但这还没有说完整，因为我们必须记住，如果从

$$y=ax^n+C$$

开始，无论C是什么常数，我们都会求得

$$\frac{\mathrm{d}y}{\mathrm{d}x}=anx^{n-1}。$$

因此，当执行这个过程的逆运算时，我们必须始终记住加上C这个不确定

的常数，即使我们还不知道它的值是多少[①]。

这个过程是微分的逆运算，称为*积分*。当只有一个 $\mathrm{d}y$ 的表达式或 $\frac{\mathrm{d}y}{\mathrm{d}x}$ 的表达式时，你就可以用积分求出 y 的表达式。到目前为止，我们一直尽可能地将 $\mathrm{d}y$ 和 $\mathrm{d}x$ 放在一起作为一个导数，但从现在开始，我们不得不更多地将它们分开。

让我们从一个简单的例子

$$\frac{\mathrm{d}y}{\mathrm{d}x}=x^2$$

开始。如果我们愿意的话，可以把它写成

$$\mathrm{d}y=x^2\,\mathrm{d}x。$$

这是一个“微分方程”，它告诉我们 y 的一个微元等于相应的 x 的一个微元乘以 x^2。现在，我们想要的是积分，因此用适当的符号写下对两边求积分的指令，即

$$\int \mathrm{d}y=\int x^2\,\mathrm{d}x。$$

我们还没有得到积分的结果，而只是写下了积分（如果可以的话）的指令。让我们来试试看。很多傻瓜都能做到，为什么我们不能呢？左边就是 y 本身，y 的所有部分之和就等于 y 本身。所以，我们可以立即写出

$$y=\int x^2\,\mathrm{d}x。$$

---

① 最近有一个关于积分的笑话在学生和教师中流传。比尔和乔是一所技术学院的两名学生，他们正在校园里一个他们常去的地方吃午饭。比尔抱怨说，美国的数学教学越来越差了，以至于学院里的大多数学生对微积分几乎一无所知。

乔不同意比尔的观点。趁比尔去洗手间的时候，乔叫来了一位漂亮的金发女服务员，给了她5美元，让她捉弄比尔。当她把甜点端上来时，乔会问她一个问题。他没有告诉她这个问题是什么，但指示她要回答“x的立方的三分之一”。女服务员微笑了一下，把5美元装进口袋中，同意了。

比尔回到餐桌旁后，乔提议下20美元的赌注，他会问女服务员一个积分问题，如果她答对了，他就赢了。乔知道自己不会输。两个朋友谈好了这笔交易。

当女服务员来到餐桌旁时，乔问道：“对x的平方求积分，会得到什么？”

她回答道：“x的立方的三分之一。”她走开时回头补充道：“加上一个常数。”——M. G.

但我们在处理方程的右边时必须记住，我们不是要把所有的dx加在一起，而是要把所有像x^2dx这样的项加在一起，而这不会等同于$x^2\int dx$，因为x^2不是一个常数。根据x取值的大小，有些dx要乘以较大的x^2值，有些dx则要乘以较小的x^2值。所以，我们必须回想起积分过程是微分的逆过程。当处理x^n时，我们对这个逆过程采取的法则是“将指数加上1，然后除以加1后的那个指数”。也就是说，x^2dx会变成$\frac{1}{3}x^3$[①]。把这个结果代入前面那个等式的右边，但不要忘记在后面加上积分常数C，我们就得到了

$$y=\frac{1}{3}x^3+C。$$

你实际上已经完成了积分，多么容易！

让我们再来看另一个简单的例子。设

$$\frac{dy}{dx}=ax^{12},$$

其中a是任意常数因子。我们在求导（见第5章）时得出过，y的表达式中的任何常数因子都会毫无变化地重新出现在$\frac{dy}{dx}$的表达式中。因此，在积分过程中，常数因子也会重新出现在y的表达式中。所以，我们可以像之前一样进行运算：

$$dy=ax^{12}dx,$$

$$\int dy=\int ax^{12}\,dx,$$

$$\int dy=a\int x^{12}\,dx,$$

$$y=\frac{a}{13}x^{13}+C。$$

就这样完成了，多么容易！

我们现在开始意识到，与微分相比，积分是一个寻找回归之路的过

① 你可能会问：后面的那个dx变成了什么？记住，它实际上是导数的一部分，当它被移到右边时，就像在x^2dx中那样，它的作用是提醒我们，x是要进行运算的自变量。作为乘积x^2dx相加的结果，x的指数增加了1。你很快就会熟悉这一切。——S. P. T.

程。如果在微分过程中碰上了特定的表达式（在本例中是ax^{12}），我们就可以回去找那个求导以后能得到这个表达式的表达式。一位著名的教师给出的下面这个例子可以说明这两个过程之间的对照。如果把一个对曼哈顿很陌生的人安置在时代广场上，让他找到去中央车站的路，那么他可能觉得这件事做起来毫无希望。但如果他本人之前曾经在别人的带领下从中央车站去过时代广场，那么他就会相对容易地找到从时代广场返回中央车站的路。

两个函数的和或差的积分

若
$$\frac{dy}{dx}=x^2+x^3,$$
那么
$$dy=x^2dx+x^3dx。$$

我们没有理由不对每一项单独进行积分，因为正如我们在第6章中看到的，对两个独立函数的和求微分时，结果就是这两个函数单独微分的和。所以，当我们进行逆运算——求积分时，所得的结果就是两个函数单独积分的和。我们的指令是

$$\int dy=\int(x^2+x^3)\,dx=\int x^2dx+\int x^3dx,$$

因此

$$y=\frac{1}{3}x^3+\frac{1}{4}x^4+C。$$

如果两项中的任一项是负的，那么积分中的相应项也是负的。因此，函数的差的积分就像函数的和的积分一样容易处理。

常数项的处理

假设要积分的表达式中有一个常数项，比如

$$\frac{dy}{dx}=x^n+b。$$

这简直容易到可笑了。你只需要记得，当求表达式$y=ax$的微分时，结果是$dy=a\,dx$。因此，当你进行逆运算——求积分时，常数会乘以x再次出现。所以，我们得到

$$\mathrm{d}y = x^n \mathrm{d}x + b\,\mathrm{d}x,$$

$$\int \mathrm{d}y = \int x^n \mathrm{d}x + \int b\,\mathrm{d}x,$$

$$y = \frac{1}{n+1} x^{n+1} + bx + C。$$

在下面的很多例子中，你可以试试新学到的本领。

一些例子

【例 1】设 $\dfrac{\mathrm{d}y}{\mathrm{d}x} = 24x^{11}$，求 y。

$$y = 2x^{12} + C。$$

【例 2】求 $\int (a+b)(x+1)\mathrm{d}x$。

$$原式 = (a+b)\int (x+1)\mathrm{d}x = (a+b)\left(\int x\,\mathrm{d}x + \int \mathrm{d}x\right) = (a+b)\left(\frac{x^2}{2} + x\right) + C。$$

【例 3】设 $\dfrac{\mathrm{d}u}{\mathrm{d}t} = gt^{\frac{1}{2}}$，求 u。

$$u = \frac{2}{3} gt^{\frac{3}{2}} + C。$$

【例 4】$\dfrac{\mathrm{d}y}{\mathrm{d}x} = x^3 - x^2 + x$，求 y。

$$\mathrm{d}y = (x^3 - x^2 + x)\mathrm{d}x = x^3\mathrm{d}x - x^2\mathrm{d}x + x\mathrm{d}x,$$

$$y = \int x^3\mathrm{d}x - \int x^2\mathrm{d}x + \int x\,\mathrm{d}x = \frac{1}{4}x^4 - \frac{1}{3}x^3 + \frac{1}{2}x^2 + C。$$

【例 5】求 $9.75x^{2.25}\mathrm{d}x$ 的积分。

$$y = 3x^{3.25} + C。$$

这些例子都很容易。让我们看看另一个例子。

设

$$\frac{\mathrm{d}y}{\mathrm{d}x} = ax^{-1},$$

与前面一样，我们可以将其写成

$$\mathrm{d}y = ax^{-1}\mathrm{d}x,$$

$$\int \mathrm{d}y = a\int x^{-1}\mathrm{d}x。$$

那么，$x^{-1}\mathrm{d}x$的积分是多少呢？

如果你回顾一下对x^2，x^3和x^n等求导的结果，就会发现我们从未从它们之中的任何一个得到过x^{-1}是$\frac{\mathrm{d}y}{\mathrm{d}x}$的表达式。我们由$x^3$得到$3x^2$，由$x^2$得到$2x$，由$x^1$（即$x$）得到1，但我们并未由$x^0$得到$x^{-1}$，而这是有充分理由的。$x^0$的导数是$0\times x^{-1}$（通过盲目地遵循通常的规则得到），而任何数与零相乘的结果都是零！因此，我们在尝试求$x^{-1}\mathrm{d}x$的积分时会看到，x^{-1}不会出现在由

$$\int x^n\,\mathrm{d}x=\frac{1}{n+1}x^{n+1}+C$$

这一法则给出的x的幂中，这是一个例外。

好吧，但是请再试一次。看看由x的各种函数得到的各种导数，并设法在其中找到x^{-1}。经过仔细搜寻，我们发现我们实际上得到过$\frac{\mathrm{d}y}{\mathrm{d}x}=x^{-1}$，那是对函数$y=\ln x$求导的结果。

既然我们知道求$\ln x$的导数会得到x^{-1}，那么我们当然也知道，通过这个过程的逆运算，求$\mathrm{d}y=x^{-1}\mathrm{d}x$的积分，就会得到$y=\ln x$。但是，我们决不能忘记题目中所给定的常数因子$a$，也不能忽略加上积分的不定常数。这就给出了当前这个问题的解答：

$$y=a\ln x+C。$$

但是，这只对$x>0$的情况成立。对于$x<0$的情况，我们可以得到

$$y=a\ln(-x)+C。$$

把这两种情况组合在一起，最后有

$$y=a\ln|x|+C。$$

其中，$|x|$是x的绝对值。也就是说，若$x>0$，则$|x|$等于x；若$x<0$，则$|x|$等于$-x$。

我们要注意这个十分异常的事实：如果我们不是碰巧知道相应的导数，

就不可能在上述情况下求出积分。如果从来没有人发现$\ln x$的导数是x^{-1}，那么对于如何求$x^{-1}dx$的积分，我们会茫然无措。事实上，应该坦率地承认这是微积分的一个奇怪特征：在求一个表达式的积分之前，你必须知道另一个表达式，而通过后者的逆运算（即微分），你能得到你想要积分的那个表达式。

另一个简单的例子

求$\int(x+1)(x+2)dx$。

在看到被积分的函数后，你会注意到它是关于x的两个不同函数的乘积。你觉得可以求$(x+1)dx$的积分，也可以求$(x+2)dx$的积分，这当然可以。但是，该如何求它们的乘积的积分呢？你至此所学过的任何微分知识都没有给出这样的乘积。如果这条路走不通，那么最简单的方法就是将这两个函数相乘，然后逐项求积分。它们相乘的结果是

$$\int(x^2+3x+2)dx,$$

而这等同于

$$\int x^2dx+\int 3xdx+\int 2dx。$$

然后逐项求积分，得到

$$\frac{1}{3}x^3+\frac{3}{2}x^2+2x+C。$$

其他一些积分

既然我们知道了积分是微分的逆运算，那么我们就可以立即查一下我们已经知道的那些导数，看看它们是从什么函数导出的。这样倒过去就给出了下列现成的积分：

$$x^{-1},\qquad \int x^{-1}dx=\ln|x|+C;$$

$$\frac{1}{x+a},\qquad \int\frac{1}{x+a}dx=\ln|x+a|+C;$$

e^x，　　$\int e^x dx = e^x + C$；

e^{-x}，　　$\int e^{-x} dx = -e^{-x} + C$

（这是因为若 $y = \frac{-1}{e^x}$，则 $\frac{dy}{dx} = -\frac{e^x \times 0 - 1 \times e^x}{e^{2x}} = e^{-x}$）；

$\sin x$，　　$\int \sin x\, dx = -\cos x + C$；

$\cos x$，　　$\int \cos x\, dx = \sin x + C$。

此外，我们还可以推导出以下公式：

$\ln x$，　　$\int \ln x\, dx = x(\ln x - 1) + C$

（这是因为若 $y = x\ln x - x$，则 $\frac{dy}{dx} = \frac{x}{x} + \ln x - 1 = \ln x$）；

$\lg x$，　　$\int \lg x\, dx \approx 0.4343x(\ln x - 1) + C$；

a^x，　　$\int a^x dx = \frac{a^x}{\ln a} + C$；

$\cos ax$，　　$\int \cos ax\, dx = \frac{1}{a}\sin ax + C$

（因为若 $y = \sin ax$，则 $\frac{dy}{dx} = a\cos ax$，因此要得到 $\cos ax$，就必须求 $y = \frac{1}{a}\sin ax$ 的导数）；

$\sin ax$，　　$\int \sin ax\, dx = -\frac{1}{a}\cos ax + C$。

再看一下 $\cos^2\theta$，用一点巧妙的方法会简化问题。由于

$$\cos 2\theta = \cos^2\theta - \sin^2\theta = 2\cos^2\theta - 1,$$

因此

$$\cos^2\theta = \frac{1}{2}(\cos 2\theta + 1),$$

于是，有

$$\int \cos^2\theta\, d\theta = \frac{1}{2}\int (\cos 2\theta + 1)\, d\theta = \frac{1}{2}\int \cos 2\theta\, d\theta + \frac{1}{2}\int d\theta = \frac{\sin 2\theta}{4} + \frac{\theta}{2} + C。$$

最后一章之后给出了微积分常用公式 。你应该为自己制作一个这样的表格，把你已成功地求出导数和积分的那些一般函数放进去。务必使这张表格所包含的内容稳定地增加！

练习 17

（1）求$\int y\,dx$，其中的变量满足$y^2=4ax$。

（2）求$\int \frac{3}{x^4}\,dx$。

（3）求$\int \frac{1}{a}x^3\,dx$。

（4）求$\int (x^2+a)dx$。

（5）求$5x^{-\frac{7}{2}}$的不定积分。

（6）求$\int (4x^3+3x^2+2x+1)dx$。

（7）设$\frac{dy}{dx}=\frac{ax}{2}+\frac{bx^2}{3}+\frac{cx^3}{4}$，求$y$。

（8）求$\int \frac{x^2+a}{x+a}\,dx$。

（9）求$\int (x+3)^3\,dx$。

（10）求$\int (x+2)(x-a)\,dx$。

（11）求$\int 3a^2(\sqrt{x}+\sqrt[3]{x})\,dx$。

（12）求$\int \frac{1}{3}\left(\sin\theta-\frac{1}{2}\right)d\theta$。

（13）求$\int \cos^2 a\theta\,d\theta$。

（14）求$\int \sin^2\theta\,d\theta$。

（15）求$\int \sin^2 a\theta\,d\theta$。

（16）求$\int e^{3x}dx$。

（17）求$\int \frac{dx}{1+x}$。

（18）求$\int \frac{1}{1-x}dx$。

第19章
关于应用积分求面积

积分的一个用途是我们能够得以求出曲线和坐标轴所围区域的面积。让我们试着一点一点地讲解这个问题。

设AB是一条曲线（见图52），其方程是已知的，也就是说这条曲线上任一点的纵坐标y是横坐标x的某个已知函数。考虑从点P到点Q的那段曲线。

从点P向x轴作垂线PM，从点Q向x轴作另一条垂线QN。设$OM=x_1$，$ON=x_2$，$PM=y_1$，$QN=y_2$。这样，我们就标定了位于PQ段下方的区域$PQNM$。现在的问题是我们如何计算这个区域的面积。

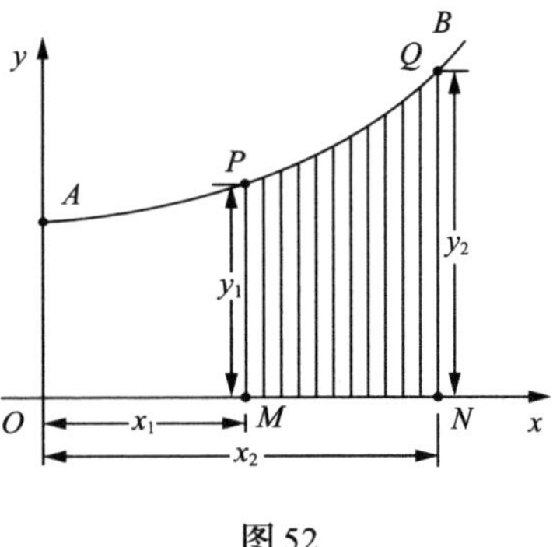

图52

解答这个问题的秘诀在于把这个区域想象成许多窄条，其中每个窄条的宽度都是dx[①]。我

① 汤普森将积分解释为曲线下有限数量的宽度接近极限零的窄条面积的总和。当这些窄条都在一条曲线的下方时，它们的面积的总和如今被称为“下黎曼和”，这是以德国数学家乔治·弗里德里希·伯恩哈德·黎曼（1826—1866）的姓氏命名的。让这些窄条延伸到曲线上方，也可以获得相同的总和，如图42所示。在这种情况下，这个总和被称为“上黎曼和”。如果绘制这些窄条时使其顶端的线与曲线相交，那么这个总和被称为“黎曼和”。无论如何绘制这些窄条，在它们的数量变为无穷大而宽度变为无穷小的极限情况下，上、下黎曼和相等，称之为“黎曼积分”。——M. G.

们把 dx 取得越小，点 M 和 N 之间的窄条就越多。那么，此时整个区域的面积显然就等于所有窄条的面积之和。我们的任务是要求出任意一个窄条的面积的表达式，并对其求积分，从而得到所有窄条的面积之和。现在想想其中的任意一个窄条，它会是这样的：其左、右边界是两条垂线，下边界是长度为 dx 的线段，上边界略微弯曲。假设它的平均高度是 y，而它的宽度是 dx，因此它的面积是 $y\,dx$。考虑到只要它的宽度足够小，它的平均高度就会与中间的那条线段的长度相同。现在让我们把整个区域的面积称为 S，即“surface”（意思是“面”）一词的首字母。一个窄条的面积就是整个区域的面积的一小部分，即一个面积微元，因此可以称为 dS。所以，我们可以得到

$$dS = y\,dx。$$

如果我们把所有窄条的面积加起来，就会得到

$$S = \int dS = \int y\,dx。$$

于是，能否求出 S 就取决于我们知道 y 是 x 的某个函数时，能否在此特定情况下求出 $y\,dx$ 的积分。

举例来说，如果我告诉你问题中的这条特定曲线的函数是 $y = b + ax^2$，那么毫无疑问，你可以把这个函数放入那个面积表达式中，然后说：“我必须求出 $\int (b + ax^2)dx$。”

这一切都很好，但是你稍微想一想，就会发现还有很多事情要做。因为我们设法求出的面积不是整条曲线下方的面积，而只是左边以 PM 为边界、右边以 QN 为边界的区域的面积，所以我们必须做一些事情来界定我们求出的面积所对应的区域在这两条边界之间。

这给我们引入了一个新的概念，即在极限之间积分[①]。我们假设 x 是变化

① “极限”这个词在这里令人困惑，因为它不是无穷级数的和这个意义上的极限。“界限”一词要清楚得多。汤普森所说的沿着连续曲线的闭合区间的上、下极限，其实就是上、下界限。不过，现今的许多教科书称之为“积分的上、下限”或“积分的右、左端点”。——M. G.

为了避免混淆，下文中均按照现代教科书译为“上、下限”。——译者

的，就当前的目的而言，我们要求x的任何值既不小于x_1（对应于OM）也不大于x_2（对应于ON）。当一个积分被这样界定在两个值之间时，我们将这两个值中较小的那个称为下限，较大的那个称为上限。任何具有这样的上、下限的积分称为定积分。这样，我们就将它与没有上、下限的一般积分区分开来[①]。

在给出积分指令的符号中，标记上、下限的方式是将它们分别放在积分符号的右上方和右下方。$\int_{x=x_1}^{x=x_2} y\,\mathrm{d}x$读作：求$y\,\mathrm{d}x$在下限$x_1$和上限$x_2$之间的积分。

有时，我们可以把上式更简单地写成

$$\int_{x_1}^{x_2} y\,\mathrm{d}x。$$

当你得到这样的指令时，如何求出一个在上、下限之间的积分？

再看一下图52。假设我们可以求出从点$A(x=0)$到点$Q(x=x_2)$这段较长曲线下方区域的面积，我们将这个区域称为$AQNO$。再假设我们可以求出从点$A(x=0)$到点$P(x=x_1)$这段较短曲线下方区域的面积，我们将这个区域称为$APMO$。如果我们用较大的面积减去较小的面积，剩下的就应该是$PQNM$的面积，而这就是我们想要的。在这里，我们对于该做什么已有了线索——上、下限之间的定积分是为上限求出的不定积分和为下极限求出的不定积分的差。

---

① 汤普森的术语“一般积分”（general integral）现在已不再使用了。在过去，它也被称为“原始积分”（primitive integral），后来又被称为“不定积分”（indefinite integral）。如今，它通常被称为“反导数”（antiderivative）。原因很明显，它是求导的逆运算。人们对如何用符号来表示这种积分的意见不一。汤普森简单地把它放在括号里。现在它的一个常见符号是$F(x)$，使用大写的F而不是小写的f。在下面的所有内容中，我用“反导数”代替汤普森所说的“一般积分”。

正如汤普森所清楚表明的，导数的反导数并不是唯一的，因为反导数可以加上无穷多个常数中的任何一个。这些常数对应于曲线与y轴的交点的纵坐标。例如，x^2的导数是$2x$，但是$2x$也是x^2+1，x^2+666，$x^2-\pi$等的导数。此时的反导数可以是x^2加上或减去任何实数。由于实数有无穷多个，因此如果一个导数有一个反导数，那么它就会有无穷多个反导数。它们的区别仅在于所谓的“积分常数”。反导数是“不定的”，因为它不是唯一的。

在《轻轻松松学会微积分》和其他微积分教科书中，当“积分”一词没有定语时，它的意思就是定积分。这是积分的基本概念。——M. G.

下文中的“反导数”均按照现代教科书译为“不定积分”。——译者

那么，让我们继续吧。首先，求出不定积分

$$\int y\,\mathrm{d}x。$$

由于$y=b+ax^2$是曲线的函数（见图52），因此

$$\int (b+ax^2)\mathrm{d}x$$

就是我们要求的不定积分。

求这个不定积分，我们得到

$$bx+\frac{a}{3}x^3+C。$$

这是从点O到我们可以指定的任意x值所对应的区域的面积。当x为0时，该区域的面积为0，因此$C=0$。

对应于上限x_2的较大面积是

$$bx_2+\frac{a}{3}x_2^3,$$

而对应于下限x_1的较小面积是

$$bx_1+\frac{a}{3}x_1^3。$$

现在用较大的面积减去较小的面积，我们就可以得到

$$S=b(x_2-x_1)+\frac{a}{3}(x_2^3-x_1^3)。$$

这就是我们想要的答案。让我们给出一些数值。假设$b=10$，$a=0.06$，$x_2=8$，$x_1=6$，那么面积S为

$$\begin{aligned}&10\times(8-6)+\frac{0.06}{3}\times(8^3-6^3)\\&=20+0.02\times(512-216)\\&=20+0.02\times296\\&=20+5.92\\&=25.92。\end{aligned}$$

让我们在这里用一种符号化的方式来表明我们是如何计算定积分的：

$$\int_{x=x_1}^{x=x_2} y\,\mathrm{d}x=y_2-y_1。$$

其中，y_2是对应于x_2给出的$y\,\mathrm{d}x$的积分值，而y_1是对应于x_1给出的$y\,\mathrm{d}x$的积分值。

所有上、下限之间的积分都需要这样求出两个值的差。我们还要注意，在将这两个值相减时，加上的那个常数C就消失了[①]。

---

① 由于汤普森所描述的这种技巧是积分运算的核心，因此我设法把它讲得更清楚一些。

要将不定导数转换为定积分，必须指定连续曲线的边界。每条边界都有该曲线的一个不定积分值，定积分是这两个值之差。只需将左边界（此处的x值较小）的不定积分值与右边界（此处的x值较大）的不定积分值相减即可，所得的结果就是要求的定积分。

定积分不是函数，而是一个数。在曲线的上限和下限之间，当曲线下方的所有窄条的宽度接近零而数量变为无穷大时，它们的极限和就是要求的这个数。这种情况类似于剪断一根绳子。假设它有1英尺长，而你希望得到3英寸和12英寸之间的那一段（长9英寸）。你会怎么做？你会剪掉前面的3英寸。

定积分就是不定积分的两个值的差，这一事实被称为“微积分基本定理”。该定理也可以用其他方式来表述，但这种方式最简单、最有用。这是一条惊人的定理，它把微分和积分结合在一起。它像魔法一样起作用，令人难以置信！

杰里·P. 金在他的《数学的艺术》（*Art of Mathematics*，1992年）一书中，将这条定理比作将微积分的两面连接起来的那座拱门的基石。由于存在着一个统一的微积分，因此许多数学家建议将“微分学”和“积分学”这两个术语弃用，代之以“导数的微积分”和“积分的微积分”。

金写道，无论如何高估这座拱门的重要性都不为过。“这座巨大的拱门支撑着所有以微积分为基础、用微积分来阐述的数学上的分析以及物理学和其他科学的那些重要部分。数学和科学都建立在微积分之上……”

牛顿是第一个建造这座拱门的人。埃里克·坦普尔·贝尔在《数学大师：从芝诺到庞加莱》（*Men of Mathematics: The Lives and Achievements of the Great Mathematicians from Zeno to Poincaré*，1937年）一书关于牛顿的那一章中称这座拱门“无疑是数学家有史以来发现的最惊人的东西之一”。

中值定理（见第10章的附注）定义了在一个连续函数的曲线的边界a和b之间的一点P。该点的纵坐标y是这个函数的中值。如果你通过该点绘制一条水平线，再分别过点a和b作x轴的垂线，那么你就作出了该函数的“均值矩形”（见右图）。这个矩形（如阴影所示）的面积正好等于曲线下方从点a到点b这一区域的面积。——M. G.

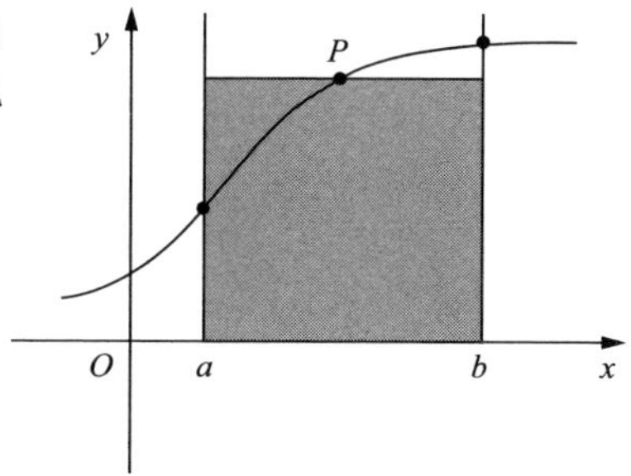

《数学大师：从芝诺到庞加莱》中译本由上海科技教育出版社出版，2018年。另请参见《他们创造了数学：50位著名数学家的故事》，阿尔弗雷德·S. 波萨门蒂尔等著，涂泓、冯承天译，人民邮电出版社，2022年。——译者

一些例子

【例 1】为了熟悉求定积分的过程，先举一个事先知道答案的例子。让我们求一个三角形的面积（见图 53），其底边为 12，高为 4。根据显而易见的几何关系，我们知道这道题的答案是 24。

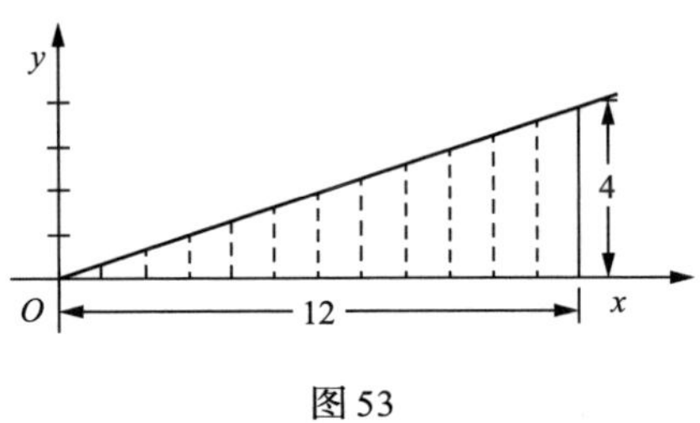

图 53

现在，我们用一条斜线来充当积分里的曲线，其函数为

$$y=\frac{x}{3}。$$

所讨论的面积 S 为

$$S=\int_{x=0}^{x=12} y\,\mathrm{d}x=\int_{x=0}^{x=12}\frac{x}{3}\,\mathrm{d}x。$$

对 $\frac{x}{3}\mathrm{d}x$ 求积分，将不定积分的结果放在方括号中，并将上、下限分别标在方括号的右上角和右下角，我们就得到

$$\begin{aligned}S&=\left[\frac{1}{3}\times\frac{1}{2}x^2+C\right]_0^{12}\\&=\left[\frac{x^2}{6}+C\right]_0^{12}\\&=\left(\frac{12^2}{6}+C\right)-\left(\frac{0^2}{6}+C\right)\\&=24。\end{aligned}$$

注意，在处理定积分时，常数 C 总是因为相减而消失。

在下面的这个相当简单的例子中，这种令人惊讶的巧妙计算方法会让我们

更加信服。取一张正方形的纸，最好在它的上面画出一些边长为$\frac{1}{8}$英寸或$\frac{1}{10}$英寸的小正方形，再在这张纸上绘制出函数$y=\frac{x}{3}$的图像。

表13列出了要绘制的值。

表13

x	0	3	6	9	12
y	0	1	2	3	4

绘制出的图像如图54所示。

现在通过数曲线下方的小方格数量来计算这条曲线下方的区域的面积。图54中有18个完整的小正方形和4个三角形，每个三角形的面积是小正方形面积的$1\frac{1}{2}$倍，或者说曲线下方总共有24个小正方形。因此，24就是$\frac{x}{3}\mathrm{d}x$在下限$x=0$和上限$x=12$之间积分的数值。

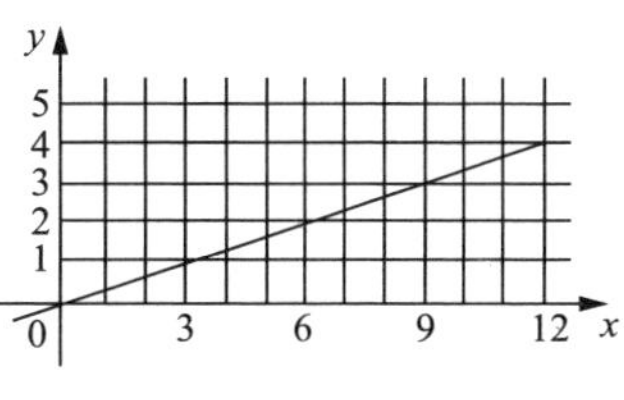

图54

作为进一步的练习，可证明同一积分在下限$x=3$和上限$x=15$之间的值是36。

【例2】求函数$y=\frac{b}{x+a}$的曲线在下限$x=0$和上限$x=x_1$之间的这一段下方区域的面积S（见图55）。

$$S=\int_{x=0}^{x=x_1} y\,\mathrm{d}x=\int_{x=0}^{x=x_1}\frac{b}{x+a}\mathrm{d}x$$

$$=b\left[\ln(x+a)+C\right]_0^{x_1}$$

$$=b[\ln(x_1+a)+C-\ln(0+a)-C]$$

$$=b\ln\frac{x_1+a}{a}。$$

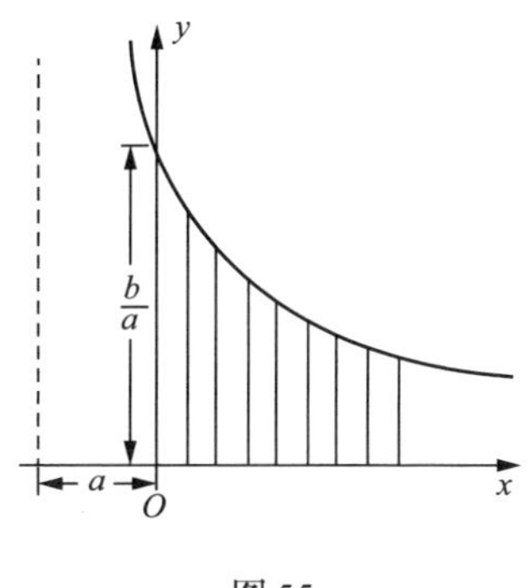

图55

注意，这种从较大的部分中减去一部分来求

差的过程实际上是一种常见的做法。如何求平面上的一个外径为r_2、内径为r_1的圆环的面积（见图 56）？根据求面积的方法可知，外圆的面积是πr_2^2，内圆的面积πr_1^2。用外圆的面积减去内圆的面积，就得到了圆环的面积为$\pi(r_2^2-r_1^2)$，即

$$\pi(r_2+r_1)(r_2-r_1)=\text{圆环的平均周长}\times\text{圆环的宽度}。$$

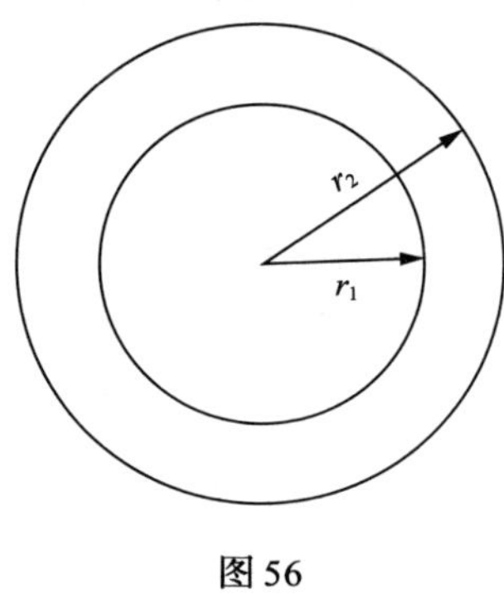

图 56

【例 3】这里有另一个例子——衰减曲线。这条曲线的函数是

$$y=be^{-x}。$$

求这条曲线在$x=0$和$x=a$之间的这一段与x轴所围成的区域的面积S（见图 57）。

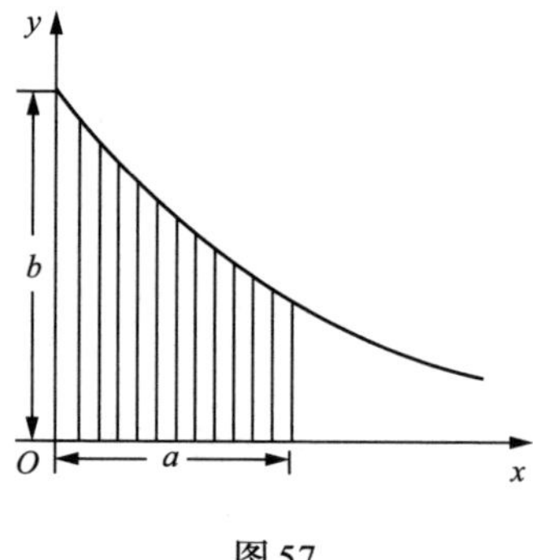

图 57

该区域的面积为

$$S=b\int_{x=0}^{x=a}\mathrm{e}^{-x}\mathrm{d}x。$$

积分后得到

$$\begin{aligned}S&=b\left[-\mathrm{e}^{-x}\right]_0^a\\&=b[-\mathrm{e}^{-a}-(-\mathrm{e}^{-0})]\\&=b(1-\mathrm{e}^{-a})。\end{aligned}$$

【例4】理想气体的绝热曲线（见图58）是另一个例子，其函数为$pv^n=c$，其中p代表压强，v代表体积，c为常数，n的值为1.42。

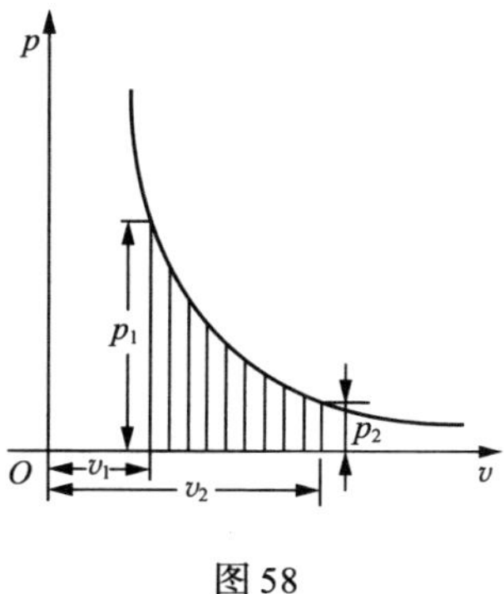

图58

求这条曲线在$v=v_1$和$v=v_2$之间的这一段下方与v轴所围成的区域的面积S（与快速压缩气体所做的功成正比）。

$$\begin{aligned}S&=\int_{v=v_1}^{v=v_2}cv^{-n}\mathrm{d}v\\&=c\left[\frac{1}{1-n}v^{1-n}\right]_{v_1}^{v_2}\\&=\frac{c}{1-n}(v_2^{1-n}-v_1^{1-n})\\&=\frac{-c}{0.42}\left(\frac{1}{v_2^{0.42}}-\frac{1}{v_1^{0.42}}\right)。\end{aligned}$$

一个练习

证明半径为R的圆的面积A等于πR^2。

考虑这个圆上的一个元区域，即宽度为dr、到圆心的距离为r的一个圆环，如图59所示。我们可以认为整个圆是由这样的圆环组成的，圆的整个面积A就是这些元区域从圆心到圆周的积分，即从$r=0$到$r=R$的积分。

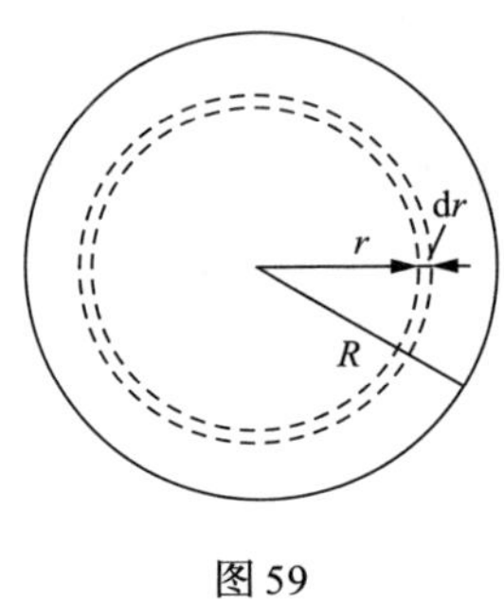

图59

因此，我们必须求出这种元区域的面积dA的表达式。把它想象成一条宽度为dr的条带，其长度是半径为r的圆的周长，也就是说其长度为$2\pi r$。于是，我们得到了这个元区域的面积为

$$dA=2\pi r\,dr。$$

因此，整个圆的面积为

$$A=\int dA=\int_{r=0}^{r=R}2\pi r\,dr=2\pi\int_{r=0}^{r=R}r\,dr。$$

由于$r\,dr$的不定积分是$\frac{1}{2}r^2$，因此

$$A=2\pi\left[\frac{1}{2}r^2\right]_0^R,$$

即
$$A=2\pi\left(\frac{1}{2}R^2-\frac{1}{2}\times 0^2\right)。$$

由此可得

$$A=\pi R^2。$$

另一个练习

我们来求图60所示的函数$y=x-x^2$的曲线在x轴以上的那部分的纵坐标的平均值。要求出纵坐标的平均值，我们就必须求出区域OMN的面积，然后用其除以ON的长度。但在求面积之前，我们必须确定ON的长度，这样才能知道我们要积分的上、下限是什么。点N的纵坐标为零。因此，我们必须看一下函数$y=x-x^2$，看看x取何值会使$y=0$。很明显，如果x为零，那么y也会为零，这表明该曲线通过原点O。此外，$x=1$时，$y=0$，所以$x=1$给出了点N的位置。

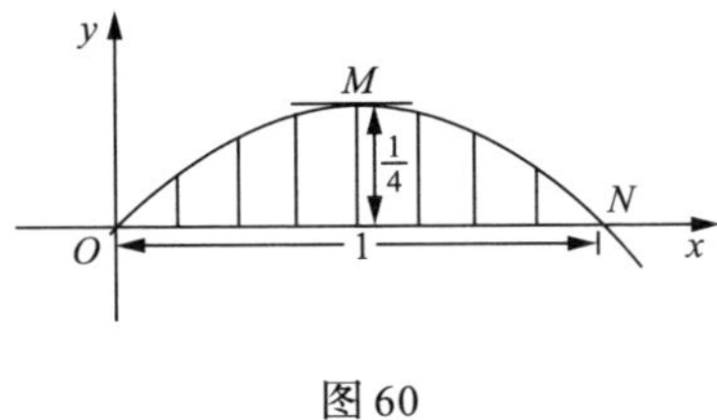

图60

于是，要求的面积是

$$\int_{x=0}^{x=1}(x-x^2)\,dx=\left[\frac{1}{2}x^2-\frac{1}{3}x^3\right]_0^1=\left(\frac{1}{2}-\frac{1}{3}\right)-(0-0)=\frac{1}{6}。$$

由于ON的长度是1，因此该段曲线的纵坐标的平均值为$\frac{1}{6}$。

注意：通过导数求出该段曲线的纵坐标的极大值，对于求极大值和极小值而言是一个非常好且简单的练习。这个极大值必定大于平均值。

任何曲线在$x=0$到$x=x_1$之间的纵坐标的平均值均由以下表达式给出：

$$\bar{y}=\frac{1}{x_1}\int_{x=0}^{x=x_1}y\,dx。$$

如果要求某段曲线的纵坐标的平均值，而这段曲线的起点不是原点，而是横坐标为x_1的点，终点是横坐标为x_2的点，那么这段曲线的纵坐标的平均值就是

$$\bar{y}=\frac{1}{x_2-x_1}\int_{x=x_1}^{x=x_2} y\,\mathrm{d}x。$$

用极坐标求面积

一个区域的边界方程也可以由极坐标 (r,θ) 给出，其上一点到称为极点的固定点 O 的距离为 r，而 r 与水平正方向 Ox 构成的角为 θ，如图 61 所示。此时，刚才所解释的过程也可以用极坐标来处理，只需稍作修改即可。现在我们考虑的不是一个条带，而是一个小三角形 OAB，$\angle AOB=\mathrm{d}\theta$，我们要求的是相应区域内所有这些小三角形的面积之和。

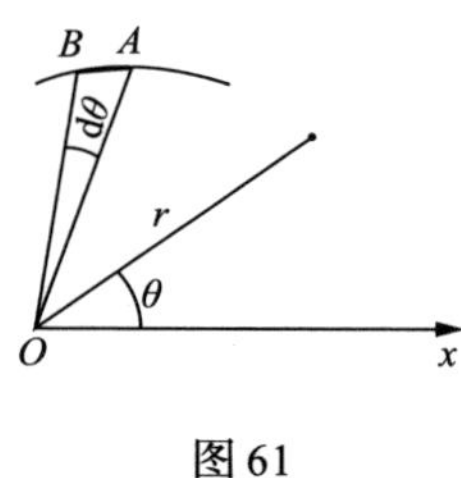

图 61

这样的小三角形的面积大约是 $\frac{r\,\mathrm{d}\theta}{2}\times r$。因此，曲线和对应于角度 θ_1 和 θ_2 的两条直线所围成的区域（图略）的面积可由下式给出：

$$\frac{1}{2}\int_{\theta=\theta_1}^{\theta=\theta_2} r^2\mathrm{d}\theta。$$

请看以下例题。

【例 5】求半径为 a、圆心角为 1 弧度的扇形面积。

圆的极坐标方程显然是 $r=a$。因此，该弧形的面积为

$$\frac{1}{2}\int_{\theta=0}^{\theta=1} a^2\mathrm{d}\theta=\frac{a^2}{2}\int_{\theta=0}^{\theta=1}\mathrm{d}\theta=\frac{a^2}{2}。$$

【例 6】求极坐标方程为 $r=a(1+\cos\theta)$ 的曲线在第一象限中所围区域（图略）的面积。

所求区域的面积为

$$\frac{1}{2}\int_{\theta=0}^{\theta=\frac{\pi}{2}} a^2(1+\cos\theta)^2\mathrm{d}\theta$$

$$=\frac{a^2}{2}\int_{\theta=0}^{\theta=\frac{\pi}{2}}(1+2\cos\theta+\cos^2\theta)\mathrm{d}\theta$$

$$=\frac{a^2}{2}\left[\theta+2\sin\theta+\frac{\theta}{2}+\frac{\sin 2\theta}{4}\right]_0^{\frac{\pi}{2}}$$

$$=\frac{a^2(3\pi+8)}{8}。$$

用积分求体积

我们把一个区域分成许多面积微元，再把所有的面积微元加起来，就得到了该区域的面积。当然，我们也很容易把一个立体图形分成许多体积微元，再把所有的体积微元加起来，从而求出它的体积。

下面看两个例子。

【例7】求一个半径为r的球的体积。

薄球壳的体积为$4\pi x^2\mathrm{d}x$。把组成该球的所有同心薄球壳的体积加起来，我们就可以得到球的体积为

$$\int_{x=0}^{x=r}4\pi x^2\mathrm{d}x=4\pi\left[\frac{x^3}{3}\right]_0^r=\frac{4}{3}\pi r^3。$$

我们也可以将球切成薄片，其中厚度为$\mathrm{d}x$的一个切片的体积为$\pi y^2\mathrm{d}x$（见图62）。此外，x和y的关系符合表达式

$$y^2=r^2-x^2。$$

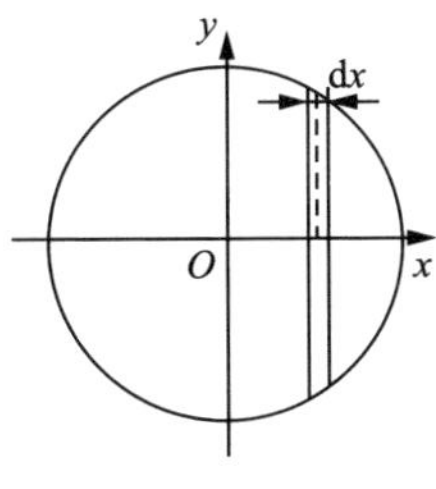

图62

因此，球的体积为

$$\begin{aligned}&2\int_{x=0}^{x=r}\pi(r^2-x^2)\mathrm{d}x\\&=2\pi\left(\int_{x=0}^{x=r}r^2\mathrm{d}x-\int_{x=0}^{x=r}x^2\mathrm{d}x\right)\\&=2\pi\left[r^2x-\frac{x^3}{3}\right]_0^r\\&=\frac{4\pi}{3}r^3\text{。}\end{aligned}$$

【例8】求曲线$y^2=6x$绕x轴旋转所形成的立体图形在$x=0$和$x=4$之间的部分的体积。

这个立体图形的一个体积微元是$\pi y^2\mathrm{d}x$，因此所求的体积为

$$\int_{x=0}^{x=4}\pi y^2\mathrm{d}x=6\pi\int_{x=0}^{x=4}x\,\mathrm{d}x=6\pi\left[\frac{x^2}{2}\right]_0^4=48\pi\approx150.8\text{。}$$

关于平方平均值

在物理学的某些分支中，特别是在研究交流电时，往往需要计算一个变量的平方平均值。平方平均值指的是所考虑的上、下限之间的所有值的平方的平均值的算术平方根。任何量的平方平均值也称为该量的有效值或均方根。如果y是所考虑的函数，并且要求的是它在$x=0$和$x=k$之间的平方平均值，那么这个平方平均值可表示为

$$\sqrt{\frac{1}{k}\int_0^k y^2\mathrm{d}x}\text{。}$$

请看以下例子。

【例9】求函数$y=ax$（$a>0$）的平方平均值（见图63）。

这里的积分是$\int_0^k a^2x^2\mathrm{d}x$，其结果是$\frac{1}{3}a^2k^3$。用该值除以$k$并取算术平方根，我们得到

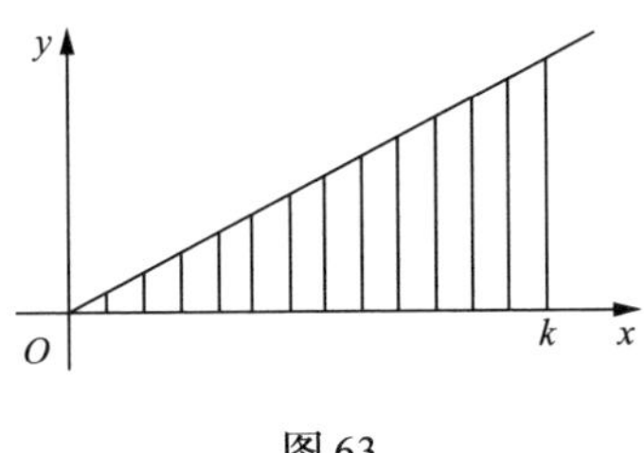

图63

$$平方平均值 = \frac{1}{\sqrt{3}}ak。$$

这里的算术平均值是$\frac{1}{2}ak$，平方平均值与算术平均值之比（称为形状因子）是$\frac{2}{\sqrt{3}} = \frac{2\sqrt{3}}{3} = 1.1547\cdots$。

【例10】求函数$y = x^a$的平方平均值。

所需的积分是$\int_{x=0}^{x=k} x^{2a}\mathrm{d}x$，其结果是$\frac{k^{2a+1}}{2a+1}$，因此

$$平方平均值 = \sqrt{\frac{k^{2a}}{2a+1}}。$$

【例11】求函数$y = a^{\frac{x}{2}}$的平方平均值。

积分是$\int_{x=0}^{x=k}\left(a^{\frac{x}{2}}\right)^2\mathrm{d}x$，即$\int_{x=0}^{x=k} a^x\mathrm{d}x$或$\left[\frac{a^x}{\ln a}\right]_0^k$，其结果是$\frac{a^k-1}{\ln a}$。因此，平方平均值为$\sqrt{\frac{a^k-1}{k\ln a}}$。

练习18

（1）求曲线$y = x^2 + x + 5$在$x = 0$和$x = 6$之间的这一段下方区域的面积，以及这一段曲线的纵坐标的平均值。

（2）求抛物线$y = 2a\sqrt{x}$在$x = 0$和$x = a$之间的这一段下方区域的面积，并证明该面积等于这一区域中最大的纵坐标和横坐标所构成的矩形面积的$\frac{2}{3}$。

（3）求正弦曲线在$x=0$和$x=\pi$之间的这一段下方区域的面积，以及这段曲线的纵坐标的平均值。

（4）求曲线$y=\sin^2 x$在0°和180°之间的这一段下方区域的面积，并求这段曲线的纵坐标的平均值。

（5）求曲线$y=x^2\pm x^{\frac{5}{2}}$的两个分支与直线$x=1$所围成的区域的面积，以及该曲线的下分支在x轴以上的部分与x轴所围成的区域的面积（见图30）。

（6）求底面半径为r、高为h的圆锥的体积。

（7）求曲线$y=x^3-\ln x$在$x=0$和$x=1$之间的这一段与x轴所围成的区域的面积。

（8）求曲线$y=\sqrt{1+x^2}$在$x=0$和$x=4$之间的这一段绕x轴旋转所形成的立体图形的体积。

（9）求正弦曲线在$x=0$和$x=\pi$之间的这一段绕x轴旋转所形成的立体图形的体积。

（10）求曲线$xy=a$在$x=1$和$x=a$（$a>1$）之间的这一段与x轴之间的区域的面积，并求这段曲线的纵坐标的平均值。

（11）证明函数$y=\sin x$在0到π之间的平方平均值为$\frac{\sqrt{2}}{2}$。求这个函数在0到π之间的算术平均值，并证明此时的形状因子等于1.11。

（12）求函数$y=x^2+3x+2$在$x=0$到$x=3$之间的算术平均值和平方平均值。

（13）求函数$y=A_1\sin x+A_3\sin 3x$在0到π之间的平方平均值和算术平均值。

（14）某曲线的方程为$y=3.42\mathrm{e}^{0.21x}$。求这条曲线在$x=2$和$x=8$之间的这一段与x轴之间的区域的面积，并求这段曲线的纵坐标的平均值。

（15）极坐标方程为$r=a(1-\cos\theta)$的曲线称为心形线。证明该曲线在$\theta=0$和$\theta=2\pi$之间的面积等于半径为a的圆的面积的1.5倍。

（16）求曲线$y=\pm\frac{x}{6}\sqrt{x(10-x)}$绕$x$轴旋转所形成的立体图形的体积。

第20章 积分的巧妙方法、陷阱和成功

巧妙的方法

积分的大部分工作在于将要积分的对象整理成某种可积的形式。那些关于微积分的严谨著作充满了关于这类工作的计划、方法和技巧，以下是其中的一些。

分部积分：拥有这个名称的是一种巧妙的方法，它的公式是

$$\int u\,\mathrm{d}x = ux - \int x\,\mathrm{d}u + C。$$

在某些你无法直接进行处理的情况下，这种技巧很有用，因为它表明只要你能求出$\int x\,\mathrm{d}u$，那么就能求出$\int u\,\mathrm{d}x$。这个公式的推导如下。

因为

$$\mathrm{d}(ux) = u\,\mathrm{d}x + x\,\mathrm{d}u,$$

所以

$$u\,\mathrm{d}x = \mathrm{d}(ux) - x\,\mathrm{d}u。$$

对上式两边直接积分，就可得到分部积分公式。

下面看一些例子。

【例 1】求 $\int w\sin w\,\mathrm{d}w$。

令 $u=w$，$\mathrm{d}x=\sin w\,\mathrm{d}w$，于是我们就可以得到 $\mathrm{d}u=\mathrm{d}w$，而 $x=\int\sin w\,\mathrm{d}w=-\cos w+C$。将这些代入分部积分公式中，我们得到

$$\int w\sin w\,\mathrm{d}w=w(-\cos w)-\int(-\cos w)\,\mathrm{d}w$$

$$=-w\cos w+\sin w+C。$$

【例 2】求 $\int x\mathrm{e}^x\mathrm{d}x$。

令 $$u=x,\quad \mathrm{d}v=\mathrm{e}^x\mathrm{d}x,$$

则 $$\mathrm{d}u=\mathrm{d}x,\quad v=\mathrm{e}^x。$$

根据分部积分公式，可得

$$\int x\mathrm{e}^x\mathrm{d}x=x\mathrm{e}^x-\int\mathrm{e}^x\mathrm{d}x=x\mathrm{e}^x-\mathrm{e}^x+C=\mathrm{e}^x(x-1)+C。$$

【例 3】求 $\int\cos^2\theta\,\mathrm{d}\theta$。

令 $$u=\cos\theta,\quad \mathrm{d}x=\cos\theta\,\mathrm{d}\theta,$$

则 $$\mathrm{d}u=-\sin\theta\,\mathrm{d}\theta,\quad x=\sin\theta,$$

$$\int\cos^2\theta\,\mathrm{d}\theta=\cos\theta\sin\theta+\int\sin^2\theta\,\mathrm{d}\theta$$

$$=\frac{2\cos\theta\sin\theta}{2}+\int(1-\cos^2\theta)\,\mathrm{d}\theta$$

$$=\frac{\sin 2\theta}{2}+\int\mathrm{d}\theta-\int\cos^2\theta\,\mathrm{d}\theta。$$

因此

$$2\int\cos^2\theta\,\mathrm{d}\theta=\frac{\sin 2\theta}{2}+\theta+2C,$$

即 $$\int\cos^2\theta\,\mathrm{d}\theta=\frac{\sin 2\theta}{4}+\frac{\theta}{2}+C。$$

【例 4】求 $\int x^2\sin x\,\mathrm{d}x$。

令 $$u=x^2,\quad \mathrm{d}v=\sin x\,\mathrm{d}x,$$

则
$$du = 2x\,dx,\quad v = -\cos x,$$
$$\int x^2 \sin x\,dx = -x^2\cos x + 2\int x\cos x\,dx。$$

现在$\int x\cos x\,dx$可由分部积分得出
$$\int x\cos x\,dx = x\sin x + \cos x + C_1,$$

因此
$$\int x^2 \sin x\,dx = -x^2\cos x + 2x\sin x + 2\cos x + 2C_1$$
$$= (2 - x^2)\cos x + 2x\sin x + C。$$

【例5】求$\int \sqrt{1-x^2}\,dx$。

令
$$u = \sqrt{1-x^2},\quad dv = dx,$$

则
$$du = -\frac{x\,dx}{\sqrt{1-x^2}}\ （见第9章），\ x = v,$$

因此
$$\int \sqrt{1-x^2}\,dx = x\sqrt{1-x^2} + \int \frac{x^2}{\sqrt{1-x^2}}\,dx。$$

我们可以巧妙地对被积函数进行变换，从而避开$\int \frac{x^2}{\sqrt{1-x^2}}\,dx$。我们可以将它写成
$$\int \sqrt{1-x^2}\,dx = \int \frac{1-x^2}{\sqrt{1-x^2}}\,dx = \int \frac{1}{\sqrt{1-x^2}}\,dx - \int \frac{x^2}{\sqrt{1-x^2}}\,dx。$$

将上面的两个等式相加，我们就去掉了$\int \frac{x^2}{\sqrt{1-x^2}}\,dx$，于是得到
$$2\int \sqrt{1-x^2}\,dx = x\sqrt{1-x^2} + \int \frac{1}{\sqrt{1-x^2}}\,dx。$$

你还记得见过$\frac{1}{\sqrt{1-x^2}}\,dx$吗？它是对$y = \arcsin x$求导得到的，因此它的积分就是$\arcsin x$，所以

$$\int \sqrt{1-x^2}\,\mathrm{d}x = \frac{x\sqrt{1-x^2}}{2} + \frac{1}{2}\arcsin x + C。$$

你现在可以试着做一些练习了。

变量代换法：这与第9章中介绍的巧妙方法是一样的。让我们通过几个例子来说明这种方法在积分中的应用。

【例6】$\int \sqrt{3+x}\,\mathrm{d}x$。

令 $u=3+x$，则可得 $\mathrm{d}u=\mathrm{d}x$，将其代入原式，有

$$\int u^{\frac{1}{2}}\mathrm{d}u = \frac{2}{3}u^{\frac{3}{2}} + C = \frac{2}{3}(3+x)^{\frac{3}{2}} + C。$$

【例7】$\int \frac{\mathrm{d}x}{\mathrm{e}^x+\mathrm{e}^{-x}}$。

令 $u=\mathrm{e}^x$，则 $\frac{\mathrm{d}u}{\mathrm{d}x}=\mathrm{e}^x$，$\mathrm{d}x=\frac{\mathrm{d}u}{\mathrm{e}^x}$，因此

$$\int \frac{\mathrm{d}x}{\mathrm{e}^x+\mathrm{e}^{-x}} = \int \frac{\mathrm{d}u}{\mathrm{e}^x(\mathrm{e}^x+\mathrm{e}^{-x})} = \int \frac{\mathrm{d}u}{u\left(u+\frac{1}{u}\right)} = \int \frac{\mathrm{d}u}{u^2+1}。$$

$\frac{\mathrm{d}u}{1+u^2}$是对 $\arctan u$ 求导的结果，因此这个积分的结果是 $\arctan \mathrm{e}^x + C$。

【例8】$\int \frac{\mathrm{d}x}{x^2+2x+3} = \int \frac{\mathrm{d}x}{x^2+2x+1+2} = \int \frac{\mathrm{d}x}{(x+1)^2+(\sqrt{2})^2}$。

令 $u=x+1$，则 $\mathrm{d}u=\mathrm{d}x$，于是原积分变为$\int \frac{\mathrm{d}u}{u^2+(\sqrt{2})^2}$，而$\frac{\mathrm{d}u}{u^2+a^2}$是对$\frac{1}{a}\arctan\frac{u}{a}$求导的结果。因此，我们最后得到积分的结果为$\frac{1}{\sqrt{2}}\arctan\frac{x+1}{\sqrt{2}}+C$。

分母的有理化和因式分解：这两种方法适用于一些特殊情况，所以我们不可能给出简短的或一般性的解释。为了熟悉这两种方法，需要做大量的练习。

下面这个例子展示了如何在积分中使用我们在第13章中学过的将一个分式分成部分分式之和的方法。

求$\int \frac{dx}{x^2+2x-3}$。如果我们把$\frac{1}{x^2+2x-3}$分解成部分分式之和，这个积分就变成了

$$\frac{1}{4}\left(\int \frac{dx}{x-1} - \int \frac{dx}{x+3}\right)$$
$$= \frac{1}{4}[\ln(x-1) - \ln(x+3)] + C$$
$$= \frac{1}{4}\ln\frac{x-1}{x+3} + C。$$

注意，同一积分的结果有时可以用多种方式表示（它们彼此等效）。

陷阱

初学者很容易忽视熟练的老手会避免的某些陷阱。例如，初学者会使用相当于零或无穷大的因子，遇到像$\frac{0}{0}$这样的不确定量。没有什么金科玉律能应对所有可能出现的情况，唯有加强练习和保持谨慎。在第18章中，当我们谈到$x^{-1}dx$的积分问题时，就必须避开陷阱。

成功

所谓成功，在这里可以理解为应用微积分解决了用其他方法难以解决的问题。通常在考虑物理关系时，对于各部分之间的相互作用或支配各部分的力之间的相互作用，我们能够建立起一个支配这种相互作用的定律的表达式。这种表达式自然地以*微分方程*的形式出现，微分方程就是含有导数的方程，可能带有其他的代数量，也可能不带。当我们得到这样的一个微分方程后，除非求出它的积分，否则我们无法得到进一步的结果。一般而言，建立一个恰当的微分方程要比求解它容易得多，真正的麻烦要到我们想要对它进行积分时才会遇到，除非我们看出这个方程确实具有某种标准形式，其积分是已知的，那样的话就很容易取得成功了。对一个微分方程求积分而得到的等式称为它的“解”[①]。令人惊讶的是，在许多情况下，这个解看起来似乎与需要积分的那

① 这里指的是将它解出来以后得到的实际结果才称为它的“解”。但许多数学家同意A. R.福赛斯教授的观点，他说：“当因变量通过已知函数或积分表示为自变量的函数时，我们就认为已经求出了这个微分方程的解，无论在后一种情况下的积分能否用已知函数表示。”——S. P. T.

个微分方程毫无关系。这个解往往看起来与原来的表达式不同，就像蝴蝶与毛毛虫之间存在着很大的差异一样。谁会想到像

$$\frac{dy}{dx}=\frac{1}{a^2-x^2}$$

这样的一个简单式子会变成

$$y=\frac{1}{2a}\ln\frac{a+x}{a-x}+C?$$

y的这个表达式是上面那个微分方程的解。

作为最后一个例子，让我们一起来求上面的这个积分。

将$\frac{1}{a^2-x^2}$分解为部分分式之和，可得

$$\frac{1}{a^2-x^2}=\frac{1}{2a(a+x)}+\frac{1}{2a(a-x)},$$

$$dy=\frac{dx}{2a(a+x)}+\frac{dx}{2a(a-x)},$$

$$y=\frac{1}{2a}\left(\int\frac{dx}{a+x}+\int\frac{dx}{a-x}\right)$$

$$=\frac{1}{2a}\ [\ln(a+x)-\ln(a-x)\ ]+C$$

$$=\frac{1}{2a}\ln\frac{a+x}{a-x}+C。$$

这并不是一个非常困难的变形！

练习 19

（1）求$\int\sqrt{a^2-x^2}\,dx$。 （2）求$\int x\ln x\,dx$。

（3）求$\int x^a\ln x\,dx$。 （4）求$\int e^x\cos e^x dx$。

（5）求$\int\frac{1}{x}\cos(\ln x)\,dx$。 （6）求$\int x^2e^x dx$。

（7）求$\int\frac{(\ln x)^a}{x}dx$。 （8）求$\int\frac{dx}{x\ln x}$。

（9）求$\int \frac{5x+1}{x^2+x-2}\,\mathrm{d}x$。

（10）求$\int \frac{(x^2-3)\,\mathrm{d}x}{x^3-7x+6}$。

（11）求$\int \frac{b\,\mathrm{d}x}{x^2-a^2}$。

（12）求$\int \frac{4x\,\mathrm{d}x}{x^4-1}$。

（13）求$\int \frac{\mathrm{d}x}{1-x^4}$。

（14）求$\int \frac{x\,\mathrm{d}x}{\sqrt{a^2-b^2x^2}}$。

（15）用$\frac{1}{x}=\frac{b}{a}\cosh u$进行变量代换，证明$\int \frac{\mathrm{d}x}{x\sqrt{a^2-b^2x^2}}=\frac{1}{a}\ln\frac{a-\sqrt{a^2-b^2x^2}}{x}+C$。

第 21 章 微分方程的求解

在本章中，我们将使用前几章中展示的那些过程来求解一些重要的微分方程。

初学者现在已经知道这些过程中的大多数步骤是多么容易了，我们将从这里开始意识到积分运算是一门艺术。正如学习其他艺术一样，在这门艺术中，我们只有通过勤奋学习和经常练习才能熟练掌握积分运算。想要熟练掌握这门艺术的人必须找到大量的例子，练习，练习，再练习。这些例子在关于微积分的著作中都能找到。我打算在这里对这项严肃的工作做一个最简短的介绍。

【例 1】求解微分方程 $ay+b\dfrac{\mathrm{d}y}{\mathrm{d}x}=0$。

移项后得到

$$b\frac{\mathrm{d}y}{\mathrm{d}x}=-ay。$$

现在只要观察一下这个式子就可以知道，我们要处理的是一个 $\dfrac{\mathrm{d}y}{\mathrm{d}x}$ 与 y 成正比的问题。如果我们将关于 x 的函数 y 的图像看成一条曲线，那么这条曲线在任意一点的斜率都与该点的纵坐标成正比。如果 $\dfrac{a}{b}>0$，且 y 为正，则斜率为负。因此，这条曲线是一条单调下降的曲线，它的解包含因子 e^{x}。但是，在不依靠这一点小小的洞悉而做出此番推测的情况下，让我们来计算其结果。

由于y和dy都出现在方程中且在等号的两边，因此我们必须先将y和dy放在等号的同一边，而将dx放在等号的另一边，才能够继续下去。要做到这一点，我们必须将通常形影不离的两个伙伴dy和dx分开，可得

$$\frac{dy}{y}=-\frac{a}{b}dx。$$

做完这件事之后，我们现在可以看到等号两边都变成了可积的形式，因为$\frac{dy}{y}$或$\frac{1}{y}dy$就是我们在求对数的微分时遇到过的一个微分。因此，我们可以立即写下积分指令：

$$\int\frac{dy}{y}=\int-\frac{a}{b}dx。$$

对等式的两边进行积分，我们就可以得到

$$\ln y=-\frac{a}{b}x+\ln C,$$

其中$\ln C$是尚未确定的积分常数[①]。然后去掉对数形式，我们得到

$$y=Ce^{-\frac{a}{b}x}。$$

这就是要求的解。现在的这个解看起来很不像得出它的原始微分方程，但对于一位内行的数学家来说，它传达的是同样的信息，即y依赖x的方式。

现在要说到C了，它的意义取决于y的初始值。如果令$x=0$，我们看看此时y的值会是什么。我们发现由此会得到$y=Ce^{-0}$，其中$e^{-0}=1$。于是，我们看到C只不过是y取初始时的特定值[②]。我们可以称它为y_0，因此这时的解就可写成

$$y=y_0e^{-\frac{a}{b}x}。$$

① 我们可以把这个“积分常数”写成任意形式，这里只是由于个人的偏好而采用了$\ln C$的形式，因为$\ln y=\frac{a}{b}x+\ln C$中的其他各项都是对数或者可以作为对数进行处理，加上的常数是同一类型时就减少了之后的复杂性。——S. P. T.

② 参照图48和图51，比较关于“积分常数”的说法。——S. P. T.

【例2】作为下一个例子，让我们来求解 $ay+b\frac{\mathrm{d}y}{\mathrm{d}x}=g$，其中 g 是一个常数。

看一下这个方程就会发现：①e^x 会以某种形式出现在解中；②如果在这条曲线的任何部分，y 取极值，那么 $\frac{\mathrm{d}y}{\mathrm{d}x}=0$，于是 y 的值就等于 $\frac{g}{a}$。现在让我们像之前一样把微分分离出来，并设法将其转化为某种可积的形式。

$$b\frac{\mathrm{d}y}{\mathrm{d}x}=g-ay,$$

$$\frac{\mathrm{d}y}{\mathrm{d}x}=\frac{a}{b}\left(\frac{g}{a}-y\right),$$

$$\frac{\mathrm{d}y}{y-\frac{g}{a}}=-\frac{a}{b}\mathrm{d}x。$$

现在我们已经尽了最大的努力，只不过得出了这样的结果：一边有 y 和 $\mathrm{d}y$，另一边有 $\mathrm{d}x$。但是，左边的结果是可积的吗？

它与第14章中的结果具有相同的形式，因此我们写出积分指令：

$$\int\frac{\mathrm{d}y}{y-\frac{g}{a}}=-\int\frac{a}{b}\mathrm{d}x。$$

然后对两边积分，并加上恰当的常数，这样就得到

$$\ln\left(y-\frac{g}{a}\right)=-\frac{a}{b}x+\ln C。$$

因此

$$y-\frac{g}{a}=C\mathrm{e}^{-\frac{a}{b}x}。$$

最后得到

$$y=\frac{g}{a}+C\mathrm{e}^{-\frac{a}{b}x},$$

这就是解。

如果假设初始条件是当 $x=0$ 时 $y=0$，那么我们就可以由此求出 C。在这种情况下，$\mathrm{e}^{-\frac{a}{b}x}=1$，于是有

$$0=\frac{g}{a}+C,$$

即
$$C=-\frac{g}{a}。$$

代入这个值，上述的解就变成了

$$y=\frac{g}{a}\left(1-e^{-\frac{a}{b}x}\right)。$$

如果考虑到 x 无限增大，那么 y 就会增大到一个极大值 y_{max}。当 $x=\infty$ 时，$e^{-\frac{a}{b}x}=0$，这就给出 $y_{max}=\frac{g}{a}$。将它代入上式中，我们最终得到

$$y=y_{max}\left(1-e^{-\frac{a}{b}x}\right)。$$

这一结果在物理学中也很重要[①]。

在讲解下一个例子之前，有必要讨论两个在物理学和工程中非常重要的积分。这两个积分看起来非常难以捉摸，因为当我们处理其中一个时，它就会部分地变成另一个。不过，正是这一点帮助我们确定了它们的表达式。让我们用 S 和 T 来表示这两个积分：

$$S=\int e^{pt}\sin kt\,dt,\quad T=\int e^{pt}\cos kt\,dt,$$

其中 p 和 k 为常数。

为了求出这两个令人生畏的积分，我们采用分部积分法，其一般公式为

$$\int u dv=uv-\int v\,du。$$

在 S 的表达式中，令 $u=e^{pt}$，$dv=\sin kt\,dt$，于是 $du=pe^{pt}dt$，$v=\int\sin kt\,dt=-\frac{1}{k}\cos kt$，暂时省略常数。

因此，积分 S 的表达式就变成了

① 这里的 y_{max} 不是一个极大值，而是 y 的上确界。——译者

$$S=\int e^{pt}\sin kt\,dt=-\frac{1}{k}e^{pt}\cos kt-\int\left(-\frac{1}{k}\cos kt\;pe^{pt}\right)dt$$
$$=-\frac{1}{k}e^{pt}\cos kt+\frac{p}{k}\int e^{pt}\cos kt\,dt$$
$$=-\frac{1}{k}e^{pt}\cos kt+\frac{p}{k}T。\qquad（Ⅰ）$$

我们用分部积分这一巧妙的方法将S部分地变成了T。让我们再来看看T。像刚才一样，令$u=e^{pt}$，$dv=\cos kt\,dt$，于是有$v=\frac{1}{k}\sin kt$。利用分部积分法，可得

$$T=\int e^{pt}\cos kt\,dt=\frac{1}{k}e^{pt}\sin kt-\frac{p}{k}\int e^{pt}\sin kt\,dt$$
$$=\frac{1}{k}e^{pt}\sin kt-\frac{p}{k}S。\qquad（Ⅱ）$$

S部分地变成了T，T部分地变成了S，这一事实可能会让你认为这两个积分很难对付，但从式（Ⅰ）和（Ⅱ）（可以视为以S和T为变量的两个方程）很容易推导出这两个积分本身。

事实上，将式（Ⅱ）中T的表达式代入式（Ⅰ），可得

$$S=-\frac{1}{k}e^{pt}\cos kt+\frac{p}{k}\left(\frac{1}{k}e^{pt}\sin kt-\frac{p}{k}S\right),$$

即
$$S\left(\frac{p^2}{k^2}+1\right)=\frac{1}{k^2}e^{pt}(p\sin kt-k\cos kt)。$$

由此得到

$$S=\frac{e^{pt}}{p^2+k^2}(p\sin kt-k\cos kt)。$$

积分T也可以用类似的方法得到。只要将式（Ⅰ）给出的S的表达式代入式（Ⅱ），最后可得

$$T=\frac{e^{pt}}{p^2+k^2}(p\cos kt+k\sin kt)。$$

我们可以在我们的积分列表中加上下面两个非常重要的积分了。

$$\int e^{pt}\sin kt\,dt = \frac{e^{pt}}{p^2+k^2}(p\sin kt - k\cos kt)+E,$$

$$\int e^{pt}\cos kt\,dt = \frac{e^{pt}}{p^2+k^2}(p\cos kt + k\sin kt)+F,$$

其中E和F是积分常数。

【例3】设

$$ay + b\frac{dy}{dt} = g\sin 2\pi nt。$$

首先在两边除以b，可得

$$\frac{dy}{dt} + \frac{a}{b}y = \frac{g}{b}\sin 2\pi nt。$$

就目前的情况来看，左边是不可积的，但我们可以通过一种巧妙的做法使它可积。大量的练习会让你熟能生巧，我们在这里想到一种做法，将所有项都乘以$e^{\frac{at}{b}}$，从而给出

$$\frac{dy}{dt}e^{\frac{at}{b}} + \frac{a}{b}ye^{\frac{at}{b}} = \frac{g}{b}e^{\frac{at}{b}}\sin 2\pi nt。$$

若$u=ye^{\frac{at}{b}}$，则$\frac{du}{dt} = \frac{dy}{dt}e^{\frac{at}{b}} + \frac{a}{b}ye^{\frac{at}{b}}$。于是，上述方程变为

$$\frac{du}{dt} = \frac{g}{b}e^{\frac{at}{b}}\sin 2\pi nt。$$

因此，两边积分后可得

$$u = ye^{\frac{at}{b}} = \frac{g}{b}\int e^{\frac{at}{b}}\sin 2\pi nt\,dt + K。$$

右边的积分形式与刚刚计算出的S相似，因此

$$ye^{\frac{at}{b}} = \frac{ge^{\frac{at}{b}}}{a^2+4\pi^2n^2b^2}(a\sin 2\pi nt - 2\pi nb\cos 2\pi nt)+K,$$

即

$$y = g\left(\frac{a\sin 2\pi nt - 2\pi nb\cos 2\pi nt}{a^2+4\pi^2n^2b^2}\right)+Ke^{-\frac{at}{b}}。$$

为了进一步简化，让我们想象一个角度ϕ，使其满足$\tan\phi = \frac{2\pi nb}{a}$。

因此，$\sin\phi = \frac{2\pi nb}{\sqrt{a^2+4\pi^2n^2b^2}}$，而$\cos\phi = \frac{a}{\sqrt{a^2+4\pi^2n^2b^2}}$。因此，我们就得到

$$y=g\times\frac{\cos\phi\sin 2\pi nt-\sin\phi\cos 2\pi nt}{\sqrt{a^2+4\pi^2n^2b^2}},$$

即
$$y=g\times\frac{\sin(2\pi nt-\phi)}{\sqrt{a^2+4\pi^2n^2b^2}}。$$

这就是要求的解，其中没有写出积分常数，因为只要时间足够长，$Ke^{-\frac{at}{b}}$就必定为零。

这实际上正是交流电的方程，其中g表示电动势的振幅，n表示频率，a表示电阻，b表示电路的感应系数，ϕ表示相位角的延迟。

【例 4】对于$M\mathrm{d}x+N\mathrm{d}y=0$，如果$M$只是$x$的函数，而$N$只是$y$的函数，那么我们就可以对这个表达式直接进行积分。但是，如果M和N都是既依赖x又依赖y的函数，那么我们该如何对其进行积分？这个表达式本身是一个恰当微分吗？也就是说，M和N是不是由某个公共函数U的偏微分构成的？

如果存在这样一个公共函数，那么

$$\frac{\partial U}{\partial x}=M，\ \frac{\partial U}{\partial y}=N，\ \frac{\partial U}{\partial x}\mathrm{d}x+\frac{\partial U}{\partial y}\mathrm{d}y=M\mathrm{d}x+N\mathrm{d}y,$$

此时的$M\mathrm{d}x+N\mathrm{d}y$就是一个恰当微分。

现在可以这样进行检验：如果该表达式是一个恰当微分，那么

$$\frac{\partial M}{\partial y}=\frac{\partial N}{\partial x}$$

就必然成立，这是因为

$$\frac{\partial M}{\partial y}=\frac{\partial}{\partial y}\left(\frac{\partial U}{\partial x}\right),\ \frac{\partial N}{\partial y}=\frac{\partial}{\partial x}\left(\frac{\partial U}{\partial y}\right),$$

而

$$\frac{\partial}{\partial y}\left(\frac{\partial U}{\partial x}\right)=\frac{\partial}{\partial x}\left(\frac{\partial U}{\partial y}\right)。$$

现有方程

$$(1+3xy)\,\mathrm{d}x+x^2\,\mathrm{d}y=0,$$

它是不是一个恰当微分？用上述方法进行测试，有

$$\frac{\partial(1+3xy)}{\partial y}=3x，\frac{\partial(x^2)}{\partial x}=2x。$$

这两个结果不一致，因此它不是一个恰当微分，即 $1+3xy$ 和 x^2 这两个函数不是来自一个共同的原始函数。

不过，在这种情况下，仍然有可能发现一个积分因子。也就是说，如果这两个函数都乘以这个积分因子，那么原来的表达式就会变成一个恰当微分。不存在找到积分因子的统一法则，但经验通常会给我们启发。在本例中，$2x$ 充当这样的一个积分因子。在原式的两边乘以 $2x$，我们就得到

$$(2x+6x^2y)\,\mathrm{d}x+2x^3\,\mathrm{d}y=0。$$

现在将上述测试方法应用于此式，有

$$\frac{\partial(2x+6x^2y)}{\partial y}=6x^2，\frac{\partial(2x^3)}{\partial x}=6x^2。$$

这两个结果是一致的。因此，$(2x+6x^2y)\,\mathrm{d}x+2x^3\,\mathrm{d}y$ 是一个恰当微分，可以积分。令 $w=2x^3y$，则

$$\mathrm{d}w=6x^2y\,\mathrm{d}x+2x^3\,\mathrm{d}y。$$

于是，$(2x+6x^2y)\,\mathrm{d}x+2x^3\,\mathrm{d}y=0$ 变为

$$2x\mathrm{d}x+\mathrm{d}w=0。$$

令 $U=x^2+w$，则

$$\mathrm{d}U=0，$$

其解为 $U+C=0$，即

$$U=x^2+2x^3y+C=0。$$

【例5】$\frac{\mathrm{d}^2y}{\mathrm{d}t^2}+n^2y=0$ 是一个二阶微分方程，其中 y 以二阶导数的形式出现，也以本身的形式出现。移项后得到

$$\frac{\mathrm{d}^2y}{\mathrm{d}t^2}=-n^2y。$$

由此可见，我们必须处理的是这样一个函数：其二阶导数与其本身成正比，但符号相反。在第15章中，我们看到一个函数具有这种性质，那就是正

弦函数（或余弦函数）。所以，不用多费口舌，我们就可以猜出它的解具有

$$y=A\sin(pt+q)$$

的形式。不过，还是让我们开始解这个方程吧。

在原方程的两边乘以$2\times\frac{\mathrm{d}y}{\mathrm{d}t}$，得到$2\times\frac{\mathrm{d}^2y}{\mathrm{d}t^2}\times\frac{\mathrm{d}y}{\mathrm{d}t}+2n^2y\times\frac{\mathrm{d}y}{\mathrm{d}t}=0$，而由于

$$2\times\frac{\mathrm{d}^2y}{\mathrm{d}t^2}\times\frac{\mathrm{d}y}{\mathrm{d}t}=\frac{\mathrm{d}\left(\frac{\mathrm{d}y}{\mathrm{d}t}\right)^2}{\mathrm{d}t},$$

因此

$$\left(\frac{\mathrm{d}y}{\mathrm{d}t}\right)^2+n^2(y^2-C^2)=0,$$

其中C是一个常数。然后取算术平方根，得到

$$\frac{\mathrm{d}y}{\mathrm{d}t}=n\sqrt{C^2-y^2},$$

即

$$\frac{\mathrm{d}y}{\sqrt{C^2-y^2}}=n\mathrm{d}t。$$

可以证明

$$\frac{1}{\sqrt{C^2-y^2}}=\frac{\mathrm{d}\left(\arcsin\frac{y}{C}\right)}{\mathrm{d}y},$$

即

$$\mathrm{d}\left(\arcsin\frac{y}{C}\right)=\frac{\mathrm{d}y}{\sqrt{C^2-y^2}}=n\mathrm{d}t。$$

因此，积分后得到

$$\arcsin\frac{y}{C}=nt+C_1,$$

即

$$y=C\sin(nt+C_2),$$

其中C_1是通过积分得到的一个恒定角度。

更好的写法是

$$y=A\sin nt+B\cos nt,$$

这就是解。

【例6】$\frac{\mathrm{d}^2 y}{\mathrm{d}x^2}-n^2 y=0$。这里我们要处理的函数$y$显然是这样一个函数：其二阶导数与其本身成正比。我们所知道的唯一具有这种性质的函数是指数函数，因此我们可以确定此方程的解具有这种形式。

像之前一样，在原方程的两边乘以$2\times\frac{\mathrm{d}y}{\mathrm{d}x}$，得到$2\times\frac{\mathrm{d}^2 y}{\mathrm{d}t^2}\times\frac{\mathrm{d}y}{\mathrm{d}t}-2n^2 y\times\frac{\mathrm{d}y}{\mathrm{d}t}=0$，而由于

$$2\times\frac{\mathrm{d}^2 y}{\mathrm{d}t^2}\times\frac{\mathrm{d}y}{\mathrm{d}t}=\frac{\mathrm{d}\left(\frac{\mathrm{d}y}{\mathrm{d}x}\right)^2}{\mathrm{d}x},$$

因此
$$\left(\frac{\mathrm{d}y}{\mathrm{d}x}\right)^2-n^2(y^2+c^2)=0,$$

$$\frac{\mathrm{d}y}{\mathrm{d}x}-n\sqrt{y^2+c^2}=0,$$

其中c是一个常数，$\frac{\mathrm{d}y}{\sqrt{y^2+c^2}}=n\,\mathrm{d}x$。

要对这个方程进行积分，使用双曲函数会比较简单。

令
$$y=c\sinh u,$$

则
$$\mathrm{d}y=c\cosh u\,\mathrm{d}u,$$

$$y^2+c^2=c^2(\sinh^2 u+1)=c^2\cosh^2 u,$$

$$\int\frac{\mathrm{d}y}{\sqrt{y^2+c^2}}=\int\frac{c\cosh u\,\mathrm{d}y}{c\cosh u}=\int\mathrm{d}u=u。$$

因此，由积分运算可得

$$n\int\mathrm{d}x=\int\frac{\mathrm{d}y}{\sqrt{y^2+c^2}}。$$

于是
$$nx+K=u,$$

其中K是积分常数，而$c\sinh u=y$。进一步得到

$$\sinh u=\frac{y}{c}=\sinh(nx+K),$$

即
$$\begin{aligned} y &= c\sinh(nx+K) \\ &= \frac{1}{2}c(\mathrm{e}^{nx+K}-\mathrm{e}^{-nx-K}) \\ &= A\mathrm{e}^{nx}+B\mathrm{e}^{-nx}, \end{aligned}$$

其中$A=\frac{1}{2}c\mathrm{e}^{K}$，$B=-\frac{1}{2}c\mathrm{e}^{-K}$。

乍一看，这个解似乎与原方程没有任何关系。它表明y由两项组成，其中一项随着x的增大而呈指数增长，而另一项随着x的增大而衰减。

【例7】$b\frac{\mathrm{d}^2y}{\mathrm{d}t^2}+a\frac{\mathrm{d}y}{\mathrm{d}t}+gy=0$。

检查该表达式就会发现，如果$b=0$，那么它就具有例1的形式，其解为一个负指数函数。如果$a=0$，那么它的形式就会与例6相同，而例6中的解是一个正指数函数和一个负指数函数之和。因此，我们会不太意外地发现本例的解是

$$y=\mathrm{e}^{-mt}(A\mathrm{e}^{nt}+B\mathrm{e}^{-nt}),$$

其中，$m=\frac{a}{2b}$，$n=\frac{\sqrt{a^2-4bg}}{2b}$。

这里没有给出得到该解的各个步骤，你可以在高等微积分专著中找到详细的解答过程。

【例8】$\frac{\partial^2 y}{\partial t^2}=a^2\frac{\partial^2 y}{\partial x^2}$。

我们在前面已经看到，这个方程是从原始形式$y=F(x+at)+f(x-at)$导出的，其中F和f是t的任意函数。同样可以得到该解的另一种方法是通过改变变量将y变换为u和v的函数，其中$u=x+at$，$v=x-at$。原微分方程变为

$$\frac{\partial^2 y}{\partial u\,\partial v}=0。$$

如果我们考虑F消失的情况，那么就有

$$y=f(x-at)。$$

这仅仅说明在$t=0$时刻，y是x的一个特定函数，并且表示y与x的关系的曲线

具有特定的形状。因此，t值的任何变化都相当于原点的变化。也就是说，这个函数的形式保持不变，它以均匀的速度a沿x方向传播，使得无论纵坐标y在任何特定时刻t_0和任何特定点x_0的值如何，在随后的时刻t_1都会在更远处的一点出现相同的y值，该点的横坐标是$x_0+a(t_1-t_0)$。在这种情况下，这个简化的方程就表示（任何形式的）波沿x方向匀速传播。

如果将这个微分方程写成

$$m\frac{\mathrm{d}^2y}{\mathrm{d}t^2}=k\frac{\mathrm{d}^2y}{\mathrm{d}x^2},$$

那么它的解是一样的，但传播速度为

$$a=\sqrt{\frac{k}{m}}。$$

练习 20

求解下列各微分方程。

（1）$\frac{\mathrm{d}T}{\mathrm{d}\theta}=\mu T$，假定$\mu$是常数，而当$\theta=0$时，$T=T_0$。

（2）$\frac{\mathrm{d}^2s}{\mathrm{d}t^2}=a$，其中$a$是常数，而当$t=0$时，$s=0$，$\frac{\mathrm{d}s}{\mathrm{d}t}=u$。

（3）$\frac{\mathrm{d}i}{\mathrm{d}t}+2i=\sin 3t$，已知$t=0$时$i=0$。（提示：在该方程的两边乘以$\mathrm{e}^{2t}$。）

第22章

再讲一点关于曲线曲率的内容

在第12章中，我们已经学会了如何确定曲线的弯曲方向——它是向上弯曲还是向下弯曲，但并不知道曲线的弯曲程度有多大。换句话说，我们不知道曲线的曲率是多少。

所谓曲线的曲率指的是曲线在单位长度上产生的弯曲量或偏转量[①]。这里的长度单位与度量半径的单位相同，如英寸、英尺或任何其他单位均可。例如，考虑两条圆心分别为O和O'的圆形路径AB和$A'B'$，它们的长度相等（见图64）。当你沿着第一条路径的弧$\overset{\frown}{AB}$从点A走到点B时，你前进的方向会从AP转向BQ，因为你在点A面向的是切线AP的方向，在点B面向的是切线BQ的方向。换句话说，在从点A走到点B的过程中，你会无意识地转过$\angle PCQ$，而它等于$\angle AOB$。类似地，在第二条路径上，沿着长度等于$\overset{\frown}{AB}$的弧$\overset{\frown}{A'B'}$从点A'走到点B'，你会转过$\angle P'C'Q'$，而这个角度等于$\angle A'O'B'$。$\angle A'O'B'$显然大于第一条路径上相应的$\angle AOB$。因此，对于相等的长度，第二条路径的弯曲程度比第一条路径的弯曲程度大。

① 确切地说，曲线在某一点的曲率是其在该点的切线的斜率相对于弧长的变化率。——译者

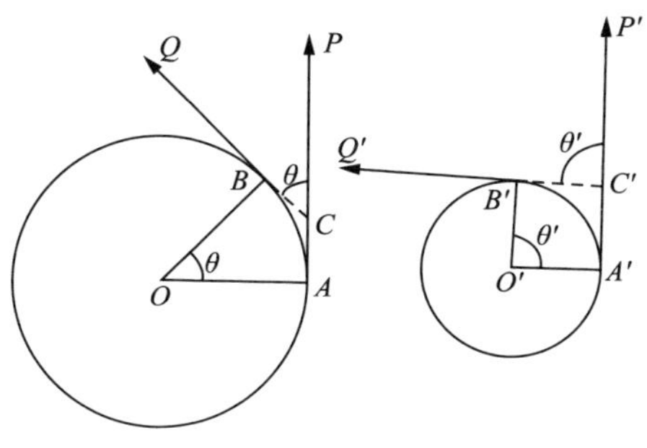

图64

这个事实可以表述为第二条路径的曲率大于第一条路径的曲率。圆越大，它的弯曲程度就越小，即曲率越小。如果第一个圆的半径是第二个圆的半径的2，3，4，…倍，那么沿着单位长度的弧在第一个圆上产生的偏转角度就是在第二个圆上产生的偏转角度的$\frac{1}{2}$，$\frac{1}{3}$，$\frac{1}{4}$，…。换句话说，第一个圆的曲率是第二个圆的曲率的$\frac{1}{2}$，$\frac{1}{3}$，$\frac{1}{4}$，…。我们看到，当半径增大为原来的2，3，4，…倍时，曲率就会减小为原来的$\frac{1}{2}$，$\frac{1}{3}$，$\frac{1}{4}$，…。这可以表述为一个圆的曲率与它的半径成反比，即

$$\text{曲率} = k \times \frac{1}{\text{半径}},$$

其中k是常数。约定取$k=1$，因此总有

$$\text{曲率} = \frac{1}{\text{半径}}。$$

如果半径变为无穷大，那么曲率就会变为零，因为当一个分数的分母为无穷大时，这个分数的值就为无穷小。出于这个原因，数学家有时将直线视为半径为无穷大或曲率为零的圆弧。

圆是完全对称和均匀的，因此圆周上每一点的曲率都相同，而上述表示曲率的方法也就完全明确了。然而，在其他情况下，不同点的曲率可能不相同，甚至彼此非常靠近的两个点的曲率会相差相当大。在这种情况下，用两点之间角度的偏转量来度量它们之间的那段曲线的曲率是不准确的，除非这段曲线非

常短（事实上，它应为无穷短）。

如果我们考虑一条非常短的弧，如图 65 中的弧$\overset{\frown}{AB}$，并且作一个圆，使这个圆上的弧$\overset{\frown}{AB}$与曲线上的弧$\overset{\frown}{AB}$比任何其他圆都更紧密地贴合，那么这个圆的曲率就可以被视为曲线上的弧$\overset{\frown}{AB}$的曲率。曲线上的弧$\overset{\frown}{AB}$越短，我们就越容易找到一个有一段弧与弧$\overset{\frown}{AB}$最贴合的圆。若点 A 和 B 彼此非常靠近，使得弧$\overset{\frown}{AB}$非常短，从而使弧$\overset{\frown}{AB}$的长度 ds 实际上可以忽略不计，那么圆上的弧和曲线上的弧可以被认为实际上完美地重合在一起，并且曲线在点 A（或点 B）的曲率与圆的曲率相同。根据前文所述的度量曲率的方法，这个曲率可用这个圆的半径的倒数来表示，即 $\frac{1}{OA}$。

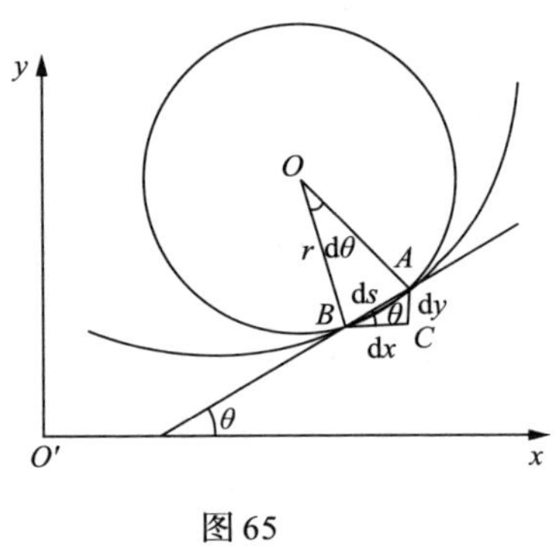

图 65

一开始，你可能会认为，如果弧$\overset{\frown}{AB}$很小，那么这个圆也一定很小。然而稍微思考一下，你就会意识到这绝不是必然的，而是取决于该曲线在这条非常短的弧上的弯曲程度，这个圆可能有任意大小。事实上，如果曲线在那一点几乎是直的，那么这个圆就会非常大。这样的圆称为曲率圆或者在所考虑的那一点的密切圆，它的半径是曲线在特定点的曲率半径。

假设弧$\overset{\frown}{AB}$的长度用 ds 表示，$\angle AOB$ 的大小用 $d\theta$ 表示，r 是曲率半径，则有

$$ds = r\,d\theta,$$

即
$$\frac{\mathrm{d}\theta}{\mathrm{d}s}=\frac{1}{r}。$$

在图65中，割线AB与x轴的夹角为θ。由小三角形ABC可以看出，$\frac{\mathrm{d}y}{\mathrm{d}x}=\tan\theta$。若弧$\overset{\frown}{AB}$无穷短，使得点$B$实际上与点$A$重合，直线$AB$就变成了曲线在点$A$（或点$B$）的切线。

现在，$\tan\theta$取决于点A（或应该与点A几乎重合的点B）的位置，也就是说它取决于x。换句话说，$\tan\theta$是x的一个函数。

为了得到斜率，我们求$\tan\theta$关于x的微分，得到

$$\frac{\mathrm{d}\left(\frac{\mathrm{d}y}{\mathrm{d}x}\right)}{\mathrm{d}x}=\frac{\mathrm{d}(\tan\theta)}{\mathrm{d}x},$$

即
$$\frac{\mathrm{d}^2y}{\mathrm{d}x^2}=\sec^2\theta\cdot\frac{\mathrm{d}\theta}{\mathrm{d}x}=\frac{1}{\cos^2\theta}\cdot\frac{\mathrm{d}\theta}{\mathrm{d}x}。$$

因此
$$\frac{\mathrm{d}\theta}{\mathrm{d}x}=\cos^2\theta\cdot\frac{\mathrm{d}^2y}{\mathrm{d}x^2}。$$

而$\frac{\mathrm{d}x}{\mathrm{d}s}=\cos\theta$，且$\frac{\mathrm{d}\theta}{\mathrm{d}s}$可以写成$\frac{\mathrm{d}\theta}{\mathrm{d}x}\cdot\frac{\mathrm{d}x}{\mathrm{d}s}$，因此

$$\frac{1}{r}=\frac{\mathrm{d}\theta}{\mathrm{d}s}=\frac{\mathrm{d}\theta}{\mathrm{d}x}\cdot\frac{\mathrm{d}x}{\mathrm{d}s}=\cos^3\theta\cdot\frac{\mathrm{d}^2y}{\mathrm{d}x^2}=\frac{\frac{\mathrm{d}^2y}{\mathrm{d}x^2}}{\sec^3\theta},$$

其中$\sec\theta=\sqrt{1+\tan^2\theta}$。所以

$$\frac{1}{r}=\frac{\frac{\mathrm{d}^2y}{\mathrm{d}x^2}}{(\sqrt{1+\tan^2\theta})^3}=\frac{\frac{\mathrm{d}^2y}{\mathrm{d}x^2}}{\left[1+\left(\frac{\mathrm{d}y}{\mathrm{d}x}\right)^2\right]^{\frac{3}{2}}}。$$

最后得到

$$r=\frac{\left[1+\left(\frac{\mathrm{d}y}{\mathrm{d}x}\right)^2\right]^{\frac{3}{2}}}{\frac{\mathrm{d}^2y}{\mathrm{d}x^2}}。$$

等式右边的分子是一个平方根，因此它可能带有正号或负号。我们必须为它选择符号，使它与分母有相同的符号，从而使r始终为正，因为负的半径是没有意义的[①]。

我们已经证明（见第12章）：如果$\frac{\mathrm{d}^2 y}{\mathrm{d}x^2}$是正的，那么曲线向下凹；而如果$\frac{\mathrm{d}^2 y}{\mathrm{d}x^2}$是负的，那么曲线向上凸。如果$\frac{\mathrm{d}^2 y}{\mathrm{d}x^2}=0$，那么曲率半径就是无穷大，也就是说曲线在$\frac{\mathrm{d}^2 y}{\mathrm{d}x^2}=0$的那一部分是一条直线上的一小段。每当曲线相对于$x$轴逐渐由向下凹变为向上凸，或者反过来时，都必然会出现这种情况。出现这种情况的这个点称为拐点。

曲率圆的圆心称为*曲率中心*。如果它的坐标是(x_1, y_1)，那么圆的方程就是

$$(x-x_1)^2+(y-y_1)^2=r^2。$$

因此，求微分得

$$2(x-x_1)\,\mathrm{d}x+2(y-y_1)\,\mathrm{d}y=0,$$

即

$$x-x_1+(y-y_1)\frac{\mathrm{d}y}{\mathrm{d}x}=0。\qquad (\mathrm{I})$$

我们在这里为什么要求微分？是为了去掉常数r，使方程只剩下两个未知的常数x_1和y_1。再次求微分，你应该会去掉它们中的一个。最后一次求微分并不像看上去那么容易，让我们一起做。我们有

$$\frac{\mathrm{d}x}{\mathrm{d}x}+\frac{\mathrm{d}\left[(y-y_1)\frac{\mathrm{d}y}{\mathrm{d}x}\right]}{\mathrm{d}x}=0,$$

其中第二项的分子中有一个乘积，因此对它求导就得到

---

① 汤普森对于何时要将平方根取为正值，并不总是予以清楚地说明。在现代教科书中，$\sqrt{x}$（或者本例中的$x^{\frac{3}{2}}$）表示正值。如果我们想允许平方根取正值或负值，那么就要将其写成$\pm\sqrt{x}$。在现行的曲率半径的公式中，通常将分母写成$\left|\frac{\mathrm{d}^2 y}{\mathrm{d}x^2}\right|$。由于分子取了算术平方根，总是正的，因此这样一来就使得r为正值了。——M. G.

$$(y-y_1)\frac{\mathrm{d}\left(\dfrac{\mathrm{d}y}{\mathrm{d}x}\right)}{\mathrm{d}x}+\frac{\mathrm{d}y}{\mathrm{d}x}\cdot\frac{\mathrm{d}(y-y_1)}{\mathrm{d}x}=(y-y_1)\frac{\mathrm{d}^2y}{\mathrm{d}x^2}+\left(\frac{\mathrm{d}y}{\mathrm{d}x}\right)^2。$$

因此，对式（Ⅰ）求导的结果是

$$1+\left(\frac{\mathrm{d}y}{\mathrm{d}x}\right)^2+(y-y_1)\frac{\mathrm{d}^2y}{\mathrm{d}x^2}=0。$$

由此，我们立即得到

$$y_1=y+\frac{1+\left(\dfrac{\mathrm{d}y}{\mathrm{d}x}\right)^2}{\dfrac{\mathrm{d}^2y}{\mathrm{d}x^2}}。$$

将上式代入式（Ⅰ），我们就得到

$$(x-x_1)+\left[y-y-\frac{1+\left(\dfrac{\mathrm{d}y}{\mathrm{d}x}\right)^2}{\dfrac{\mathrm{d}^2y}{\mathrm{d}x^2}}\right]\frac{\mathrm{d}y}{\mathrm{d}x}=0。$$

最后得到

$$x_1=x-\frac{\dfrac{\mathrm{d}y}{\mathrm{d}x}\left[1+\left(\dfrac{\mathrm{d}y}{\mathrm{d}x}\right)^2\right]}{\dfrac{\mathrm{d}^2y}{\mathrm{d}x^2}}。$$

x_1和y_1给出了曲率中心的位置。通过仔细地研究几个有解答过程的例子，你就能更好地理解这些公式的用法。

【例1】求曲线$y=2x^2-x+3$在$x=0$处的曲率半径和曲率中心的坐标。

我们有

$$\frac{\mathrm{d}y}{\mathrm{d}x}=4x-1,\quad \frac{\mathrm{d}^2y}{\mathrm{d}x^2}=4,$$

$$r=\frac{\left[1+\left(\dfrac{\mathrm{d}y}{\mathrm{d}x}\right)^2\right]^{\frac{3}{2}}}{\dfrac{\mathrm{d}^2y}{\mathrm{d}x^2}}=\frac{[1+(4x-1)^2]^{\frac{3}{2}}}{4}。$$

当$x=0$时，上式变成

$$r=\frac{\left[1+(-1)^{2}\right]^{\frac{3}{2}}}{4}=\frac{\sqrt{8}}{4}\approx 0.707。$$

如果(x_1, y_1)是曲率中心的坐标，那么

$$\begin{aligned}x_1&=x-\frac{\frac{\mathrm{d}y}{\mathrm{d}x}\left[1+\left(\frac{\mathrm{d}y}{\mathrm{d}x}\right)^2\right]}{\frac{\mathrm{d}^2y}{\mathrm{d}x^2}}\\&=x-\frac{(4x-1)[1+(4x-1)^2]}{4}\\&=0-\frac{-1\times[1+(-1)^2]}{4}\\&=\frac{1}{2}。\end{aligned}$$

当$x=0$时，$y=2x^2-x+3=3$，因此

$$y_1=y+\frac{1+\left(\frac{\mathrm{d}y}{\mathrm{d}x}\right)^2}{\frac{\mathrm{d}^2y}{\mathrm{d}x^2}}=y+\frac{1+(4x-1)^2}{4}=3+\frac{1+(-1)^2}{4}=3\frac{1}{2}。$$

绘制出这条曲线，并作这个曲率圆。这既很有趣，也很有启发性。我们很容易检验这些值，正如当$x=0$，$y=3$时，有

$$x_1^2+(y_1-3)^2=r^2,$$

即

$$0.5^2+0.5^2=0.5\approx 0.707^2。$$

【例2】求曲线$y^2=mx$在$y=0$处的曲率半径和曲率中心的坐标。

$$y=m^{\frac{1}{2}}x^{\frac{1}{2}},\ \frac{\mathrm{d}y}{\mathrm{d}x}=\frac{1}{2}m^{\frac{1}{2}}x^{-\frac{1}{2}}=\frac{m^{\frac{1}{2}}}{2x^{\frac{1}{2}}},$$

$$\frac{\mathrm{d}^2y}{\mathrm{d}x^2}=-\frac{1}{2}\times\frac{m^{\frac{1}{2}}}{2}\times x^{-\frac{3}{2}}=-\frac{m^{\frac{1}{2}}}{4x^{\frac{3}{2}}},$$

因此

$$\frac{\pm\left[1+\left(\frac{\mathrm{d}y}{\mathrm{d}x}\right)^2\right]^{\frac{3}{2}}}{\frac{\mathrm{d}^2y}{\mathrm{d}x^2}}=\frac{\pm\left(1+\frac{m}{4x}\right)^{\frac{3}{2}}}{-\frac{m^{\frac{1}{2}}}{4x^{\frac{3}{2}}}}=\frac{\pm(4x+m)^{\frac{3}{2}}}{-2m^{\frac{1}{2}}}。$$

分子取负号，从而使r为正，即$r=\frac{(4x+m)^{\frac{3}{2}}}{2m^{\frac{1}{2}}}$。

当$y=0$时，$x=0$，因此我们得到$r=\frac{m^{\frac{3}{2}}}{2m^{\frac{1}{2}}}=\frac{m}{2}$。

此外，如果(x_1,y_1)是曲率中心的坐标，那么

$$x_1=x-\frac{\frac{\mathrm{d}y}{\mathrm{d}x}\left[1+\left(\frac{\mathrm{d}y}{\mathrm{d}x}\right)^2\right]}{\frac{\mathrm{d}^2y}{\mathrm{d}^2x}}=x-\frac{\frac{m^{\frac{1}{2}}}{2x^{\frac{1}{2}}}\left(1+\frac{m}{4x}\right)}{-\frac{m^{\frac{1}{2}}}{4x^{\frac{3}{2}}}}$$

$$=x+\frac{4x+m}{2}$$

$$=3x+\frac{m}{2},$$

$$y_1=y+\frac{1+\left(\frac{\mathrm{d}y}{\mathrm{d}x}\right)^2}{\frac{\mathrm{d}^2y}{\mathrm{d}x^2}}=m^{\frac{1}{2}}x^{\frac{1}{2}}-\frac{1+\frac{m}{4x}}{\frac{m^{\frac{1}{2}}}{4x^{\frac{3}{2}}}}=-\frac{4x^{\frac{3}{2}}}{m^{\frac{1}{2}}}。$$

因此，当$x=0$时，$x_1=\frac{m}{2}$，$y_1=0$。

【例3】证明圆是一条曲率恒定的曲线。

若(x_1,y_1)是圆心坐标，R是半径，则此圆在直角坐标系中的方程为

$$(x-x_1)^2+(y-y_1)^2=R^2。$$

令$x-x_1=R\cos\theta$，则

$$(y-y_1)^2=R^2-R^2\cos^2\theta=R^2(1-\cos^2\theta)=R^2\sin^2\theta,$$

$$y-y_1=R\sin\theta。$$

因此，在以此圆心为极点的极坐标系中，(R,θ) 是圆上任意一点的坐标。

由 $x-x_1=R\cos\theta$，$y-y_1=R\sin\theta$，可得

$$\frac{\mathrm{d}x}{\mathrm{d}\theta}=-R\sin\theta,\quad \frac{\mathrm{d}y}{\mathrm{d}\theta}=R\cos\theta,$$

$$\frac{\mathrm{d}y}{\mathrm{d}x}=\frac{\mathrm{d}y}{\mathrm{d}\theta}\cdot\frac{\mathrm{d}\theta}{\mathrm{d}x}=-\cot\theta。$$

进而可得

$$\frac{\mathrm{d}^2y}{\mathrm{d}x^2}=-(-\csc^2\theta)\times\frac{\mathrm{d}\theta}{\mathrm{d}x}=\left(-\frac{\csc\theta}{R}\right)\csc^2\theta$$

$$=-\frac{\csc^3\theta}{R}\text{（见第 15 章中的例 5）。}$$

因此

$$r=\frac{\pm(1+\cot^2\theta)^{\frac{3}{2}}}{-\dfrac{\csc^3\theta}{R}}=\frac{\pm R\csc^3\theta}{-\csc^3\theta}。$$

r取正值，即$r=R$，因此曲率半径是恒定的，且等于圆的半径。

【例 4】求曲线$x=2\cos^3t$，$y=2\sin^3t$在任意点(x,y)的曲率半径。

$$\mathrm{d}x=-6\cos^2t\sin t\,\mathrm{d}t\text{（见第 15 章中的例 2），}$$

$$\mathrm{d}y=6\sin^2t\cos t\,\mathrm{d}t,$$

$$\frac{\mathrm{d}y}{\mathrm{d}x}=-\frac{6\sin^2t\cos t\,\mathrm{d}t}{6\sin t\cos^2t\,\mathrm{d}t}=-\frac{\sin t}{\cos t}=-\tan t,$$

因此

$$\frac{\mathrm{d}^2y}{\mathrm{d}x^2}=\frac{\mathrm{d}}{\mathrm{d}t}(-\tan t)\times\frac{\mathrm{d}t}{\mathrm{d}x}=\frac{-\sec^2t}{-6\cos^2t\sin t}=\frac{\sec^4t}{6\sin t},$$

$$r=\frac{\pm(1+\tan^2t)^{\frac{3}{2}}\times6\sin t}{\sec^4t}=\frac{6\sec^3t\sin t}{\sec^4t}$$

$$=6\sin t\cos t=3\sin 2t\text{（因为}2\sin t\cos t=\sin 2t\text{）。}$$

【例 5】求曲线$y=x^3-2x^2+x-1$分别在$x=0$，$x=0.5$和$x=1$处的曲率半径和曲率中心的坐标，并求该曲线的拐点的坐标。

$$\frac{\mathrm{d}y}{\mathrm{d}x}=3x^2-4x+1,\ \frac{\mathrm{d}^2y}{\mathrm{d}x^2}=6x-4,$$

$$r=\frac{[1+(3x^2-4x+1)^2]^{\frac{3}{2}}}{6x-4},$$

$$x_1=x-\frac{(3x^2-4x+1)[1+(3x^2-4x+1)^2]}{6x-4},$$

$$y_1=y+\frac{1+(3x^2-4x+1)^2}{6x-4}。$$

当$x=0$时，$y=-1$，有

$$r=\frac{\sqrt{8}}{4}\approx 0.707,\ x_1=0+\frac{1}{2}=0.5,\ y_1=-1-\frac{1}{2}=-1.5。$$

当$x=0.5$时，$y=-0.875$，有

$$r=\frac{-[1+(-0.25)^2]^{\frac{3}{2}}}{-1}\approx 1.09,$$

$$x_1=0.5-\frac{-0.25\times 1.0625}{-1}\approx 0.23,$$

$$y_1=-0.875+\frac{1.0625}{-1}\approx -1.94。$$

当$x=1$时，$y=-1$，有

$$r=\frac{(1+0)^{\frac{3}{2}}}{2}=0.5,$$

$$x_1=1-\frac{0\times(1+0)}{2}=1,$$

$$y_1=-1+\frac{1+0^2}{2}=-0.5。$$

在拐点处，$\frac{\mathrm{d}^2y}{\mathrm{d}x^2}=0$，即$6x-4=0$，因此有$x=\frac{2}{3}$，$y\approx-0.926$。

【例 6】求曲线$y=\frac{a}{2}\left(\mathrm{e}^{\frac{x}{a}}+\mathrm{e}^{-\frac{x}{a}}\right)$在$x=0$给出的点的曲率半径和曲率中心的坐

标。(这条曲线称为悬链线，因为悬挂的链条恰好呈现完全相同的形状。)

这条曲线的方程可以写成

$$y=\frac{a}{2}e^{\frac{x}{a}}+\frac{a}{2}e^{-\frac{x}{a}},$$

于是，有

$$\frac{dy}{dx}=\frac{a}{2}\times\frac{1}{a}e^{\frac{x}{a}}-\frac{a}{2}\times\frac{1}{a}e^{-\frac{x}{a}}=\frac{1}{2}\left(e^{\frac{x}{a}}-e^{-\frac{x}{a}}\right)。$$

同理，有

$$\frac{d^2y}{dx^2}=\frac{1}{2a}\left(e^{\frac{x}{a}}+e^{-\frac{x}{a}}\right)=\frac{1}{2a}\times\frac{2y}{a}=\frac{y}{a^2}。$$

因此

$$r=\frac{\left[1+\frac{1}{4}\left(e^{\frac{x}{a}}-e^{-\frac{x}{a}}\right)^2\right]^{\frac{3}{2}}}{\frac{y}{a^2}}=\frac{a^2}{8y}\sqrt{\left(2+e^{\frac{2x}{a}}+e^{-\frac{2x}{a}}\right)^3}。$$

由于 $e^{\frac{x}{a}-\frac{x}{a}}=e^0=1$，因此上式也可写成

$$r=\frac{a^2}{8y}\sqrt{\left(2e^{\frac{x}{a}-\frac{x}{a}}+e^{\frac{2x}{a}}+e^{-\frac{2x}{a}}\right)^3}=\frac{a^2}{8y}\sqrt{\left(e^{\frac{x}{a}}+e^{-\frac{x}{a}}\right)^6}=\frac{y^2}{a}。$$

当 $x=0$ 时，有

$$y=\frac{a}{2}(e^0+e^0)=a。$$

因此

$$r=\frac{a^2}{a}=a,$$

即顶点处的曲率半径等于常数 a。

此外，$x=0$ 时，曲率中心的坐标为

$$x_1=0-\frac{0\times(1+0)}{\frac{1}{a}}=0,$$

$$y_1 = y + \frac{1+0}{\frac{1}{a}} = a + a = 2a。$$

按照之前的定义，可得

$$\frac{1}{2}\left(e^{\frac{x}{a}} + e^{-\frac{x}{a}}\right) = \cosh\frac{x}{a}。$$

因此，悬链线方程可以写成以下形式：

$$y = a\cosh\frac{x}{a}。$$

所以，可用曲线方程的这一形式来验证上述结果，这会是一个有用的练习。

现在你对这类问题已经足够熟悉了，可以自己做下面的练习。建议你按照例4中所介绍的方法，通过仔细绘制曲线和作曲率圆来检验你的答案。

练习 21

（1）求曲线 $y = e^x$ 在 $x = 0$ 所对应的点的曲率半径以及曲率中心的坐标。

（2）求曲线 $y = x\left(\frac{x}{2} - 1\right)$ 在 $x = 2$ 所对应的点的曲率半径和曲率中心的坐标。

（3）求曲线 $y = x^2$ 上曲率为1的所有点的坐标。

（4）求曲线 $xy = m$ 在 $x = \sqrt{m}$ 所对应的点的曲率半径和曲率中心的坐标。

（5）求曲线 $y^2 = 4ax$ 在 $x = 0$ 所对应的点的曲率半径和曲率中心的坐标。

（6）求曲线 $y = x^3$ 分别在 $x = \pm 0.9$ 和 $x = 0$ 所对应的点的曲率半径和曲率中心的坐标。

（7）求曲线 $y = x^2 - x + 2$ 分别在 $x = 0$ 和 $x = 1$ 所对应的点的曲率半径以及曲率中心的坐标，另求 y 的极值，并用图形检验所得结果。

（8）求曲线 $y = x^3 - x - 1$ 分别在 $x = -2$，$x = 0$ 和 $x = 1$ 所对应的点的曲率半径以及曲率中心的坐标。

（9）求曲线 $y = x^3 + x^2 + 1$ 的所有拐点的坐标。

（10）求曲线$y=(4x-x^2-3)^{\frac{1}{2}}$分别在$x=1.2$，$x=2$和$x=2.5$所对应的点的曲率半径和曲率中心的坐标。这是一条什么曲线？

（11）求曲线$y=x^3-3x^2+2x+1$分别在$x=0$，$x=1.5$所对应的点的曲率半径和曲率中心的坐标，另求拐点的坐标。

（12）求曲线$y=\sin\theta$分别在$\theta=\dfrac{\pi}{4}$和$\theta=\dfrac{\pi}{2}$所对应的点的曲率半径和曲率中心的坐标。

（13）作一个半径为3的圆，其圆心坐标为$x=1$，$y=0$，从基本概念出发推导出这个圆的方程。通过计算尽可能精确地求出几个合适的点的曲率半径以及曲率中心的坐标，并检验你是否得到了已知的那些值。

（14）求曲线$y=\cos\theta$分别在$\theta=0$，$\theta=\dfrac{\pi}{4}$和$\theta=\dfrac{\pi}{2}$所对应的点的曲率半径和曲率中心的坐标。

（15）求椭圆$\dfrac{x^2}{a^2}+\dfrac{y^2}{b^2}=1$在$x=0$和$y=0$处的曲率半径和曲率中心的坐标。

（16）当一条曲线由形式为$x=F(\theta)$，$y=f(\theta)$的方程定义时，其曲率半径r由下式给出：

$$r=\frac{\left[\left(\dfrac{\mathrm{d}x}{\mathrm{d}\theta}\right)^2+\left(\dfrac{\mathrm{d}y}{\mathrm{d}\theta}\right)^2\right]^{\frac{3}{2}}}{\left|\dfrac{\mathrm{d}x}{\mathrm{d}\theta}\cdot\dfrac{\mathrm{d}^2y}{\mathrm{d}\theta^2}-\dfrac{\mathrm{d}y}{\mathrm{d}\theta}\cdot\dfrac{\mathrm{d}^2x}{\mathrm{d}\theta^2}\right|}。$$

试用此式求出下列曲线的曲率半径r：

$$x=a(\theta-\sin\theta),\ y=a(1-\cos\theta)。$$

第23章 如何求曲线上的一段弧的长度

由于任何曲线上的一段弧都是由许多很短的线段首尾相连而成的，因此如果我们把这些线段的长度加起来，就能求出这段弧的长度。而我们已经看到，把许多小部分加在一起就是所谓的积分。既然我们知道如何求积分，我们就有可能求出任何曲线上的一段弧的长度，条件是这条曲线的方程适合积分。

如果$\widehat{MN}$是任一曲线上的一段弧，我们要求它的长度s（见图66）。如果我们把这段弧的“一小段”称为$\mathrm{d}s$，那么我们能立即看出

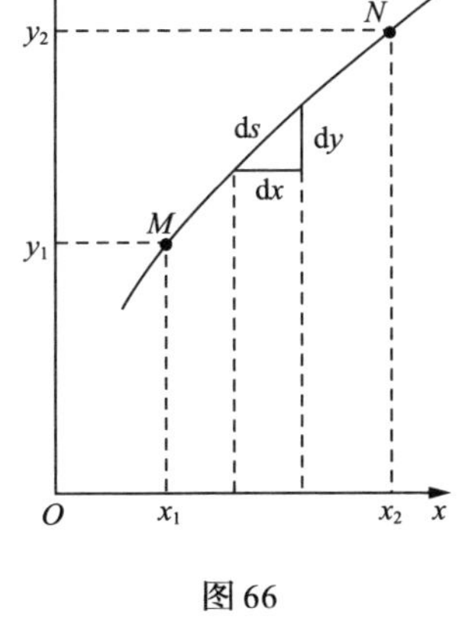

图66

$$(\mathrm{d}s)^2=(\mathrm{d}x)^2+(\mathrm{d}y)^2,$$

即
$$\mathrm{d}s=\sqrt{1+\left(\frac{\mathrm{d}x}{\mathrm{d}y}\right)^2}\,\mathrm{d}y,$$

或
$$\mathrm{d}s=\sqrt{1+\left(\frac{\mathrm{d}y}{\mathrm{d}x}\right)^2}\,\mathrm{d}x。$$

弧$\widehat{MN}$是由点M和N之间（即x_1和x_2之间或y_1和y_2之间）的所有线段微元$\mathrm{d}s$组成的，我们由此得到

$$s=\int_{x_1}^{x_2}\sqrt{1+\left(\frac{\mathrm{d}y}{\mathrm{d}x}\right)^2}\,\mathrm{d}x \qquad 或 \qquad s=\int_{y_1}^{y_2}\sqrt{1+\left(\frac{\mathrm{d}x}{\mathrm{d}y}\right)^2}\,\mathrm{d}y。$$

这样就完成了！

当对于给定的x值，曲线上有多个点与之对应时（如图67所示），第二个积分就有用了，因为在这种情况下，对于我们要求其长度的那段曲线，x_1和x_2之间的积分究竟对应于曲线上的哪一段是有疑问的。它可能不是$\overset{\frown}{MN}$，而是$\overset{\frown}{ST}$或者$\overset{\frown}{SQ}$。在y_1和y_2之间进行积分，就消除了这种不确定性。因此，在这种情况下，我们就应该应用第二个积分。

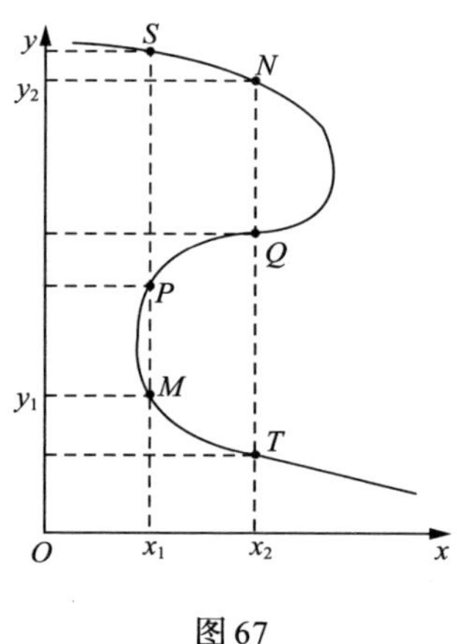

图67

假设我们的坐标不是笛卡儿坐标系（以发明它的法国数学家笛卡儿的姓氏命名）中的x和y，而是极坐标系中的r和θ。在这种情况下，如果我们要求任意一条曲线的长度s，而$\overset{\frown}{MN}$是这条曲线上长度为$\mathrm{d}s$的一小段弧（见图68），O是极点，那么距离ON通常与OM相差一个小量$\mathrm{d}r$。若将小角度MON称为$\mathrm{d}\theta$，则点M的极坐标为（θ, r），点N的极坐标是$(\theta+\mathrm{d}\theta, r+\mathrm{d}r)$。令$MP$垂直于$ON$，$OR=OM$，那么$RN=\mathrm{d}r$，只要$\mathrm{d}\theta$是一个非常小的角度，$RN$与$PN$就非常接近。此外，还有$\overset{\frown}{RM}=r\,\mathrm{d}\theta$，而$\overset{\frown}{RM}$非常接近$PM$，弧$\overset{\frown}{MN}$非常接近弦$MN$。事实上，我们将它们写成$PN=\mathrm{d}r$，$PM=r\mathrm{d}\theta$，$\overset{\frown}{MN}=\overline{MN}$，不会有明显的误差，因此我们

有

$$(\mathrm{d}s)^2=\overline{MN}^2=\overline{PN}^2+\overline{PM}^2=(\mathrm{d}r)^2+r^2(\mathrm{d}\theta)^2。$$

在$(\mathrm{d}s)^2=(\mathrm{d}r)^2+r^2(\mathrm{d}\theta)^2$的两边除以$(\mathrm{d}\theta)^2$，得到$\left(\frac{\mathrm{d}s}{\mathrm{d}\theta}\right)^2=r^2+\left(\frac{\mathrm{d}r}{\mathrm{d}\theta}\right)^2$，因此

$$\frac{\mathrm{d}s}{\mathrm{d}\theta}=\sqrt{r^2+\left(\frac{\mathrm{d}r}{\mathrm{d}\theta}\right)^2},$$

即

$$\mathrm{d}s=\sqrt{r^2+\left(\frac{\mathrm{d}r}{\mathrm{d}\theta}\right)^2}\,\mathrm{d}\theta。$$

由于长度s是由$\theta=\theta_1$和$\theta=\theta_2$之间的所有线段微元$\mathrm{d}s$之和组成的，所以

$$s=\int_{\theta_1}^{\theta_2}\mathrm{d}s=\int_{\theta_1}^{\theta_2}\sqrt{r^2+\left(\frac{\mathrm{d}r}{\mathrm{d}\theta}\right)^2}\,\mathrm{d}\theta。$$

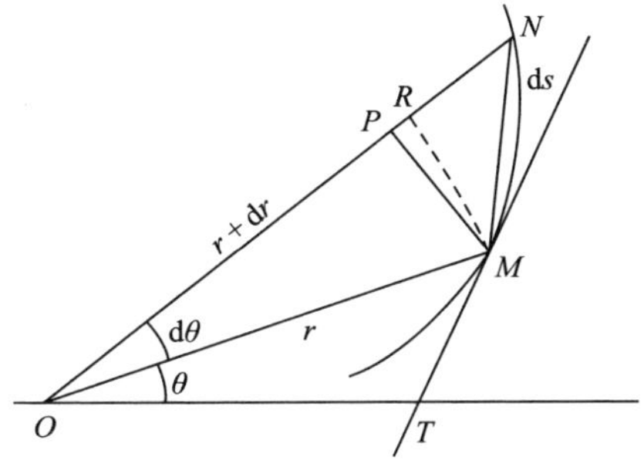

图68

我们马上就可以看几个例子了。

【例1】如果一个圆的圆心在坐标系的原点（即x轴与y轴的交点），那么这个圆的方程为$x^2+y^2=r^2$。求此圆在一个象限中的弧长。

由题意可得$y^2=r^2-x^2$，求微分得$2y\,\mathrm{d}y=-2x\,\mathrm{d}x$，于是有$\frac{\mathrm{d}y}{\mathrm{d}x}=-\frac{x}{y}$。因此

$$s=\int\sqrt{\left[1+\left(\frac{\mathrm{d}y}{\mathrm{d}x}\right)^2\right]}\,\mathrm{d}x=\int\sqrt{\left(1+\frac{x^2}{y^2}\right)}\,\mathrm{d}x。$$

又由于$y^2=r^2-x^2$，所以

$$s=\int\sqrt{\left(1+\frac{x^2}{r^2-x^2}\right)}\,\mathrm{d}x=\int\frac{r\,\mathrm{d}x}{\sqrt{r^2-x^2}}。$$

考虑到我们想要求出的圆在一个象限内的长度是从$x=0$所对应的一点到$x=r$所对应的另一点的弧长，于是我们将此表述为

$$s=\int_{x=0}^{x=r}\frac{r\,\mathrm{d}x}{\sqrt{r^2-x^2}},$$

或者更简单地写成

$$s=\int_0^r\frac{r\,\mathrm{d}x}{\sqrt{r^2-x^2}}。$$

积分符号右边的0和r意味着只对曲线的一部分求积分，即在$x=0$和$x=r$之间求积分，正如我们所看到的。

这里要求的是一个新的积分！你能求出来吗？

在第15章中，我们曾对$y=\arcsin x$求导，得到$\dfrac{\mathrm{d}y}{\mathrm{d}x}=\dfrac{1}{\sqrt{1-x^2}}$。如果你已经试做了所给例子的各种变化形式（你应该那样做），那么你可能就会尝试求像$y=\arcsin\dfrac{x}{a}$这样的式子的导数，结果是

$$\frac{\mathrm{d}y}{\mathrm{d}x}=\frac{a}{\sqrt{a^2-x^2}},$$

即

$$\mathrm{d}y=\frac{a\,\mathrm{d}x}{\sqrt{a^2-x^2}}。$$

这正好与我们在这里必须求积分的那个表达式相同。

因此，$s=\displaystyle\int\frac{r\,\mathrm{d}x}{\sqrt{r^2-x^2}}=r\arcsin\frac{x}{r}+C$，其中$C$是一个常数。

由于只需要在$x=0$和$x=r$之间进行积分，因此我们可以将上式写成

$$s=\int_0^r\frac{r\,\mathrm{d}x}{\sqrt{r^2-x^2}}=\left[r\arcsin\frac{x}{r}+C\right]_0^r。$$

然后按第19章中的例1所述的方法继续下去，我们就得到

$$s = r\arcsin\frac{r}{r} + C - r\arcsin\frac{0}{r} - C = r\times\frac{\pi}{2},$$

其中用到了 arcsin 1 等于90°或$\frac{\pi}{2}$，arcsin 0为零，常数C消失，如前所述。

因此，该圆在一个象限内的长度是$\frac{\pi r}{2}$，而该圆的周长是这个长度的4倍，即$4\times\frac{\pi}{2} = 2\pi r$。

【例2】求圆$x^2 + y^2 = 6^2$在$x_1 = 2$和$x_2 = 5$所对应的点之间的弧$\overset{\frown}{AB}$的长度（见图69）。

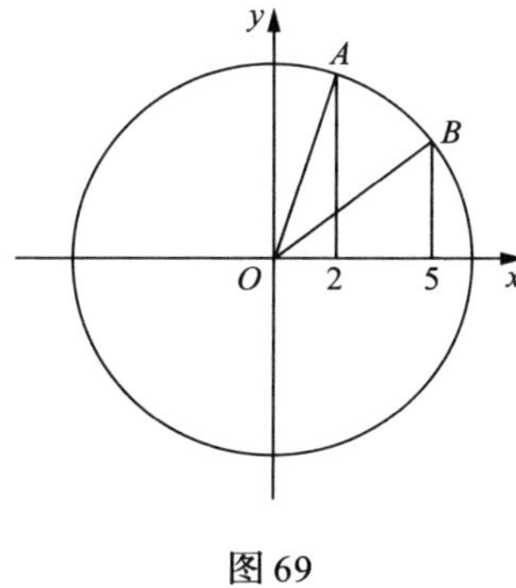

图69

采用与前一个例子相同的操作，有

$$s = \left[r\arcsin\frac{x}{r} + C\right]_{x_1}^{x_2} = \left[6\arcsin\frac{x}{6} + C\right]_2^5$$

$$= 6\left(\arcsin\frac{5}{6} - \arcsin\frac{2}{6}\right) \approx 6\times(0.9851 - 0.3398)$$

$$=3.8718\text{（弧度）。}$$

用一种新的方法去检验一下得到的结果总是不错的。这很容易，因为

$$\cos\angle AOX = \frac{2}{6} = \frac{1}{3},\ \cos\angle BOX = \frac{5}{6}。$$

所以，$\angle AOB=\angle AOX-\angle BOX=\arccos\frac{1}{3}-\arccos\frac{5}{6}\approx 0.6453$（弧度），于是弧长为$6\times 0.6453=3.8718$（弧度）。

【例3】求曲线$y=\frac{a}{2}\left(e^{\frac{x}{a}}+e^{-\frac{x}{a}}\right)$在$x=0$和$x=a$所对应的点之间的弧的长度。（这条曲线就是悬链线。）

$$y=\frac{a}{2}e^{\frac{x}{a}}+\frac{a}{2}e^{-\frac{x}{a}},\ \frac{dy}{dx}=\frac{1}{2}\left(e^{\frac{x}{a}}-e^{-\frac{x}{a}}\right),$$

$$s=\int\sqrt{1+\frac{1}{4}\left(e^{\frac{x}{a}}-e^{-\frac{x}{a}}\right)^2}\,dx$$

$$=\frac{1}{2}\int\sqrt{4+e^{\frac{2x}{a}}+e^{-\frac{2x}{a}}-2e^{\frac{x}{a}-\frac{x}{a}}}\,dx。$$

由于$e^{\frac{x}{a}-\frac{x}{a}}=e^0=1$，因此

$$s=\frac{1}{2}\int\sqrt{2+e^{\frac{2x}{a}}+e^{-\frac{2x}{a}}}\,dx。$$

我们可以将其中的2用$2\times e^0=2\times e^{\frac{x}{a}-\frac{x}{a}}$替换，可得

$$s=\frac{1}{2}\int\sqrt{e^{\frac{2x}{a}}+2e^{\frac{x}{a}-\frac{x}{a}}+e^{-\frac{2x}{a}}}\,dx$$

$$=\frac{1}{2}\int\sqrt{\left(e^{\frac{x}{a}}+e^{-\frac{x}{a}}\right)^2}\,dx=\frac{1}{2}\int\left(e^{\frac{x}{a}}+e^{-\frac{x}{a}}\right)dx$$

$$=\frac{1}{2}\int e^{\frac{x}{a}}dx+\frac{1}{2}\int e^{-\frac{x}{a}}dx=\frac{a}{2}\left(e^{\frac{x}{a}}-e^{-\frac{x}{a}}\right)。$$

这里

$$s=\frac{a}{2}\left[e^{\frac{x}{a}}-e^{-\frac{x}{a}}\right]_0^a=\frac{a}{2}(e^1-e^{-1}-1+1)$$

$$=\frac{a}{2}\left(e-\frac{1}{e}\right)\approx 1.1752a。$$

【例4】一条曲线上的任一点P的切线与固定直线AB交于点T（见图70），而从点P到点T的切线段具有恒定长度a。求该曲线的弧的表达式，并求当$a=$

3时，该曲线在$y=a$和$y=1$之间的长度。这条曲线称为曳物线[①]。

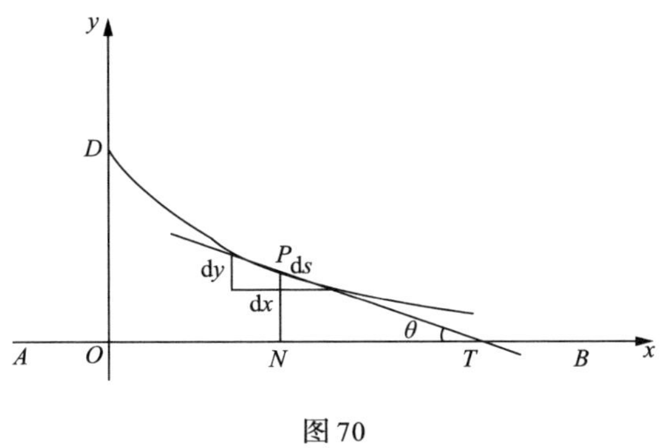

图70

我们将这条固定直线取为x轴。点D是曲线上的一点，该点到x轴的垂线$DO=a$，该曲线必须与OD相切于点D。我们将OD取为y轴。$PT=a$，$PN=y$，$ON=x$。

如果我们考虑这条曲线在点P附近的一小段$\mathrm{d}s$，那么$\sin\theta=\frac{\mathrm{d}y}{\mathrm{d}s}=-\frac{y}{a}$（取负号是因为这条曲线向右下方倾斜）。

因此，$\mathrm{d}s=-a\frac{\mathrm{d}y}{y}$，于是$s=-a\int\frac{\mathrm{d}y}{y}$，即

$$s=-a\ln y+C。$$

当$x=0$时，$s=0$，$y=a$，因此$0=-a\ln a+C$，由此可得$C=a\ln a$。

因此，$s=a\ln a-a\ln y=a\ln\frac{a}{y}$。

① 曳物线是悬链线的渐开线。一条曲线的渐开线是指当一条拉紧的线从这条给定的曲线上展开时，其末端所描绘的曲线。

“曳物线”这个名字的由来很有趣。下面的实验可以证明这一点。把一段绳子系在一个小物体上，将这个小物体放在一张矩形大桌子的中心，然后水平拉伸这根绳子，直到它从桌子的右侧悬垂下来。抓住绳子，使其碰到桌子边缘，然后沿着桌子边缘移动绳子，从而拖动小物体。这个小物体沿着桌面被拖曳时形成的轨迹就是一条曳物线。——M. G.

于是，当$a=3$时，这条曲线在$y=a$和$y=1$之间的长度s为

$$s=3\left[\ln\frac{3}{y}\right]_1^3=3(\ln 1-\ln 3)\approx 3\times(0-1.0986)\approx -3.296,$$

这里的负号表示长度的度量方向是从点D到点P。

注意，这个结果是在不知道曲线方程的情况下得出的。有时，这是可能的。不过，为了得到给出横坐标的两点之间的弧长，就有必要知道曲线的方程。这很容易通过以下方式得到。

由于$PT=a$，因此

$$\frac{\mathrm{d}y}{\mathrm{d}x}=-\tan\theta=-\frac{y}{\sqrt{a^2-y^2}},$$

即
$$\mathrm{d}x=-\frac{\sqrt{a^2-y^2}\,\mathrm{d}y}{y}。$$

所以

$$x=-\int\frac{\sqrt{a^2-y^2}\,\mathrm{d}y}{y}。$$

这个积分会给出x和y之间的关系，也就是曲线的方程。为了求出这个积分，设$u^2=a^2-y^2$，于是有

$$2u\,\mathrm{d}u=-2y\,\mathrm{d}y,$$

即
$$u\,\mathrm{d}u=-y\,\mathrm{d}y。$$

因此

$$x=\int\frac{u^2\mathrm{d}u}{y^2}=\int\frac{u^2\mathrm{d}u}{a^2-u^2}=\int\frac{a^2-(a^2-u^2)}{a^2-u^2}\mathrm{d}u$$

$$=a^2\int\frac{\mathrm{d}u}{a^2-u^2}-\int\mathrm{d}u$$

$$=a^2\cdot\frac{1}{2a}\ln\frac{a+u}{a-u}-u+C$$

$$=\frac{1}{2}a\ln\frac{(a+u)(a+u)}{(a-u)(a+u)}-u+C$$

$$= a\ln\frac{a+u}{\sqrt{a^2-u^2}} - u + C。$$

我们最终得到

$$x = a\ln\frac{a+\sqrt{a^2-y^2}}{y} - \sqrt{a^2-y^2} + C。$$

当 $x=0$ 时，$y=a$，因此 $0=a\ln 1-0+C$，由此得到 $C=0$。所以，曳物线的方程是

$$x = a\ln\frac{a+\sqrt{a^2-y^2}}{y} - \sqrt{a^2-y^2}。$$

【例 5】求对数螺线 $r=\mathrm{e}^{\theta}$ 在 $\theta=0$ 和 $\theta=1$ 之间的那段弧长。（以弧度为单位，式中略，下同。）

你还记得如何对 $y=\mathrm{e}^x$ 求导吗？这是一个很容易记住的导数，因为无论求导多少次，它总是保持不变，即 $\frac{\mathrm{d}y}{\mathrm{d}x}=\mathrm{e}^x$。

由于 $r=\mathrm{e}^{\theta}$，因此 $\frac{\mathrm{d}r}{\mathrm{de}}=\mathrm{e}^{\theta}=r$。

如果我们进行这个过程的逆运算，即求积分 $\int \mathrm{e}^{\theta}\,\mathrm{d}\theta$，那么就回到 $r+C$。常数 C 总是由这样的过程引入的，正如我们在第 17 章中已经看到的那样。由此可得

$$s = \int\sqrt{r^2+\left(\frac{\mathrm{d}r}{\mathrm{d}\theta}\right)^2}\,\mathrm{d}\theta = \int\sqrt{r^2+r^2}\,\mathrm{d}\theta$$

$$= \sqrt{2}\int r\,\mathrm{d}\theta = \sqrt{2}\int \mathrm{e}^{\theta}\,\mathrm{d}\theta = \sqrt{2}\,(\mathrm{e}^{\theta}+C)。$$

在两个给定值 $\theta=0$ 和 $\theta=1$ 之间进行积分，我们得到

$$s = \int_0^1\sqrt{r^2+\left(\frac{\mathrm{d}r}{\mathrm{d}\theta}\right)^2}\,\mathrm{d}\theta = \left[\sqrt{2}\,(\mathrm{e}^{\theta}+C)\right]_0^1$$

$$= \sqrt{2}\,\mathrm{e}^1 - \sqrt{2}\,\mathrm{e}^0 = \sqrt{2}\,(\mathrm{e}-1)$$

$$\approx 1.414\times 1.718 \approx 2.429。$$

【例6】求对数螺线 $r=e^{\theta}$ 在 $\theta=0$ 和 $\theta=\theta_1$ 之间的弧长。

按照我们刚刚介绍的方法，可得

$$s=\sqrt{2}\int_0^{\theta_1}e^{\theta}d\theta=\sqrt{2}[e^{\theta_1}-e^0]=\sqrt{2}(e^{\theta_1}-1)。$$

【例7】在最后一个例子中，让我们充分研究一种能导致一个典型积分的情况，这对解答本章后面列出的好几道练习题有用。让我们求曲线 $y=\frac{a}{2}x^2+3$ 的一段弧长的表达式。

$$\frac{dy}{dx}=ax，\ s=\int\sqrt{1+a^2x^2}\,dx。$$

为了求出这个积分，设 $ax=\sinh z$，于是 $a dx=\cosh z\,dz$，$1+a^2x^2=1+\sinh^2 z=\cosh^2 z$。因此

$$\begin{aligned}s&=\frac{1}{a}\int\cosh^2 z\,dz=\frac{1}{4a}\int(e^{2z}+2+e^{-2z})\,dz\\&=\frac{1}{4a}\left(\frac{1}{2}e^{2z}+2z-\frac{1}{2}e^{-2z}\right)=\frac{1}{8a}\left[(e^z)^2-(e^{-z})^2+4z\right]\\&=\frac{1}{8a}(e^z-e^{-z})(e^z+e^{-z})+\frac{z}{2a}=\frac{1}{2a}(\sinh z\cosh z+z)\\&=\frac{1}{2a}(ax\sqrt{1+a^2x^2}+z)。\end{aligned}$$

为了把 z 变回用含 x 的项来表示的形式，我们在

$$ax=\sinh z=\frac{1}{2}(e^z-e^{-z})$$

的两边都乘以 $2e^z$，得到

$$2axe^z=e^{2z}-1,$$

即
$$(e^z)^2-2ax(e^z)-1=0。$$

这是一个以 e^z 为变量的一元二次方程，我们取此方程的正根：

$$e^z=\frac{1}{2}(2ax+\sqrt{4a^2x^2+4})=ax+\sqrt{1+a^2x^2}。$$

再取自然对数：

$$z=\ln\left(ax+\sqrt{1+a^2x^2}\right)。$$

因此，要求的积分最终变为

$$s=\int\sqrt{1+a^2x^2}\,\mathrm{d}x=\frac{x}{2}\sqrt{1+a^2x^2}+\frac{1}{2a}\ln\left(ax+\sqrt{1+a^2x^2}\right)。$$

由上述几个例子，我们已经得出了一些非常重要的积分和关系式。由于这些积分和关系式在解决许多其他问题时都非常有用，因此我们将它们收集在这里，以便将来参考。

先看反双曲函数。

若$x=\sinh z$，则z可以反过来写成$\sinh^{-1}x$，并且

$$z=\sinh^{-1}x=\ln\left(x+\sqrt{x^2+1}\right)。$$

类似地，若$x=\cosh z$，则

$$z=\cosh^{-1}x=\ln\left(x+\sqrt{x^2-1}\right)。$$

再看几个二次无理式的积分。

（1）$\int\frac{\sqrt{a^2-x^2}}{x}\mathrm{d}x=\sqrt{a^2-x^2}-a\ln\frac{a+\sqrt{a^2-x^2}}{x}+C$。

（2）$\int\sqrt{a^2+x^2}\,\mathrm{d}x=\frac{1}{2}x\sqrt{a^2+x^2}+\frac{1}{2}a^2\ln(x+\sqrt{a^2+x^2})+C$。

除此之外，还可以加上下式：

（3）$\int\frac{\mathrm{d}x}{\sqrt{a^2+x^2}}=\ln(x+\sqrt{a^2+x^2})+C$。

因为若$x=a\sinh u$，则$\mathrm{d}x=a\cosh u\mathrm{d}u$，因此

$$\begin{aligned}\int\frac{\mathrm{d}x}{\sqrt{a^2+x^2}}&=\int\mathrm{d}u=u+C_1=\sinh^{-1}\frac{x}{a}+C_1\\&=\ln\frac{x+\sqrt{a^2+x^2}}{a}+C_1\\&=\ln\left(x+\sqrt{a^2+x^2}\right)+C。\end{aligned}$$

你现在应该能够成功地完成下列练习了。你会发现绘制曲线并在可能的情况下通过测量来验证结果既有趣又有用。

练习 22

（1）求直线 $y=3x+2$ 在 $x=1$ 和 $x=4$ 所对应的两点之间的长度。

（2）求直线 $y=ax+b$ 在 $x=-1$ 和 $x=a^2$ 所对应的两点之间的长度。

（3）求曲线 $y=\frac{2}{3}x^{\frac{3}{2}}$ 在 $x=0$ 和 $x=1$ 所对应的两点之间的长度。

（4）求曲线 $y=x^2$ 在 $x=0$ 和 $x=2$ 所对应的两点之间的长度。

（5）求曲线 $y=mx^2$ 在 $x=0$ 和 $x=\frac{1}{2m}$ 所对应的两点之间的长度。

（6）设某曲线的联立方程为 $\begin{cases} x=a\cos\theta \\ y=a\sin\theta \end{cases}$，求该曲线在 $\theta=\theta_1$ 和 $\theta=\theta_2$ 之间的长度。

（7）求曲线 $r=a\sec\theta$ 在 $\theta=0$ 和曲线上任一点之间的长度。

（8）求曲线 $y^2=4ax$ 在 $x=0$ 和 $x=a$ 所对应的两点之间的长度。

（9）求曲线 $y=x\left(\frac{x}{2}-1\right)$ 在 $x=0$ 和 $x=4$ 所对应的两点之间的长度。

（10）求曲线 $y=\mathrm{e}^x$ 在 $x=0$ 和 $x=1$ 所对应的两点之间的长度。

（注意：这条曲线是在直角坐标系中给出的，它与极坐标系中的对数螺线 $r=\mathrm{e}^\theta$ 是不同的。这两条曲线的方程相仿，但它们大不相同。）

（11）有一条曲线，其上一点的坐标是 $x=a(\theta-\sin\theta)$ 和 $y=a(1-\cos\theta)$，θ 是在 0 和 2π 之间变化的某一角度。求这条曲线（它称为摆线）[①]的长度。

（12）求曲线 $y=\ln\sec x$ 在 $x=0$ 和 $x=\frac{\pi}{4}$ 之间的那段弧长。

（13）求曲线 $y^2=\frac{x^3}{a}$ 上的一段弧长的表达式。

（14）求曲线 $y^2=8x^3$ 在 $x=1$ 和 $x=2$ 所对应的两点之间的长度。

（15）求曲线 $y^{\frac{2}{3}}+x^{\frac{2}{3}}=a^{\frac{2}{3}}$ 在 $x=0$ 和 $x=a$ 所对应的两点之间的长度。

（16）求曲线 $r=a(1-\cos\theta)$ 在 $\theta=0$ 和 $\theta=\pi$ 之间的长度。

---

① 请参阅本书附录中关于摆线的内容。——M. G.

微积分常用公式

现在你已经亲自越过边境，进入了魔法之地。为了方便你查阅所得出的主要结果，我在祝你顺利的同时，赠送给你一本提供方便的通行证，其中收集了微积分中的一些常用公式。我在表 14 和表 15[①]的中间一栏中列出一些最常见的函数，把它们的导数列在左边，不定积分列在右边。希望它们会为你提供帮助！

表 14

$\frac{dy}{dx}$	y	$\int y\,dx$
	代数函数	
1	x	$\frac{1}{2}x^2+C$
0	a	$ax+C$
1	$x\pm a$	$\frac{1}{2}x^2\pm ax+C$
a	ax	$\frac{1}{2}ax^2+C$
$2x$	x^2	$\frac{1}{3}x^3+C$
nx^{n-1}	x^n	$\frac{1}{n+1}x^{n+1}+C$
$-x^{-2}$	x^{-1}	$\ln x+C$
$\frac{du}{dx}\pm\frac{dv}{dx}\pm\frac{dw}{dx}$	$u\pm v\pm w$	$\int u\,dx\pm\int v\,dx\pm\int w\,dx$

① 原著中遗漏了一些重要的公式，在此予以补充。——译者

续表

$\dfrac{dy}{dx}$	y	$\int y\,dx$
$u\dfrac{dv}{dx}+v\dfrac{du}{dx}$	uv	令 $v=\dfrac{dy}{dx}$，然后分部积分
$\dfrac{v\dfrac{du}{dx}-u\dfrac{dv}{dx}}{v^2}$	$\dfrac{u}{v}$	没有已知的一般形式
$\dfrac{du}{dx}$	u	$\int u\,dx=ux-\int x\,du+C$
	指数函数和对数函数	
e^x	e^x	e^x+C
x^{-1}	$\ln x$	$x(\ln x-1)+C$
$0.4343\,x^{-1}$	$\lg x$	$0.4343x(\ln x-1)+C$
$a^x\ln a$	a^x	$\dfrac{a^x}{\ln a}+C$
	三角函数	
$\cos x$	$\sin x$	$-\cos x+C$
$-\sin x$	$\cos x$	$\sin x+C$
$\sec^2 x$	$\tan x$	$-\ln\|\cos x\|+C$
	反三角函数	
$\dfrac{1}{\sqrt{1-x^2}}$	$\arcsin x$	$x\arcsin x+\sqrt{1-x^2}+C$
$-\dfrac{1}{\sqrt{1-x^2}}$	$\arccos x$	$x\arccos x-\sqrt{1-x^2}+C$
$\dfrac{1}{1+x^2}$	$\arctan x$	$x\arctan x-\dfrac{1}{2}\ln(1+x^2)+C$
	双曲函数	
$\cosh x$	$\sinh x$	$\cosh x+C$
$\sinh x$	$\cosh x$	$\sinh x+C$
$\operatorname{sech}^2 x$	$\tanh x$	$\ln\cosh x+C$
	其他函数	
$-\dfrac{1}{(x+a)^2}$	$\dfrac{1}{x+a}$	$\ln\|x+a\|+C$
$-\dfrac{x}{(a^2+x^2)^{\frac{3}{2}}}$	$\dfrac{1}{\sqrt{a^2+x^2}}$	$\ln(x+\sqrt{a^2+x^2})+C$

续表

$\frac{dy}{dx}$	y	$\int y\,dx$
$\mp\frac{b}{(a\pm bx)^2}$	$\frac{1}{a\pm bx}$	$\pm\frac{1}{b}\ln\lvert a\pm bx\rvert+C$
$\frac{-3a^2x}{(a^2+x^2)^{\frac{5}{2}}}$	$\frac{a^2}{(a^2+x^2)^{\frac{3}{2}}}$	$\frac{x}{\sqrt{a^2+x^2}}+C$
$a\cos ax$	$\sin ax$	$-\frac{1}{a}\cos ax+C$
$-a\sin ax$	$\cos ax$	$\frac{1}{a}\sin ax+C$
$a\sec^2 ax$	$\tan ax$	$-\frac{1}{a}\ln\lvert\cos ax\rvert+C$
$\sin 2x$	$\sin^2 x$	$\frac{x}{2}-\frac{\sin 2x}{4}+C$
$-\sin 2x$	$\cos^2 x$	$\frac{x}{2}+\frac{\sin 2x}{4}+C$
$n\cdot\sin^{n-1}x\cdot\cos x$	$\sin^n x$	$-\frac{\cos x}{n}\sin^{n-1}x+\frac{n-1}{n}\int\sin^{n-2}x\,dx+C$
$-\frac{\cos x}{\sin^2 x}$	$\frac{1}{\sin x}$	$\ln\left\lvert\tan\frac{x}{2}\right\rvert+C$
$-\frac{\sin 2x}{\sin^4 x}$	$\frac{1}{\sin^2 x}$	$-\cot x+C$
$\frac{\sin^2 x-\cos^2 x}{\sin^2 x\cdot\cos^2 x}$	$\frac{1}{\sin x\cdot\cos x}$	$\ln\lvert\tan x\rvert+C$
$n\cdot\sin mx\cdot\cos nx+m\cdot\sin nx\cdot\cos mx$	$\sin mx\cdot\sin nx$	$\frac{\sin(m-n)x}{2(m-n)}-\frac{\sin(m+n)x}{2(m+n)}+C$
$a\sin 2ax$	$\sin^2 ax$	$\frac{x}{2}-\frac{\sin 2ax}{4a}+C$
$-a\sin 2ax$	$\cos^2 ax$	$\frac{x}{2}+\frac{\sin 2ax}{4a}+C$

表 15

$\frac{dy}{dx}$	y	$\int y\,dx$
$\frac{1}{x\ln a}$	$\log_a x$ （其中 $a>0$ 且 $a\neq 1$）	$x\log_a x-\frac{x}{\ln a}+C$
$-\csc^2 x$	$\cot x$	$\ln\lvert\sin x\rvert+C$
$-\frac{1}{1+x^2}$	$\operatorname{arccot} x$	$x\operatorname{arccot} x+\frac{1}{2}\ln\left(1+x^2\right)+C$
$-\operatorname{csch}^2 x$，即 $\frac{-1}{\sinh^2 x}$	coth，即 $\frac{\cosh x}{\sinh x}$	$\ln\lvert\sinh x\rvert+C$
$-\frac{x}{\left(x^2-a^2\right)^{\frac{3}{2}}}$	$\frac{1}{\sqrt{x^2-a^2}}$	$\ln\left\lvert x+\sqrt{x^2-a^2}\right\rvert+C$
$\sec x\tan x$	$\sec x$，即 $\frac{1}{\cos x}$	$\ln\lvert\sec x+\tan x\rvert+C$
$-\csc x\cot x$	$\csc x$，即 $\frac{1}{\sin x}$	$\ln\lvert\csc x-\cot x\rvert+C$
$\frac{x}{\left(x^2-a^2\right)^{\frac{3}{2}}}$	$\frac{1}{\sqrt{a^2-x^2}}$	$\arcsin\frac{x}{a}+C$

后记

我可以自信地认为，当这本书落入专业数学家之手时，他们（如果不是太懒的话）会一致反对，谴责这是一本彻头彻尾的烂书。从他们的角度来看，这一点是不可能有任何异议的。这本书犯了许多极严重的、糟透了的错误。

首先，它揭示了微积分中的大多数运算实际上是多么简单。

其次，它泄露了许多行业中的秘密。这本书表明，如果一个傻瓜能做到，那么另一个傻瓜也能做到，从而让你看到那些以掌握了像微积分这样一门极其困难的学问而自豪的头面人物，其实没有那么大的理由自命不凡。他们希望你认为这是多么困难，不愿让这种盲目的恐惧被轻易驱散。

最后，关于“如此容易”，他们会说一些可怕的事情，其中之一是：作者完全没有以严格的、令人满意的完整性来证明他以简单方式提出的各种方法是否成立，甚至还敢于在解题时使用这些方法！但他为什么不该这样做呢？你不会禁止所有不知道如何制造手表的人使用手表吧？你也不会反对一位音乐家用一把不是他自己制作的小提琴来演奏吧？在你教会孩子们语法规则之前，他们早已能够流利地说话了。要求向微积分初学者阐述一般的严格证明，这同样也是荒谬的。

对于这本糟糕透顶且谬误百出的书，研究数学的专家们还会说另一件事：微积分之所以如此容易，是因为作者把所有真正困难的东西都略去了。这一指控的可怕之处在于，这是真的！事实上，这就是我撰写本书的宗旨——为众多“傻瓜”而写。直到目前为止，他们一直为教授微积分时几乎总是采用的那种愚蠢方式所害，无法学会微积分的基本知识。任何一个科目都可能因为采用困难重重的教学方式而变得令人反感。本书的写作目的是让初学者能够学会微积分的语言，熟悉它迷人的简单性，并掌握强大的解题方法，而不必费力地完成不切实际的数学家们十分钟爱的那些错综复杂的、怪僻的（而且大多是无关紧要的）数学训练。

很多年轻的工程师都听过一句格言：如果一个傻瓜能做到，那么另一个傻瓜也能做到。我们恳请他们不要泄露作者的身份，也不要告诉那些数学家，他们其实是多么愚蠢。

练习答案

练习 1

（1）$\dfrac{dy}{dx}=13x^{12}$。

（2）$\dfrac{dy}{dx}=-\dfrac{3}{2}x^{-\frac{5}{2}}$。

（3）$\dfrac{dy}{dx}=2ax^{2a-1}$。

（4）$\dfrac{du}{dt}=2.4t^{1.4}$。

（5）$\dfrac{dz}{du}=\dfrac{1}{3}u^{-\frac{2}{3}}$。

（6）$\dfrac{dz}{dx}=-\dfrac{5}{3}x^{-\frac{8}{3}}$。

（7）$\dfrac{du}{dx}=-\dfrac{8}{5}x^{-\frac{13}{5}}$。

（8）$\dfrac{dy}{dx}=2ax^{a-1}$。

（9）$\dfrac{dy}{dx}=\dfrac{3}{q}x^{\frac{3-q}{q}}$。

（10）$\dfrac{dy}{dx}=-\dfrac{m}{n}x^{-\frac{m+n}{n}}$。

练习 2

（1）① $\dfrac{dy}{dx}=3ax^2$。 ② $\dfrac{dy}{dx}=\dfrac{39}{2}x^{\frac{1}{2}}$。

③ $\dfrac{dy}{dx}=6x^{-\frac{1}{2}}$。 ④ $\dfrac{dy}{dx}=\dfrac{1}{2}c^{\frac{1}{2}}x^{-\frac{1}{2}}$。

⑤ $\dfrac{du}{dz}=\dfrac{an}{c}z^{n-1}$。 ⑥ $\dfrac{dy}{dt}=2.36t$。

（2）$\dfrac{dl_t}{dt}=0.000012l_0$。

（3）光强随电压的变化率为$\dfrac{dc}{dV}=abV^{b-1}$，所求值分别（约）为0.98烛光/瓦、3.00烛光/瓦和7.46烛光/瓦。

（4）$\dfrac{\mathrm{d}n}{\mathrm{d}D}=-\dfrac{1}{LD^2}\sqrt{\dfrac{gT}{\pi\sigma}}$，$\dfrac{\mathrm{d}n}{\mathrm{d}L}=-\dfrac{1}{DL^2}\sqrt{\dfrac{gT}{\pi\sigma}}$，

$\dfrac{\mathrm{d}n}{\mathrm{d}\sigma}=-\dfrac{1}{2DL}\sqrt{\dfrac{gT}{\pi\sigma^3}}$，$\dfrac{\mathrm{d}n}{\mathrm{d}T}=\dfrac{1}{2DL}\sqrt{\dfrac{g}{\pi\sigma T}}$。

（5）$\dfrac{t\text{变化时}P\text{的变化率}}{D\text{变化时}P\text{的变化率}}=-\dfrac{D}{t}$。

（6）① 2π；② $2\pi r$；③ πl；④ $\dfrac{2}{3}\pi rh$；⑤ $8\pi r$；⑥ $4\pi r^2$。

练习 3

（1）① $1+x+\dfrac{x^2}{2}+\dfrac{x^3}{6}+\dfrac{x^4}{24}+\cdots$。 ② $2ax+b$。

③ $2x+2a$。 ④ $3x^2+6ax+3a^2$。

（2）$\dfrac{\mathrm{d}w}{\mathrm{d}t}=a-bt$。 （3）$\dfrac{\mathrm{d}y}{\mathrm{d}x}=2x$。

（4）$14110x^4-65404x^3-2244x^2+8192x+1379$。

（5）$\dfrac{\mathrm{d}x}{\mathrm{d}y}=2y+8$。 （6）$185.9022654x^2+154.36334$。

（7）① $\dfrac{-5}{(3x+2)^2}$。 ② $\dfrac{6x^4+6x^3+9x^2}{(1+x+2x^2)^2}$。

③ $\dfrac{ad-bc}{(cx+d)^2}$。 ④ $\dfrac{anx^{-n-1}+bnx^{n-1}+2nx^{-1}}{(x^{-n}+b)^2}$。

（8）$b+2ct$。

（9）$R_0(a+2bt)$，$R_0\left(a+\dfrac{b}{2\sqrt{t}}\right)$，$-\dfrac{R_0(a+2bt)}{(1+at+bt^2)^2}$，$-\dfrac{R^2(a+2bt)}{R_0^2}$。

（10）−0.00117，−0.00107，−0.00097。

（11）$\dfrac{\mathrm{d}E}{\mathrm{d}l}=b+\dfrac{k}{i}$，$\dfrac{\mathrm{d}E}{\mathrm{d}i}=-\dfrac{c+kl}{i^2}$。

练习 4

（1）① $17+24x$，24。 ② $\dfrac{x^2+2ax-a}{(x+a)^2}$，$\dfrac{2a(a+1)}{(x+a)^3}$。

③ $1+x+\dfrac{x^2}{1\times 2}+\dfrac{x^3}{1\times 2\times 3}$，$1+x+\dfrac{x^2}{1\times 2}$。

（2）练习3中部分习题的二阶导数和三阶导数如下。

① $\dfrac{d^2u}{dx^2}=\dfrac{d^3u}{dx^3}=1+x+\dfrac{x^2}{2}+\dfrac{x^3}{6}+\cdots$。$2a$，0。2，0。$6x+6a$，6。

② $-b$，0。

③ 2，0。

④ $56440x^3-196212x^2-4488x+8192$，$169320x^2-392424x-4488$。

⑤ 2，0。

⑥ $371.80453x$，371.80453。

⑦ $\dfrac{30}{(3x+2)^3}$，$-\dfrac{270}{(3x+2)^4}$。

（3）第6章中的例1～例7的二阶导数和三阶导数如下。

① $\dfrac{6a}{b^2}x$，$\dfrac{6a}{b^2}$。

② $\dfrac{3a\sqrt{b}}{2\sqrt{x}}-\dfrac{3b\sqrt[3]{a}}{x^3}$，$\dfrac{18b\sqrt[3]{a}}{x^4}-\dfrac{3a\sqrt{b}}{4\sqrt{x^3}}$。

③ $\dfrac{2}{\sqrt[3]{\theta^8}}-\dfrac{1.056}{\sqrt[5]{\theta^{11}}}$，$\dfrac{2.3232}{\sqrt[5]{\theta^{16}}}-\dfrac{16}{3\sqrt[3]{\theta^{11}}}$。

④ $810t^4-648t^3+479.52t^2-139.968t+26.64$, $3240t^3-1944t^2+959.04t-139.968$。

⑤ $12x+2$，12。

⑥ $6x^2-9x$，$12x-9$。

⑦ $\dfrac{3}{4}\left(\dfrac{1}{\sqrt{\theta}}+\dfrac{1}{\sqrt{\theta^5}}\right)+\dfrac{1}{4}\left(\dfrac{15}{\sqrt{\theta^7}}-\dfrac{1}{\sqrt{\theta^3}}\right)$，$\dfrac{3}{8}\left(\dfrac{1}{\sqrt{\theta^5}}-\dfrac{1}{\sqrt{\theta^3}}\right)-\dfrac{15}{8}\left(\dfrac{7}{\sqrt{\theta^9}}+\dfrac{1}{\sqrt{\theta^7}}\right)$。

练习5

（1）$\dfrac{dy}{dt}=2bt+4ct^3$，$\dfrac{d^2y}{dt^2}=2b+12ct^2$。

（2）① 图略。② 64英尺/秒、147.2英尺/秒、0.32英尺/秒。

（3）$\dot{x}=a-gt$，$\ddot{x}=-g$。

（4）45.1英尺/秒。

（5）12.4英尺/秒^2。都相同。

（6）角速度＝11.2弧度/秒，角加速度＝9.6弧度/秒^2。

（7）$v=20.4t^2-10.8$，$a=40.8t$，172.8英寸/秒，122.4英寸/秒^2。

（8）$v=\dfrac{1}{30\sqrt[3]{(t-125)^2}}$，$a=-\dfrac{1}{45\sqrt[3]{(t-125)^5}}$，图略。

（9）$v=0.8-\dfrac{8t}{(4+t^2)^2}$，$a=\dfrac{24t^2-32}{(4+t^2)^3}$，0.7926 米/秒，0.00211 米/秒^2。

（10）① $n=2$；② $n=11$。

练习 6

（1）① $\dfrac{x}{\sqrt{x^2+1}}$。　② $\dfrac{x}{\sqrt{x^2+a^2}}$。

③ $-\dfrac{1}{2\sqrt{(a+x)^3}}$。　④ $\dfrac{ax}{\sqrt{(a-x^2)^3}}$。

⑤ $\dfrac{2a^2-x^2}{x^3\sqrt{x^2-a^2}}$。　⑥ $\dfrac{\frac{3}{2}x^2\left[\frac{8}{9}x(x^3+a)-(x^4+a)\right]}{(x^4+a)^{\frac{2}{3}}(x^3+a)^{\frac{2}{3}}}$。

⑦ $\dfrac{2a(x-a)}{(x+a)^3}$。

（2）$\dfrac{5}{2}y^3$。　（3）$\dfrac{1}{(1-\theta)\sqrt{1-\theta^2}}$。

练习 7

（1）$\dfrac{\mathrm{d}w}{\mathrm{d}x}=-\dfrac{64(1+x^3)}{3x^7(2+x^3)^3}$。

（2）$\dfrac{\mathrm{d}v}{\mathrm{d}x}=-\dfrac{12x}{\sqrt{1+\sqrt{2}+3x^2}\left(\sqrt{3}+4\sqrt{1+\sqrt{2}+3x^2}\right)^2}$。

（3）$\dfrac{\mathrm{d}u}{\mathrm{d}x}=-\dfrac{x^2(\sqrt{3}+x^3)}{\sqrt{\left[1+\left(1+\frac{x^3}{\sqrt{3}}\right)^2\right]^3}}$。

（4）略。

（5）$\dfrac{\mathrm{d}x}{\mathrm{d}\theta}=a(1-\cos\theta)=2a\sin^2\dfrac{\theta}{2},\dfrac{\mathrm{d}y}{\mathrm{d}\theta}=a\sin\theta=2a\sin\dfrac{\theta}{2}\cos\dfrac{\theta}{2},\dfrac{\mathrm{d}y}{\mathrm{d}x}=\cot\dfrac{\theta}{2}$。

（6）$\frac{\mathrm{d}x}{\mathrm{d}\theta}=-3a\cos^2\theta\sin\theta$，$\frac{\mathrm{d}y}{\mathrm{d}\theta}=3a\sin^2\theta\cos\theta$，$\frac{\mathrm{d}y}{\mathrm{d}x}=-\tan\theta$。

（7）$\frac{\mathrm{d}y}{\mathrm{d}x}=2x\cot(x^2-a^2)$。

（8）令 $y=u-x$，先求$\frac{\mathrm{d}x}{\mathrm{d}u}$和$\frac{\mathrm{d}y}{\mathrm{d}u}$，然后求$\frac{\mathrm{d}y}{\mathrm{d}x}$。

练习 8

（1）图略。　　（2）1.44。

（3）先求导，再令所求得的导数为零，计算出 x 即可。

（4）$\frac{\mathrm{d}y}{\mathrm{d}x}=3x^2+3$，3，$3\frac{3}{4}$，6，15。

（5）$\pm\sqrt{2}$。

（6）$\frac{\mathrm{d}y}{\mathrm{d}x}=-\frac{4x}{9y}$，0，$\pm\frac{1}{3\sqrt{2}}$。

（7）$m=4$，$n=-3$。

（8）相交于 $x=1$ 或 $x=-3$ 处，相交的角度分别为 153°26′和 2°28′。

（9）交点坐标为 $x=\frac{25}{7}$，$y=\frac{25}{7}$；夹角为 16°16′。

（10）切点坐标为 $x=\frac{1}{3}$，$y=2\frac{1}{3}$；常数 $b=-\frac{5}{3}$。

练习 9

（1）$x=0$ 时，$y=0$（极小值）；$x=-2$ 时，$y=-4$（极大值）。

（2）$x=a$。　　（3）略。

（4）$25\sqrt{3}$ 平方英寸。

（5）图略，导数为$\frac{\mathrm{d}y}{\mathrm{d}x}=-\frac{10}{x^2}+\frac{10}{(8-x)^2}$，$x=4$ 时 y 取极小值 5。

（6）$x=-1$ 时 y 取极大值，$x=1$ 时 y 取极小值。

（7）提示：将四条边的中点相连。

（8）① $r=\frac{2}{3}R$；② $r=\frac{R}{2}$；③ 表面积没有最大值。

（9）① $r=\sqrt{\frac{2}{3}}R$；② $r=\frac{R}{\sqrt{2}}$；③ 表面积 $r=0.8507R$。

（10）$8\sqrt{\pi}$ 平方英尺/秒。

（11）圆锥底面半径为 $r=\frac{\sqrt{8}R}{3}$。

练习 10

（1）$x=-2.19$ 时，y 取极大值 24.19；$x=1.52$ 时，y 取极小值 -1.38。

（2）$\frac{dy}{dx}=\frac{b}{a}-2cx$；$\frac{d^2y}{dx^2}=-2c$；$y$ 取极大值时，$x=\frac{b}{2ac}$，证明略。

（3）一个极大点和两个极小点；

一个极大点（$x=0$，其他点都是非实数[①]）。

（4）$x=1.71$ 时，y 取极小值 6.13。

（5）$x=-0.5$ 时，y 取极大值 4。

（6）$x=1.414$ 时，y 取极大值 1.7678；$x=-1.414$ 时，y 取极小值 -1.7678。

（7）$x=-3.565$ 时，y 取极大值 2.12；$x=3.565$ 时，y 取极小值 7.88。

（8）$0.4N$，$0.6N$。

（9）$x=\sqrt{\frac{a}{c}}$。

（10）航速为 8.66 海里/时。最低成本为 2251.11 美元，此时耗时 115.44 小时。

（11）$x=7.5$ 时，y 的极大值和极小值分别约为 5.413 和 -5.413。

（12）$x=\frac{1}{2}$ 时，y 取极小值 0.25；$x=-\frac{1}{3}$ 时，y 取极大值 1.407。

练习 11

（1）$\frac{2}{x-3}+\frac{1}{x+4}$。　　（2）$\frac{1}{x-1}+\frac{2}{x-2}$。

① 汤普森在这里所说的非实数实际上指的是正负无穷远处，当 x 趋于正负无穷时，该函数趋于负无穷。——译者

(3) $\dfrac{2}{x-3}+\dfrac{1}{x+4}$。

(4) $\dfrac{5}{x-4}-\dfrac{4}{x-3}$。

(5) $\dfrac{19}{13(2x+3)}-\dfrac{22}{13(3x-2)}$。

(6) $\dfrac{2}{x-2}+\dfrac{4}{x-3}-\dfrac{5}{x-4}$。

(7) $\dfrac{1}{6(x-1)}+\dfrac{11}{15(x+2)}+\dfrac{1}{10(x-3)}$。

(8) $\dfrac{7}{9(3x+1)}+\dfrac{71}{63(3x-2)}-\dfrac{5}{7(2x+1)}$。

(9) $\dfrac{1}{3(x-1)}+\dfrac{2x+1}{3(x^2+x+1)}$。

(10) $x+\dfrac{2}{3(x+1)}+\dfrac{1-2x}{3(x^2-x+1)}$。

(11) $\dfrac{3}{x+1}+\dfrac{2x+1}{x^2+x+1}$。

(12) $\dfrac{1}{x-1}-\dfrac{1}{x-2}+\dfrac{2}{(x-2)^2}$。

(13) $\dfrac{1}{4(x-1)}-\dfrac{1}{4(x+1)}+\dfrac{1}{2(x+1)^2}$。

(14) $\dfrac{4}{9(x-1)}-\dfrac{4}{9(x+2)}-\dfrac{1}{3(x+2)^2}$。

(15) $\dfrac{1}{x+2}-\dfrac{x-1}{x^2+x+1}-\dfrac{1}{(x^2+x+1)^2}$。

(16) $\dfrac{5}{x+4}-\dfrac{32}{(x+4)^2}+\dfrac{36}{(x+4)^3}$。

(17) $\dfrac{7}{9(3x-2)^2}+\dfrac{55}{9(3x-2)^3}+\dfrac{73}{9(3x-2)^4}$。

(18) $\dfrac{1}{6(x-2)}+\dfrac{1}{3(x-2)^2}-\dfrac{x}{6(x^2+2x+4)}$。

练习 12

(1) $ab(e^{ax}+e^{-ax})$。

(2) $2at+\dfrac{2}{t}$。

(3) $\ln n$。

(4) 提示：令$u=bt$，用链式法则求导即可。

(5) npv^{n-1}。

(6) ① $\dfrac{n}{x}$。 ② $\dfrac{3e^{-\frac{x}{x-1}}}{(x-1)^2}$。

③ $6xe^{-5x}-5(3x^2+1)e^{-5x}$。　④ $\dfrac{ax^{a-1}}{x^a+a}$。

⑤ $\dfrac{15x^2+12x\sqrt{x}-1}{2\sqrt{x}}$。　⑥ $\dfrac{1-\ln(x+3)}{(x+3)^2}$。

⑦ $a^x(ax^{a-1}+x^a\ln a)$。

（7）略　（8）$x=0.693$时，y取极小值0.7。

（9）$\dfrac{1+x}{x}$。　（10）$\dfrac{3}{x}(\ln ax)^2$。

练习 13

（1）图略。

（2）$T\approx 34.625$分钟，所求值约为159.45分钟。

（3）图略。　（4）图略。

（5）① $x^x(1+\ln x)$；② $2xe^{x^2}$；③ $e^{x^x}\times x^x(1+\ln x)$。

（6）约0.14秒。　（7）约1.642伏，约15.58伏。

（8）$\mu\approx 0.00037$秒$^{-1}$，所求值约为31.06分钟。

（9）约63.4%，约221.56千米。

（10）三种情况下的k值分别约为0.1339（千米）$^{-1}$，0.1443（千米）$^{-1}$，0.1555（千米）$^{-1}$；k的平均值约为0.1446（千米）$^{-1}$，误差分别约为−10.15%，−0.58%，72.07%（仅供参考）。

（11）$x=\dfrac{1}{e}$时，y取极小值$e^{-\frac{1}{e}}$。（12）$x=e$时，y取极大值$e^{\frac{1}{e}}$。

（13）$x=\ln a$时，y取极小值$a^{\frac{1}{\ln a}}\ln a$。

练习 14

（1）① $\dfrac{dy}{d\theta}=A\sin\theta$。

② $\dfrac{dy}{d\theta}=2\sin\theta\cos\theta=\sin 2\theta$，$\dfrac{dy}{d\theta}=2\cos 2\theta$。

③ $\dfrac{dy}{d\theta}=3\sin^2\theta\cos\theta$，$\dfrac{dy}{d\theta}=3\cos 3\theta$。

（2）$\theta=45°$或$\dfrac{\pi}{4}$弧度。　　（3）$\dfrac{dy}{dt}=-n\sin 2\pi nt$。

（4）$a^x\ln a\cos a^x$。　　（5）$\dfrac{-\sin x}{\cos x}=-\tan x$。

（6）$18.2\cos(x+26°)$。

（7）斜率为$\dfrac{dy}{d\theta}=100\cos(\theta-15°)$，当$\theta=15°$时，斜率取极大值，此时斜率为100。当$\theta=75°$时，斜率为$100\cos(75°-15°)=100\cos 60°=100\times\dfrac{1}{2}=50$。

（8）$\cos\theta\sin 2\theta+2\cos 2\theta\sin\theta=2\sin\theta(\cos^2\theta+\cos 2\theta)=2\sin\theta(3\cos^2\theta-1)$。

（9）$amn\theta^{n-1}\tan^{m-1}(\theta^n)\sec^2(\theta^n)$。

（10）$e^x(\sin^2 x+\sin 2x)$。

（11）三个函数的导数分别为$\dfrac{ab}{(x+b)^2}$，$\dfrac{a}{b}e^{-\frac{x}{b}}$，$\dfrac{1}{90°}\times\dfrac{ab}{b^2+x^2}$。余略。

（12）① $\dfrac{dy}{dx}=\sec x\tan x$。　　② $\dfrac{dy}{dx}=-\dfrac{1}{\sqrt{1-x^2}}$。

③ $\dfrac{dy}{dx}=\dfrac{1}{1+x^2}$。　　④ $\dfrac{dy}{dx}=\dfrac{1}{x\sqrt{x^2-1}}$。

⑤ $\dfrac{dy}{dx}=\dfrac{\sqrt{3\sec x}\,(3\sec^2 x-1)}{2}$。

（13）$\dfrac{dy}{d\theta}=4.6(2\theta+3)^{1.3}\cos(2\theta+3)^{2.3}$。

（14）$\dfrac{dy}{d\theta}=3\theta^2+3\cos(\theta+3)-\ln 3(\cos\theta\times 3^{\sin\theta}+3^{\theta})$。

（15）$\theta=0.86$时，y取极大值0.56；$\theta=-0.86$时，y取极小值-0.56。

练习 15

（1）$x^2-6x^2y-2y^2$，$\dfrac{1}{3}-2x^3-4xy$。

（2）$2xyz+y^2z+z^2y+2xy^2z^2$，$2xyz+x^2z+xz^2+2x^2yz^2$，$2xyz+x^2y+xy^2+2x^2y^2z$。

（3）$\dfrac{1}{r}[(x-a)+(y-b)+(z-c)]=\dfrac{(x+y+z)-(a+b+c)}{r}$，$\dfrac{2}{r}$。

（4）$dy=vu^{v-1}du+u^v\ln u\,dv$。

（5）$dy=3u^2\sin v\,du+u^3\cos v\,dv$，$dy=u(\sin x)^{u-1}\cos x\,dx+(\sin x)^u\ln\sin x\,du$，$dy=\frac{1}{uv}du-\frac{\ln u}{v^2}dv$。

（6）略。

（7）没有极大值和极小值。

（8）① 长为2英尺，宽和高为1英尺，最大体积为2立方英尺。

② 半径为$\frac{2}{\pi}$英尺，即约7.64英寸，长为2英尺，最大体积约为2.55立方英尺。

（9）当三部分相等时，乘积取最大值。

（10）当$x=y=1$时，u取极小值e^2。

（11）当$x=\frac{1}{2}$，$y=2$时，u取极小值2.307。

（12）等腰三角形的顶角为90°，腰为$\sqrt[3]{2V}$；容器的高也为$\sqrt[3]{2V}$。

练习16

（1）$1\frac{1}{3}$。

（2）证明略，前8项的和约为0.6345。

（3）约为0.2624。

（4）$y=\frac{1}{8}x^2+C$。

（5）$y=x^2+3x+C$。

练习17

（1）$\frac{4\sqrt{a}\,x^{\frac{3}{2}}}{3}+C$。

（2）$-\frac{1}{x^3}+C$。

（3）$\frac{x^4}{4a}+C$。

（4）$\frac{1}{3}x^3+ax+C$。

（5）$-2x^{-\frac{5}{2}}+C$。

（6）$x^4+x^3+x^2+x+C$。

（7）$\frac{ax^2}{4}+\frac{bx^3}{9}+\frac{cx^4}{16}+C$。

（8）利用除法把$\frac{x^2+a}{x+a}$写成$x-a+\frac{a^2+a}{x+a}$，答案是$\frac{1}{2}x^2-ax+a(a+1)\ln(x+a)+C$。

（9）$\frac{x^4}{4}+3x^3+\frac{27}{2}x^2+27x+C$。

（10）$\frac{x^3}{3}+\frac{2-a}{2}x^2-2ax+C$。

（11）$a^2\left(2x^{\frac{3}{2}}+\frac{9}{4}x^{\frac{4}{3}}\right)+C$。　　（12）$-\frac{1}{3}\cos\theta-\frac{1}{6}\theta+C$。

（13）$\frac{1}{2}\theta+\frac{\sin 2a\theta}{4a}+C$。　　（14）$\frac{1}{2}\theta-\frac{1}{4}\sin 2\theta+C$。

（15）$\frac{1}{2}\theta-\frac{\sin 2a\theta}{4a}+C$。　　（16）$\frac{1}{3}e^{3x}+C$。

（17）$\ln|1+x|+C$。　　（18）$-\ln|1-x|+C$。

练习 18

（1）面积为120，纵坐标的平均值为20。

（2）面积为$\frac{4}{3}a^{\frac{5}{2}}$，证明略。

（3）面积为2；纵坐标的平均值为$\frac{2}{\pi}$，即约0.637。

（4）面积约为1.57，纵坐标的平均值为0.5。

（5）所求面积分别约为0.571和0.0476。

（6）体积为$\frac{1}{3}\pi r^2 h$。　　（7）面积约为1.25。

（8）体积约为79.6。　　（9）体积约为4.935。

（10）面积为$a\ln a$，纵坐标的平均值为$\frac{a}{a-1}\ln a$。

（11）略。

（12）算术平均值为9.5，平方平均值约为10.85。

（13）平方平均值为$\frac{1}{\sqrt{2}}\sqrt{A_1^2+A_3^2}$，算术平均值为零。

第一个结果需要求积分$\int(A_1^2\sin^2 x+2A_1A_3\sin x\sin 3x+A_3^2\sin^2 3x)\,dx$，可以由$\sin^2 x=\frac{1}{2}(1-\cos 2x)$，$\sin^2 3x=\frac{1}{2}(1-\cos 6x)$和$2\sin x\sin 3x=\cos 2x-\cos 4x$计算此积分。

（14）面积约为62.6，纵坐标平均值约为10.43。

（15）提示：用积分计算面积即可进行证明。

（16）体积约为436.3（这个立体图形是梨形的）。

练习19

（1）$\dfrac{x\sqrt{a^2-x^2}}{2}+\dfrac{a^2}{2}\arcsin\dfrac{x}{a}+C$。 （2）$\dfrac{x^2}{2}(\ln x-\dfrac{1}{2})+C$。

（3）$\dfrac{x^{a+1}}{a+1}\left(\ln x-\dfrac{1}{a+1}\right)+C$。 （4）$\sin e^x+C$。

（5）$\sin(\ln x)+C$。 （6）$e^x(x^2-2x+2)+C$。

（7）$\dfrac{1}{a+1}(\ln x)^{a+1}+C$。 （8）$\ln|\ln x|+C$。

（9）$2\ln|x-1|+3\ln|x+2|+C$。

（10）$\dfrac{1}{2}\ln|x-1|+\dfrac{1}{5}\ln|x-2|+\dfrac{3}{10}\ln|x+3|+C$。

（11）$\dfrac{b}{2a}\ln\left|\dfrac{x-a}{x+a}\right|+C$。 （12）$\ln\left|\dfrac{x^2-1}{x^2+1}\right|+C$。

（13）$\dfrac{1}{4}\ln\left|\dfrac{1+x}{1-x}\right|+\dfrac{1}{2}\arctan x+C$。

（14）$-\dfrac{\sqrt{a^2-b^2x^2}}{b^2}+C$。 （15）证明略。

练习20

（1）$T=T_0e^{\mu\theta}$。 （2）$s=ut+\dfrac{1}{2}at^2$。

（3）在等式两边乘以e^{2t}，得到$\dfrac{d}{dt}(ie^{2t})=e^{2t}\sin 3t$，因此

$$ie^{2t}=\int e^{2t}\sin 3t\,dt=\frac{1}{13}e^{2t}(2\sin 3t-3\cos 3t)+E。$$

由于$t=0$时$i=0$，因此$E=\dfrac{3}{13}$，因此解就变成了

$$i=\frac{1}{13}(2\sin 3t-3\cos 3t+3e^{-2t})。$$

练习21

（1）$r=2\sqrt{2}$，$x_1=-2$，$y_1=3$。 （2）$r\approx 2.83$，$x_1=0$，$y_1=2$。

（3）$x\approx\pm 0.383$，$y\approx 0.147$。 （4）$r=\sqrt{2|m|}$，$x_1=y_1=2\sqrt{m}$。

（5）$r=2a$，$x_1=2a$，$y_1=0$。

（6）当$x=0.9$时，$r\approx3.36$，$x_1\approx-2.21$，$y_1\approx2.01$。

当$x=-0.9$时，$r\approx3.36$，$x_1\approx2.21$，$y_1\approx-2.01$。

当$x=0$时，$r=\infty$，曲率中心不存在。

（7）当$x=0$时，$r\approx1.41$，$x_1=1$，$y_1=3$。

当$x=1$时，$r\approx1.41$，$x_1=0$，$y_1=3$。

y的极小值为1.75。

（8）当$x=-2$时，$r=112.3$，$x_1\approx109.8$，$y_1\approx-17.2$。

当$x=0$时，$r=x_1=y_1=\infty$。

当$x=1$时，$r\approx1.86$，$x_1\approx-0.67$，$y_1\approx-0.17$。

（9）$x\approx-0.33$，$y\approx1.07$。

（10）对于所有点都有$r=1$，$x=2$，$y=0$。这条曲线是一个圆。

（11）当$x=0$时，$r\approx1.86$，$x_l\approx1.67$，$y_1\approx0.17$。

当$x=1.5$时，$r\approx0.365$，$x_1\approx1.59$，$y_1\approx0.98$。

拐点的坐标为$x=1$，$y=1$。

（12）当$\theta=\dfrac{\pi}{4}$时，$r\approx2.598$，$x_1\approx2.285$，$y_1\approx-1.414$。

当$\theta=\dfrac{\pi}{2}$时，$r=1$，$x_1=\dfrac{\pi}{2}$，$y_1=0$。

（13）略。

（14）当$\theta=0$时，$r=1$，$x_1=0$，$y_1=0$。

当$\theta=\dfrac{\pi}{4}$时，$r\approx2.598$，$x_1\approx-0.715$，$y_1\approx-1.414$。

当$\theta=\dfrac{\pi}{2}$时，$r=x_1=y_1=\infty$。

（15）$r=\dfrac{(a^4y^2+b^4x^2)^{\frac{3}{2}}}{a^4b^4}$。当$x=0$时，$y=\pm b$，$r=\dfrac{a^2}{b}$，$x_1=0$，$y_1=\pm\dfrac{b^2-a^2}{b}$；当$y=0$时，$x=\pm a$，$r=\dfrac{b^2}{a}$，$x_1=\pm\dfrac{a^2-b^2}{a}$，$y_1=0$。

（16）$r=4a\left|\sin\dfrac{\theta}{2}\right|$。

练习 22

（1）$s \approx 9.487$。（2）$s = (1+a^2)^{\frac{3}{2}}$。

（3）$s \approx 1.22$。

（4）$s = \int_0^2 \sqrt{1+4x^2}\,\mathrm{d}x = \left[\frac{x}{2}\sqrt{1+4x^2} + \frac{1}{4}\ln\left(2x + \sqrt{1+4x^2}\right)\right]_0^2 \approx 4.65$。

（5）$s \approx \frac{0.57}{m}$。（6）$s = a(\theta_2 - \theta_1)$。

（7）$s = \sqrt{r^2 - a^2}$。

（8）$s = \int_0^a \sqrt{1 + \frac{a}{x}}\,\mathrm{d}x = \sqrt{2}\,a + a\ln(1+\sqrt{2}) \approx 2.30a$。

（9）$s = \frac{x-1}{2}\sqrt{(x-1)^2+1} + \frac{1}{2}\ln\left[(x-1) + \sqrt{(x-1)^2+1}\right]_0^4 \approx 6.80$。

（10）$s = \int_0^{\mathrm{e}} \frac{\sqrt{1+y^2}}{y}\,\mathrm{d}y$。令 $u^2 = 1+y^2$，由此得到 $s = \sqrt{1+y^2} + \ln\frac{y}{1+\sqrt{1+y^2}}$，因此 $s \approx 2.00$。

（11）$s = 4a\int_0^{\pi} \sin\frac{\theta}{2}\,\mathrm{d}\theta$，因此 $s = 8a$。

（12）$s = \int_0^{\frac{\pi}{4}} \sec x\,\mathrm{d}x$。令 $u = \sin x$，有 $s = \ln(1+\sqrt{2}) \approx 0.8814$。

（13）$s = \frac{8a}{27}\left[\left(1 + \frac{9x}{4a}\right)^{\frac{3}{2}} - 1\right]$。

（14）$s = \int_1^2 \sqrt{1+18x}\,\mathrm{d}x$。令 $1 + 18x = z$，用 z 表示 s，并在对应于 $x=1$ 和 $x=2$ 的 z 值之间求积分，可得 $s \approx 5.27$。

（15）$s = \frac{3a}{2}$。（16）$s = 4a$。

我们鼓励所有认真学习的学生在每个阶段为自己编出更多的例子，以测试自己的能力。在求积分时，总是可以通过求导来检验得到的答案，看看能否回到一开始的那个表达式。

附　录

一些与微积分相关的趣味题目

马丁·加德纳

老橡木微积分问题[①]

当那美好的回忆再次出现时，
圆柱形的楔子对我而言是多么珍贵。

① 这首诗是仿照美国诗人塞缪尔·伍德沃思（1784—1842）的诗《老橡木桶》而写的，《老橡木桶》的原文和译文如下。

THE OLD OAKEN BUCKET
WHICH HUNG IN THE WELL

How dear to this heart are the scenes of my childhood,
When fond recollection recalls them to view—
The orchard, the meadow, the deep-tangled wildwood,
And every loved spot which my infancy knew;
The wide-spreading pond, and the mill which stood by it,
The bridge, and the rock where the cataract fell,
The cot of my father, the dairy-house nigh it,
The old oaken bucket—the iron-bound bucket,
The moss-covered bucket, which hung in the well.

That moss-covered vessel I hail as a treasure,
For often, at noon, when return'd from the field,
I found it the source of an exquisite pleasure,
The purest and sweetest that nature can yield;
How ardent I seized it, with hands that were glowing
And quick to the white-pebbled bottom it fell,
Then soon, with the emblem of truth overflowing,
And dripping with coolness, it rose from the well—
The old oaken bucket—the iron-bound bucket,
The moss-covered bucket arose from the well.

How sweet from the green mossy brim to receive it,
As poised on the cord, it inclined to my lips;
Not a full-blushing goblet could tempt me to leave it,
Though filled with the nectar that Jupiter sips.
And now far removed from the loved situation,
The tear of regret will intrusively swell,
As fancy revisits my father's plantation,
And sighs for the bucket which hangs in his well—
The old oaken bucket—the iron-bound bucket,
The moss-covered bucket which hangs in his well.

挂在井里的
老橡木桶

当美好的回忆在眼前展现，
童年的情景对我而言是多么珍贵！
果园，草地，纵横交错的野树林，
还有我幼时喜爱的每一个地方，
那宽阔的池塘，还有池塘边的磨坊，
在瀑布落下的地方，那座桥，那块岩石，
我父亲的小屋，附近的奶牛舍，
老橡木桶——箍着铁箍的木桶，
挂在井里的长满青苔的老橡木桶。

那个长满青苔的木桶，我把它视若珍宝。
中午我从田里归来时，
它常常给我带来无比的快乐，
带来大自然所能给予的最纯洁、最甜蜜的东西。
我多么热切地抓住了它，双手都发着光，
迅速将它放到铺满白色卵石的井底。
木桶里很快就溢满了水，那是真实的象征，
它滴着清凉的水滴从井里被提起。

从长满青苔的井沿将它接住，
把它立在井边，向我的嘴唇倾斜，这是多么甜蜜！
就是装满红酒的高脚杯，
就算朱庇特啜饮的琼浆将杯子装满，
也无法引诱我离开。
现在我远离了深爱的故乡，
当我幻想重回我父亲的种植园，
为那挂在井里的木桶叹息时，
我的眼里禁不住涌出惋惜的泪水。
那个老橡木桶——箍着铁箍的木桶，
挂在井里的长满青苔的老橡木桶。

——译者

还有那将锡皮向上翻折而制成的盒子，
以及那将乘客送到岸上的船只；
还有在那倾斜投影中滑落的梯子，
以及在那L形走廊里静默的横梁。
但在那些古董收藏中最稀有的是
挂在井里的那只漏水的旧木桶。
漏水的旧木桶，吱吱响的旧木桶，
挂在井里的那只漏水的旧木桶。

——凯瑟琳·奥布赖恩
刊登于《美国数学月刊》
（1966年第73卷，第881页）。

在流行的益智书中，只能用微积分来解答的问题是极为罕见的。例外的问题通常是这样的：动物A与一个人或动物B相隔一定的距离。假设动物A是一只猫，它在一只狗（动物B）的正北方。二者都以恒定的速度奔跑，但B跑得比A快。如果这两只动物都向正北方奔跑，那么狗当然最终会抓住猫。在这种情况下，这道题就相当于芝诺的那个著名的阿喀琉斯追赶乌龟的悖论[①]。这是所谓“追逐路径问题”的一个最简单的例子。在这种线性形式下，求出追逐者和被追逐者各自跑过的距离是很容易的，只需要算术就够了。

平面上的追逐路径问题会变得更加有趣。假设猫在向正东沿直线前进，而狗总是径直地向猫跑去。二者都以恒定的速度运动。如果狗比猫跑得快，那么它总能追上猫。若题目给定狗和猫最初相距的距离以及它们的速度之比，那么猫在被追上之前能跑多远？狗要沿着弯曲路径跑多远才能追上猫？

像这样的各种形式的二维追逐路径问题并不是那么容易解答。这种益智题在18世纪很流行，通常是一艘船追逐另一艘船的问题，而后来的版本采用了

① 阿喀琉斯是希腊神话中的英雄，他是希腊跑得最快的人，但是按照这个悖论，只要让乌龟先跑一步，阿喀琉斯就永远追不上它。——译者

奔跑的动物和人的形式。我将举出20世纪经典益智题中的两个例子。

亨利·欧内斯特·杜德尼在《益智题与奇趣题》第210题中描述了这样的情景：帕特在一头猪的南方100码处，猪在向正西方跑，帕特的速度是猪的2倍。如果他总是径直地朝着猪跑去，那么在猪被抓住之前，他和猪各自跑了多远？

萨姆·劳埃德在《世界经典智力游戏》中也把被追逐者变成了一头猪，但追逐它的是吹笛人的儿子汤姆。（你还记得吧，在古老的《鹅妈妈童谣》①里，他偷了一头猪。）汤姆在猪的南方250码处，猪在向正东方奔跑。二者都在匀速运动，汤姆始终径直地朝着猪跑去，而且他奔跑的速度是猪的$\frac{4}{3}$倍。在猪被抓住之前，他和猪各自跑了多远？

这样的问题可以通过积分来艰难地解决。杜德尼给出了他的益智题的答案，但没有对解答过程做出解释。他补充道："帕特经过的那条曲线是可以精确测量出其长度的曲线之一，但我们没有足够的篇幅来仔细讲述其方法。"

像许多微积分问题一样，事实证明，这类追逐路径问题通常可以用一些简单的公式来解答，尽管我们需要用微积分来导出这些公式。L. A. 格雷厄姆在他的《巧妙的数学问题和方法》（*Ingenious Mathematical Problems and Methods*，1959年，第74题）中给出了这样一种方法。在他的益智题中，一只狗在追逐一只猫。这只狗在猫的正南方60码处，猫在向正东方奔跑，狗的速度是猫的$\frac{5}{4}$倍。格雷厄姆先用积分来解答此题，然后给出了下面这个令人惊讶的关系：猫运动的距离等于狗和猫之间的初始距离乘以它们的速度之比，再除以速度之比的平方与1的差。

利用格雷厄姆在他的那道题中给出的相关数字，可以得到猫运动的距离是

$$\frac{60\times 5}{4}\div\left(\frac{5^2}{4^2}-1\right)。$$

① 《鹅妈妈童谣》（*Mother Goose*）是英国民间童谣集，1791年正式出版，是世界上最早的童谣集，共包括52首童谣。——译者

计算出的结果是$133\frac{1}{3}$码。因为狗的速度是猫的$\frac{5}{4}$倍，所以它运动的距离是$133\frac{1}{3}$码的$\frac{5}{4}$倍，即$166\frac{2}{3}$码。用这个公式解杜德尼书中的那道题，可以得出猪跑了$66\frac{2}{3}$码，帕特的速度是猪的2倍，因此他跑了$133\frac{1}{3}$码。在劳埃德的题目中，猪跑了$428\frac{4}{7}$码，汤姆跑了这个距离的$\frac{4}{3}$倍，即$571\frac{3}{7}$码。

许多趣味数学书都提到了另一个著名的追逐路径问题：有一个边长为1个长度单位的正n边形，它的每个角上各有一只虫子，这些虫子同时开始径直地向它们最近的邻居（比如左边的那个邻居）爬去。（它们是沿顺时针方向爬还是沿逆时针方向爬无关紧要）。所有的虫子都以相同的恒定速度运动。我们在直觉上可以明显地感到，它们会沿着螺旋路径运动，最后会聚到多边形的中心。当它们相遇时，每只虫子爬了多长距离？

尽管可以针对任何正多边形提出这个问题，但它通常是按照正方形提出的。在任何给定的时刻，4只虫子都会在一个正方形的一个角上，而这个正方形会逐渐缩小和旋转，直到4只虫子在其中心相遇。它们运动的路径是对数螺线。虽然每条路径的长度可以通过微积分来确定，但如果你有以下洞察，那么这个问题就可以在不用微积分的情况下得到快速解答。

每只虫子在任何瞬间的运动方向都垂直于它所追逐的那只虫子的运动方向。因此，被追逐的虫子在运动中就没有任何因素会使它主动靠近或远离追逐者。因此，追逐者追上被追逐者所花的时间就等同于被追逐的那只虫子保持静止而追逐者径直追上它所花的时间。因此，每条螺线路径的长度都与单位正方形的边长相等。

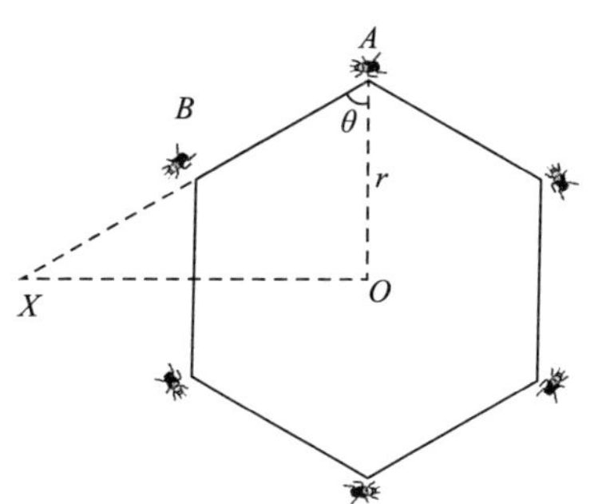

附图1　如何计算虫子在正多边形上追逐的距离

附图1展示了一种测量每只虫子从正多边形的一个角开始移动所经过的距离的几何方法，这里的正多边形是一个正六边形。从一个角到正多边形的中心作一条直线AO，然后作AO的垂线并延长，直到它与AB边或其延长线相交于一点X。于是，AX就是每只虫子所经过的距离，它是角θ的正割的r倍。在正多边形为正方形的情况下，AX就是正方形的一条边。在正多边形为等边三角形的情况下，OX在距离点A三分之二边长的地方与AB相交，这表明虫子爬行的距离是等边三角形边长的三分之二。对于正六边形，θ为60°，虫子爬行的距离是边长的2倍。

需要用微分求解的最短路径问题不仅会出现在微积分教科书中，有时也会出现在关于益智题的书籍中。它们通常的形式是：湖中的一名游泳运动员到直线湖岸的距离为x，他想到达湖岸上的某一固定点P。假设他游泳的速度是恒定的，在陆地上行走的速度也是恒定的，那么他应该在哪一处上岸，才能使他游到此处后沿着湖岸走到点P所花的总时间最短？

萨姆·劳埃德在《世界经典智力游戏》中提出了这类问题的一个版本，如附图2所示。劳埃德的常数使得这个问题计算起来很烦琐，但是令导数等于零的驻点解法就会很直截了当。

附图2　萨姆·劳埃德的障碍赛益智题，选自他的《世界经典智力游戏》。这是我在最近的一次会议期间构思的一个讨人喜欢的越野障碍赛问题，它会引起益智题爱好者和赛马迷的

兴趣。当一段竞争激烈的赛程接近尾声时，在距离终点还有$1\frac{3}{4}$英里处，领先者如此紧密地胶着在一起，以至于谁能获胜取决于他能否选择最佳路线——最短路线。评委席位于矩形场地的一端，该场地的长和宽分别是1英里和$\frac{3}{4}$英里，作为其边界的矮墙外有一条大路。因此，如果走大路的话，路程就会是$1\frac{3}{4}$英里，所有的马都可以在3分钟内跑完。不过，它们可以在任何时候自由地穿越场地，但在粗糙的场地上，它们不能跑得那么快。因此，虽然它们会缩短距离，但速度会降低25%。如果沿着对角线直接穿过场地，或者沿着数学家们所说的斜边穿过场地，距离恰好为$1\frac{1}{4}$英里。如果选择最明智的路线，获胜者能在什么时间到达终点？

附图3描绘了此题中的矩形场地。设x是从越过矮墙的位置P到矩形的顶点B的距离，那么$1-x$就是从当前的位置A到马越过矮墙的位置（点P）的距离。马在粗糙的场地上经过的路线是一个直角三角形的斜边，其长度等于$x^2+0.75^2$的算术平方根。马在平坦的大路上奔跑的速度为$\frac{1\frac{3}{4}}{3}\approx 0.5833$（英里/分），它们在粗糙的场地上奔跑的速度要降低25%，因此这种情况下的速度为$0.5833\times(1-25\%)=0.4375$（英里/分）。

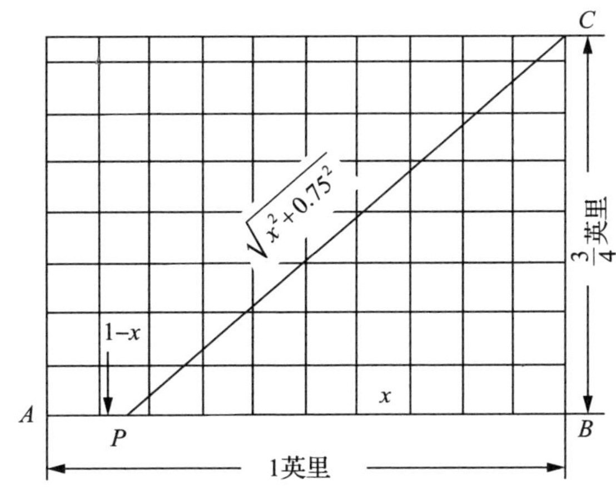

附图3　萨姆·劳埃德的障碍赛益智题示意图

为了解答这个问题，我们必须将总时间 t 写成 x 的函数。马在粗糙的场地上从点 P 跑到点 C 所花费的时间是

$$t_1=\frac{\sqrt{x^2+0.75^2}}{0.4375}。$$

它们在平坦的大路上奔跑，从点 A 经过距离 $1-x$ 到达越过矮墙的位置（点 P）所花费的时间是

$$t_2=\frac{1-x}{0.5833}。$$

总时间 t 是 t_1 和 t_2 之和：

$$t=t_1+t_2=\frac{\sqrt{x^2+0.75^2}}{0.4375}+\frac{1-x}{0.5833}。$$

接下来我们用求和法则求上式的导数（参见第6章）：

$$\frac{\mathrm{d}t}{\mathrm{d}x}=\frac{x}{0.4375\sqrt{x^2+0.75^2}}-\frac{1}{0.5833}。$$

我们令上式等于零，求解 x，得到 x 的值约为0.8504英里。用1英里减去这个值，就得到在平坦的大路上从点 A 到点 P 的距离约为0.15英里。将 $x=0.8504$ 英里代入 t_1 和 t_2 的表达式，很容易得到时间 t_1 和 t_2 的值。总时间约为2.85分钟，即2分51秒。

因为两个速度的比值是 $\frac{3}{4}$，我们用3和4分别代替这两个速度，可以大大简化计算，得到

$$t=\frac{\sqrt{x^2+0.75^2}}{3}+\frac{1-x}{4}。$$

该函数的导数为

$$\frac{x}{3\sqrt{x^2+0.75^2}}-\frac{1}{4}。$$

令上式等于零，可得

$$\frac{x}{3\sqrt{x^2+0.75^2}}=\frac{1}{4}。$$

对上式的两边求平方，可得

$$\frac{x^2}{9(x^2+0.75^2)}=\frac{1}{16},$$

$$16x^2=9(x^2+0.75^2)=9x^2+5.0625,$$

$$16x^2-9x^2=5.0625,$$

$$7x^2=5.0625,$$

$$x^2=\frac{5.0625}{7}=0.72321428\cdots,$$

$$x=0.85042\cdots(\text{英里})。$$

有时候，一个路径问题中会包含着一个无穷收敛级数的和，因此看起来非常困难，但如果你有较强的洞察力，就可以在一瞬间解答这个问题。一个经典的例子是下面这个脑筋急转弯。两列火车相距100英里且在同一条轨道上相向行驶，每列火车均以50英里/时的速度行驶。在一列火车的前方有一只苍蝇，它在两列火车之间来回飞行，直到这两列火车相撞为止。如果苍蝇的速度是80英里/时，那么在两列火车相撞之前它能飞多远？

对这条往返路径的无穷级数求和是不容易的，但是不必这样做。两列火车在1小时后相撞，而苍蝇的速度是80英里/时，因此它会飞80英里。有一则轶事是讲述伟大数学家约翰·冯·诺依曼[①]如何解答这个问题的。据说他稍加思索就给出了正确的答案。提出这个问题的人说："没错，但大多数人认为此时必须对一个无穷级数求和。"冯·诺依曼看起来十分惊讶地说，他就是这样算出来的呀！

这个问题有一个玩笑式的版本：假定苍蝇以40英里/时的速度飞行，而不是80英里/时，那么它能飞多远？答案不是40英里！

在《轮子、生命和其他趣味数学》的第8章中，我讲述了英国数学家A. K. 奥斯汀提供的一个特殊路径问题。他说：

---

① 约翰·冯·诺依曼（1903—1957），美籍匈牙利数学家、计算机科学家、物理学家，在计算机、博弈论等多个领域均有重要贡献。——译者

> 一个男孩、一个女孩和一只狗位于一条笔直的路上的同一个地方。男孩和女孩向前走，其中男孩的速度是4英里/时，女孩的速度是3英里/时。当他们前进时，狗以10英里/时的速度在他们之间来回跑。假设狗每次调转方向都是在瞬间完成的。1小时后，狗在哪里，它面向哪个方向？
>
> 答案：狗可以在男孩和女孩之间的任何位置，面向任何一个方向。证明：在1小时结束时，把狗放在男孩和女孩之间的任何地方，面向任何一个方向。将所有运动都按时间反转，那么这两个人和狗会在同一时刻回到起点。

这个问题引发了相当大的争论，争议的焦点是男孩、女孩和狗能否开始运动。科学哲学家韦斯利·萨蒙在《科学美国人》上发表了一篇关于这个问题的文章，这篇文章被摘录在《轮子、生命和其他趣味数学》一书中。这个问题是一类事件的一个奇怪的例子，这类事件可以在正向的时间中被精确定义，但当时间反转时就变得模糊不清了。

这种悖论的另一个例子与球面上的螺旋曲线有关。想象一个点从地球赤道开始，以恒定的速度向东北方向移动。它沿着一条称为斜驶线的螺旋路径行进。这个点会绕着北极转无数圈，然后在有限的时间后终止于北极。这是其行进路径的极限。这个点是从赤道上的一个精确的位置开始运动的。但如果这一事件按时间反转，那么该点就可以结束于赤道上的任何位置。斜驶线和奥斯汀的狗这两个问题都需要在其极限处引入一个无穷级数，因此时间反转版本是否自相矛盾？这两种情况可以通过非标准分析来解决吗？非标准分析是我在关于极限的那一部分中提到过的微积分的一种形式。要了解更多的详细信息，请参阅萨蒙教授的那篇文章。

极限会导致各种令人费解的谬论和悖论。考虑公比为2的无穷级数 $x=1+2+4+8+\cdots$，采用我在关于极限的那一部分中解释过的技巧，在等号的两边都乘以2，得到

$$2x=2+4+8+16+\cdots。$$

此时等号的右边显然就是原来的级数减去 1，因此 $2x=x-1$。看来我们似乎已经证明这个级数的和为 −1。

当我们考虑下面的两个级数时，就会出现一个不太明显的谬论，每个级数的项都越来越小，所以每个级数看起来好像都是收敛的。

$$x=\frac{1}{1}+\frac{1}{3}+\frac{1}{5}+\frac{1}{7}+\cdots,$$

$$y=\frac{1}{2}+\frac{1}{4}+\frac{1}{6}+\frac{1}{8}+\cdots。$$

第一个级数是从调和级数中去掉了所有分母为偶数的分数而得到的，第二个级数是从调和级数中去掉了所有分母为奇数的分数而得到的。

在第二个级数中等号的两边都乘以 2，可得

$$2y=\frac{1}{1}+\frac{1}{2}+\frac{1}{3}+\frac{1}{4}+\cdots,$$

这是调和级数。很明显，它是 x 与 y 之和。如果 $x+y=2y$ 成立，那么 $x=y$，我们似乎已经证明了 $x-y=0$。

现在我们将调和级数的各项分组，使得每个分母为奇数的分数都减去一个分母为偶数的相邻分数，即

$$x-y=\left(\frac{1}{1}-\frac{1}{2}\right)+\left(\frac{1}{3}-\frac{1}{4}\right)+\left(\frac{1}{5}-\frac{1}{6}\right)+\cdots。$$

括号内的每一项都大于零。换句话说，$x-y$ 大于零，这样我们显然已经证明了零大于零。

当一个非收敛级数中的各项以不同的方式分组时，人们会遇到类似的谬论。

还有一个更疯狂的谬论涉及振荡级数，它在微积分发展的早期令数学家们迷惑不解。这个级数是

$$1-1+1-1+1-1+\cdots。$$

如果将它的各项按照

$$x=(1-1)+(1-1)+(1-1)+\cdots$$

这种方式进行分组，那么该级数就变成了 $0+0+0+\cdots$，于是 $x=0$。

但如果我们按照下述方式进行分组，就会得到

$$x=1-(1-1)-(1-1)-(1-1)-\cdots$$

$$x=1-0-0-0-\cdots,$$

即

$$x=1。$$

顺便提一下，莱昂哈德·欧拉[①]认为这个级数的和等于 $\frac{1}{2}$。

数学家们区分了绝对收敛的无穷级数和条件收敛的无穷级数。如果对一个级数的各项进行分组或重新排列对该级数的极限没有影响，则该级数就是绝对收敛的。如果在一个混合了正号和负号的级数中，单独取正号的各项是收敛的，单独取负号的各项也是收敛的，那么这个级数就是绝对收敛的。比如，$1-\frac{1}{2}+\frac{1}{4}-\frac{1}{8}+\cdots$ 是绝对收敛的，其极限为 $\frac{2}{3}$。又如，级数 $1-\frac{1}{2}+\frac{1}{3}-\frac{1}{4}+\cdots$ 是条件收敛的，因为单独取它的正号项和负号项的两个级数都不收敛。通过重新排列各项，它可以具有任何极限。如果这些项没有重新排列，那么它们的部分和就会来回跳跃，最终收敛于0.693147…，即2的自然对数。

有一个古老的几何悖论涉及一个由线段构成的级数，它似乎达到了一个极限，但它实际上并没有达到极限。这个悖论错误地用以“证明”正方形的对角线等于其两边之和。附图4显示了沿着一个正方形的一条对角线分布的一系列阶梯。因为每一个新系列中的阶梯都比前一个系列的阶梯小，所以这些阶梯最终变得如此微小，以至于变成了图中的那条对角线。由于每个阶梯的竖边与横边之和等于正方形的两边之和，因此我们不就证明了正方形的对

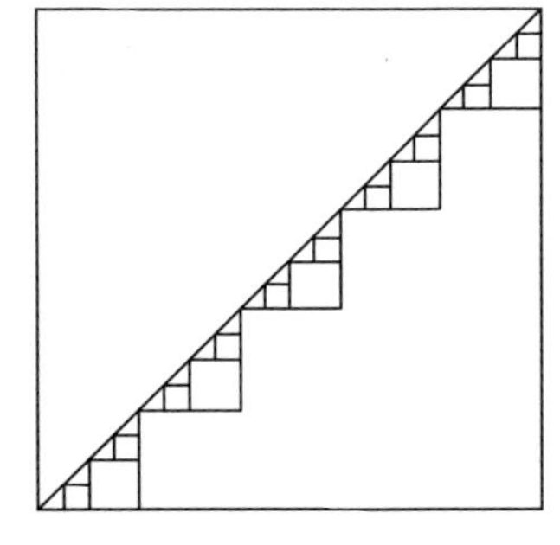

附图4 “证明”正方形的对角线等于其两边之和

①莱昂哈德·欧拉(1707—1783)，瑞士数学家和物理家，对微积分和图论等多个领域都做出过重大贡献。——译者

角线等于两边之和吗?

当然不是这样。当梯级变小时，这些阶梯在极限情况下确实会收敛到这条对角线，但这里的实情是它们永远不会真正达到这个极限。无论我们把这个过程进行到什么程度，梯级的总长度都是正方形边长的两倍。

用类似的方法，我们还可以“证明”圆周长的一半等于它的直径。随着附图5中的这些半圆越来越小，它们似乎变成了圆的直径。然而，正如前面的那个谬论一样，它们实际上永远不会达到这个极限。沿着圆的直径构造和沿着正方形的对角线构造都是分形。放大这两种情况中的任一“曲线”的任何部分，它们看起来总是一样的。

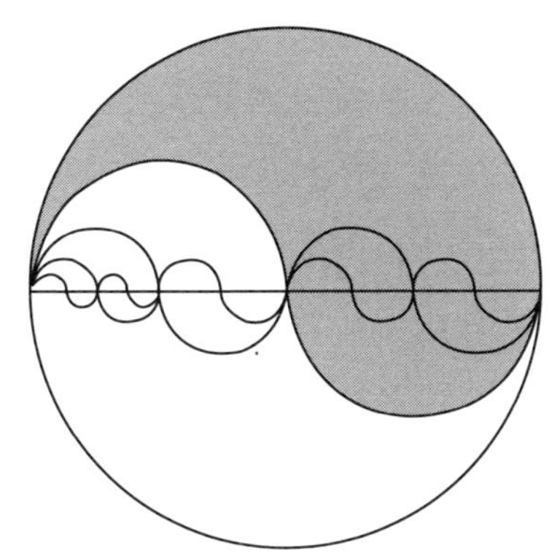

附图5 “证明”圆周长的一半等于其直径

有一个美丽的分形例子，虽然它包围着一个有限的区域，却具有无限的长度，那就是雪花曲线。在一个等边三角形的每条边上作两个三等分点，并以这两个点之间的线段为一条边向外作一个小的等边三角形，然后继续在新的边上添加越来越小的等边三角形，这样就形成了雪花曲线。想象将这个过程无限继续下去。当雪花曲线达到极限时，它的周长会变为无限长。在极限情况下，它在任何一点都没有切线。附图6显示了这条曲线经过少数步骤后的样子。

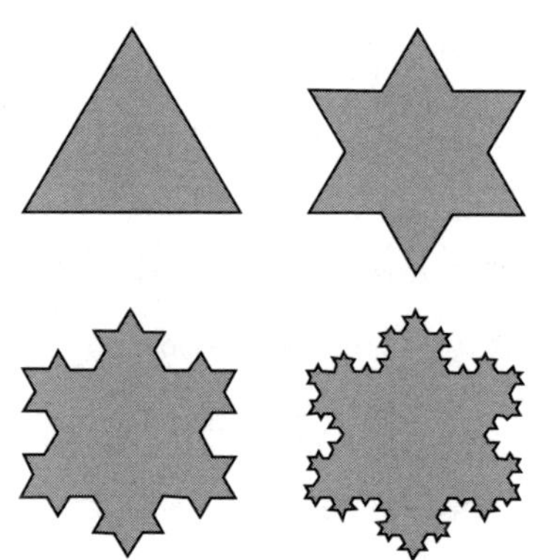

附图 6　雪花曲线是如何形成的

当在《科学美国人》的专栏中写到雪花曲线时，我说有一个立体的类比与它有着非常相似的性质。想象有一个正四面体，将它的每个面分成四个全等的等边三角形，然后以中间的等边三角形为底面添加一个较小的正四面体。重复这个过程，不断添加正四面体，直到无穷多个。我当时写道，由此产生的表面是一个分形表面，它像雪花曲线一样布满褶皱，虽然它包围着一个体积有限的空间，但面积是无限大。

我的直觉错了。威廉·高斯帕是一位计算机科学家，他因在约翰·康韦[①]的《生命游戏》中发现滑翔机枪而闻名，他对我的论述持怀疑态度。他编写了一个计算机程序来追踪这个立体雪花的形成过程，结果发现这个多面体的表面积在极限情况下会收敛于一个立方体的表面积！尽管这个立方体是由无限多条线交叉形成的，但在极限情况下，这些线没有粗细，因此这个立方体的表面是完全光滑的。

附图 7 所示的通过不断添加立方体而构成的这个序列提供了体积有限而表面积无限的立体图形的另一个引人注目的例子。最上方的立方体的边长为 1，它与接下来的各个立方体的边长一起构成了一个递减的级数：

① 约翰·康韦(1937—2020)，英国数学家，其研究领域包括组合博弈论、数论、群论等，他曾用数学理论设计多款游戏，《生命游戏》(*Game of Life*)是其中之一。——译者

$$1+\frac{1}{\sqrt{2}}+\frac{1}{\sqrt{3}}+\frac{1}{\sqrt{4}}+\cdots+\frac{1}{\sqrt{n}}+\cdots。$$

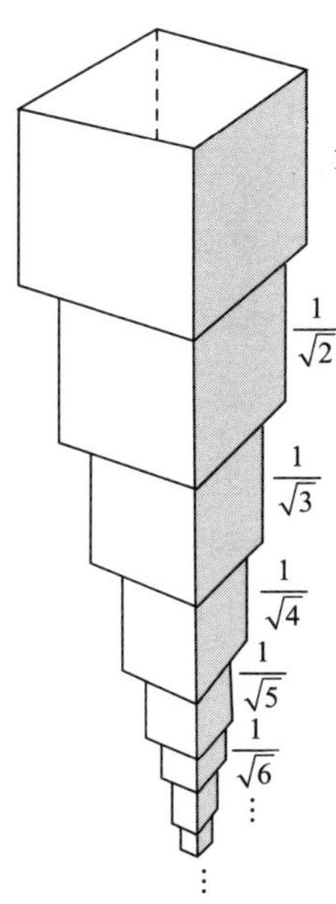

附图 7 一个体积有限而表面积无限的立体图形

这个级数是发散的，这意味着这个多面体会增长到无限长度；其各个面的面积之和也是发散的。只需考虑图中用阴影表示的那些面，它们的面积构成级数

$$1+\frac{1}{2}+\frac{1}{3}+\frac{1}{4}+\cdots+\frac{1}{n}+\cdots。$$

你认出来了吗？这就是我们所知道的那个发散的调和级数。仅仅给每个立方体的一个面上色就需要无穷多的颜料！这些立方体的体积构成级数

$$1+\frac{1}{2\sqrt{2}}+\frac{1}{3\sqrt{3}}+\frac{1}{4\sqrt{4}}+\cdots+\frac{1}{n\sqrt{n}}+\cdots。$$

这个级数是收敛的。这些立方体的总体积是有限的，但它们的表面积之和是无限的！

极值问题

极值（极大值和极小值）的例子在物理学中比比皆是。肥皂膜形成最小的表面积。折射光最大限度地缩短了从点A传播到点B所需的时间。在广义相对论中，在时空中自由移动的物体沿着测地线（最短路径）移动，行星和恒星寻求最大限度地减小其表面积的方法，尽管山峦以及星球的旋转凸起正好相反。这样的例子不胜枚举。在函数的极点处，它们的导数等于零，这一事实是自然界对其基本定律似乎偏爱简单性的惊人体现。

函数中一个变量的极大值通常会使另一个变量为极小值，反之亦然。例如，包围给定面积的最小长度是圆的周长。反过来，在给定长度的闭合曲线中，圆包围的面积最大。超短裙的设计既能最大限度地减小裙子的长度，又能最大限度地露出穿裙者的腿部。长裙最大限度地增加长度，并尽量少露出穿裙者的腿部。

在第11章中，汤普森提出了一个问题：如何将一个数n分成两部分而使这两部分的乘积最大？他通过令一个导数等于零，展示了求解这道题是多么容易。我们必须将这个数分成相等的两部分，这样得到的乘积最大且等于$\frac{n^2}{4}$。

一位父亲把一把硬币扔在桌子上，对儿子说："把这些硬币分成两部分，你每周的零用钱就是这两部分金额的乘积。"儿子把这些硬币分成金额尽可能相等的两部分，就可以使他的零用钱最大化。

把n分成两部分以获得最大乘积的问题就等价于下面这个几何问题：在一个矩形的周长给定的情况下，它的长和宽分别为多少时才可以使它的面积最大？答案当然是长和宽相等。例如，假设一个矩形的周长为14，那么长和宽之和就是7。为了使这个矩形的面积最大，长和宽就都必须是7的一半（即3.5），从而形成一个面积为12.25的正方形。

保罗·哈尔莫斯在他的《年轻和年老数学家的问题》(*Problems for Mathematicians Young and Old*，1991年）一书的第51题中提出：平分一个边长为1的等边三角形面积的最短曲线是什么？你可能会猜测它是一条平行于这个三角形的一条边的线段，一条长度为0.707的线段。正确答案是一条长度为0.673的圆弧。你可以用微积分来证明这一点，但还有一种更简单的方法。考虑附图8中所示的正六边形。平分该正六边形面积的最短曲线是此图中所示的那个圆。因此，这个圆在六个等边三角形中的每一个内的弧都必定平分该三角形的面积。假设这个正六边形的边长为1，那么这个正六边形的面积就是$\frac{3\sqrt{3}}{2}$，面积为这个值的一半的圆的面积就是$\frac{3\sqrt{3}}{4}$。现在不难求出它的半径为0.643…，平分每个三角形面积的弧的长度是

$$\frac{\pi}{3}\sqrt{\frac{3\sqrt{3}}{4\pi}}=0.673\cdots。$$

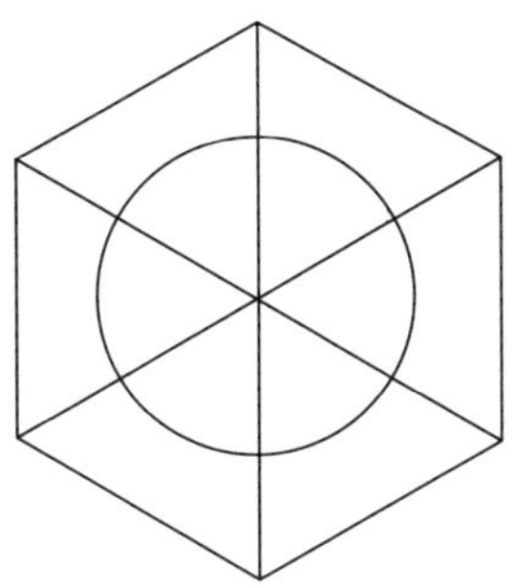

附图8　平分正六边形面积的最短曲线

当然，这个证明假设了在给定长度的闭合曲线中，圆包围的面积最大。

汤普森将一个数分成相等的两部分得到最大乘积的证明可推广为以下情形：如果把一个数分成n部分，那么当这n部分都相等时，它们的乘积最大。例如，如果要分的数是15，那么分成三部分时得到最大乘积的方式为$5\times5\times5=125$。

由此可以简洁地证明：如果给定一个三角形的周长，那么在这个三角形是等边三角形的情况下会产生最大面积。此证明要用到一个优雅的公式，当给定任意三角形的三条边时，用这个公式可以确定该三角形的面积。它称为希罗公

式[①]，以古希腊数学家亚历山大城的希罗的名字命名。（这个公式有好几种代数证明，但它们都很复杂。）设三角形的三条边的长度分别为a，b，c，它的半周长（周长的一半）为s。希罗的这个著名的公式是

$$A=\sqrt{s(s-a)(s-b)(s-c)}。$$

很容易看出，当括号内的三个值$s-a$，$s-b$，$s-c$相等时，面积A最大。只有当$a=b=c$时，这一点才成立，这就使该三角形成为等边三角形。如果各边长都是1，那么这个三角形的面积就是$\frac{\sqrt{3}}{4}$。

给定一个三角形的周长及其底边的长度，它的另外两条边的长度为多少时其面积最大？微积分会告诉你答案。这里有另一种方法。想象有两根钉子，它们之间的距离就等于三角形底边的长度。一根长度等于已知的三角形周长的细绳绕着这两根钉子转动，如附图9所示。铅笔尖在点C处将细绳绷紧。在你将笔尖从一边移动到另一边的过程中，显然可以发现，当两边相等时，细绳所构成的三角形的高最大，此时的三角形是一个等腰三角形。（继续绕着钉子移动铅笔会画出一个椭圆。）

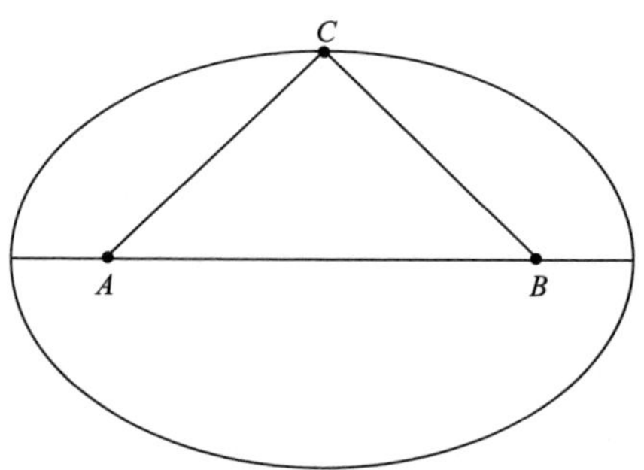

附图9　用细绳证明面积最大问题

假设一个等腰三角形的两腰保持不变，但两腰之间的顶角可以变化。当

① 希罗公式，又称海伦公式、海伦-秦九韶公式。秦九韶（约1208—约1261）是我国南宋时期的著名数学家。——译者

然，这也会改变这个等腰三角形底边的长度。顶角为多大时三角形的面积最大？我们知道，对于给定的周长，等边三角形的面积最大，因此我们很容易猜测这个角度是60°。令人惊讶的是，事实并非如此。使面积最大的角度为90°，此时的三角形是一个等腰直角三角形。

可以用微积分证明这一点，但这里有一个更简单的证明。考虑附图10所示的等腰直角三角形，a和b相等，且a是固定的。最上方的顶点C向左或向右移动，同时保持b的长度不变，我们就可以改变角度θ。请注意，无论顶点C向哪个方向移动，三角形的高都会缩短。因为三角形的面积是其底和高的乘积的一半，所以当高最大时，其面积就最大。当角度θ既不是锐角也不是钝角，而是直角时，就会出现这种情况。

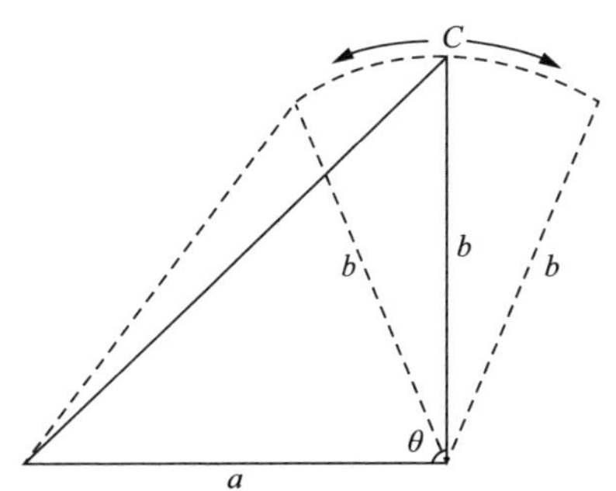

附图10　等腰三角形问题的一个简单证明

我们给出这个角度为90°的另一个简单证明：把三角形可变的那条底边想象成一面镜子。如附图11所示，三角形和它在这面镜子中的像形成一个菱形。正如我们学习过的（汤普森在第11章中通过微积分给出了证明），对于给定的周长，面积最大的矩形是正方形。附图11显示，当三角形和它在镜子中的像形成一个正方形时，等腰三角形的两腰之间的夹角为直角，此时其面积最大。

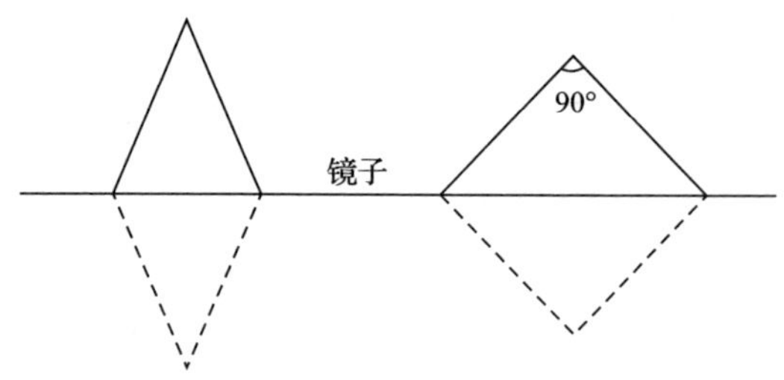

附图 11　用镜子证明

一位农民希望建造一道三段式围栏，围出一块长方形的土地，剩下的那条边是一堵墙。围栏的三段的长度分别为多少时，这块土地的面积最大？这个问题是微积分教科书中最喜欢提出的，但知道在给定周长的情况下，正方形是面积最大的矩形，就能很快解决这个问题。把墙想象成一面镜子。这块土地加上它的镜像构成了一个更大的矩形。如果这个更大的矩形是一个正方形，我们就会得到最大面积。这块土地是该正方形的一半，它的长是宽的两倍。

对于给定的周长，正 n 边形包围的面积最大。利用这一正确假设还可以解决另一个相关的问题。如果那位农民的围栏有 n 段，那么镜子技巧表明，只要使这块土地的边数（不包括墙所在的那边条）为正 $2n$ 边形边数的一半，其面积就是最大的。当一个正多边形的边数增加时，它就会接近其极限——圆。(阿基米德就是用这种方法求出 π 的近似值的。) 因此，如果那位农民希望用弯曲的围栏围住他的土地，那么镜子技巧表明，他应把围栏做成半圆形，这样就能最大限度地扩大土地的面积。

有时，多次使用镜子会比使用微积分更容易解决问题。假设你有一个屏风，它是由完全相同的两部分铰接在一起构成的，这样你就可以改变这两部分之间的角度。你希望将这个屏风放置在房间内的一个墙角，以最大限度地扩大屏风与墙所包围的区域的面积。附图 12 显示了如何用两面镜子来解决这个问题。显然，正八边形的面积最大。屏风的放置必须使它的两部分构成正八边形的四分之一，此时它们的夹角为 135°。

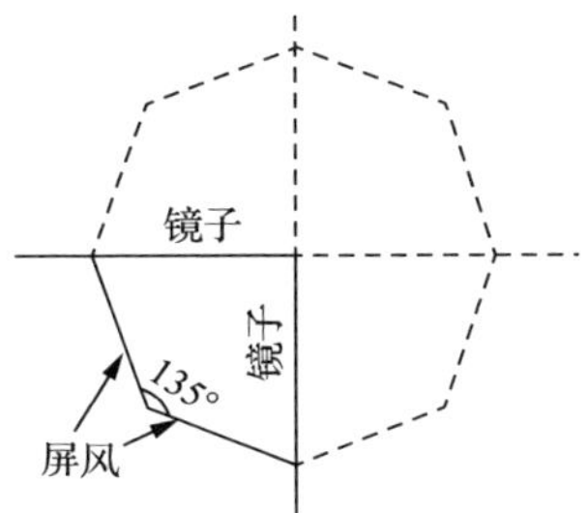

图 12　用镜面反射进行证明

大多数微积分教科书给出了这样的一个极大值问题（汤普森没有把它写在这本书中，这使我很惊讶）：将一个正方形切割并折叠成一个没有盖子的、底面为正方形的盒子。这是通过切掉大正方形的4个角上的4个小正方形，然后将外围的4个矩形向上折叠起来完成的。问题是：切掉的这些小正方形的尺寸应该是多大才能得到体积最大的无盖盒子？

例如，假设大正方形的边长为12英寸。设x为每个角上要切掉的那个小正方形的边长。于是，盒子的正方形底面的边长就是$12-2x$，即$2(6-x)$。正方形底面的面积为$[2(6-x)]^2=4(6-x)^2$。盒子的体积V为x乘以底面面积，即$V=4x(6-x)^2$。

对上式求导并化简，可得$\frac{\mathrm{d}V}{\mathrm{d}x}=12(6-x)(2-x)$。当该式等于零时，我们发现$x$的值为6英寸或2英寸。它不可能是6英寸，因为如果切掉4个边长为6英寸的小正方形，就没有东西可以折叠了，因此$x=2$英寸。体积最大的盒子有一个边长为8英寸的正方形底面，高为2英寸，体积为$2\times64=128$（立方英寸）。

请注意，底面的面积为64平方英寸，各个侧面的总面积也是64平方英寸。无论原始正方形的大小如何，这一相等关系都成立。

S. 金在发表在《数学公报》（*The Mathematical Gazette*，第81卷，1997年3月，第96～99页）上的“最大化一个多边形盒子”（Maximizing a Polygonal Box）一文中指出，对于任何一个凸多边形，切掉其各个角，并将外围的矩形向上折叠而得到一个无盖盒子时，以上相等关系都是成立的。如果这个多边形是一个三角形或正多边形，则当各个侧面的总面积与被丢弃的部分的面积之比为4∶1时，盒子的体积最大。

确定一个立方体内部的最大正方形是一个著名的问题，这个问题称为鲁珀特亲王问题，鲁珀特亲王是英国国王查尔斯的侄子。（这位亲王在世的时间是1619年至1682年。）鲁珀特亲王问道：有没有可能在一个立方体上开一个足够大的洞，让一个更大的立方体穿过去？

如果你拿着一个立方体，使它的一个角正对着你，你就会看到附图13所示的那个正六边形。可以在这个正六边形中画一个内接正方形，它的面积比立方体的一个侧面的面积稍大一点。附图14从另一个角度展示了这个正方形。请注意，这个正方形的两条边在立方体的侧面上是可见的，而其他两条边则在立方体内部。如果立方体不透明，那么它们就看不到。

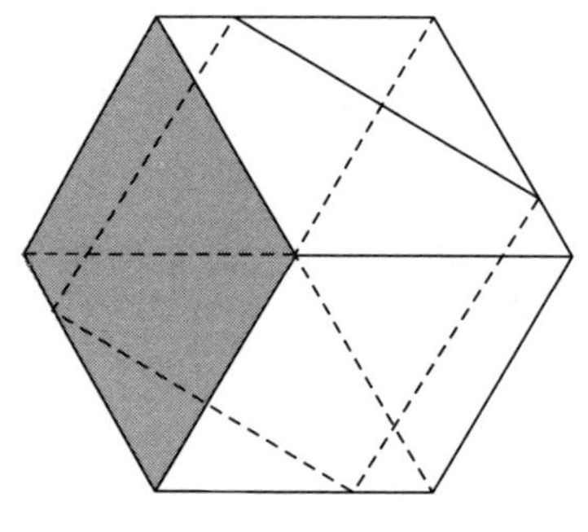

附图13　构造正方形

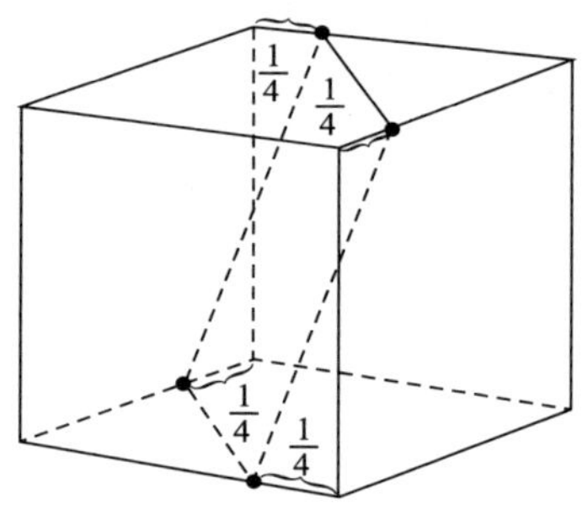

附图14　从另一个视角看正方形

这个正方形是能装入这个立方体内的最大正方形。如附图14所示，它的每个顶点到这个立方体中离它最近的那个顶点的距离是该立方体棱长的$\frac{1}{4}$。如果该立方体的棱长为1，那么这个内接正方形的边长为$\frac{3}{\sqrt{8}} \approx 1.060660\cdots$。这是该立方体的一个侧面的对角线的$\frac{3}{4}$，比立方体的棱长一点点。这就使得切出的通道内可以通过一个实心立方体，这是一条以内接正方形为横截面的通道。

棱长略小于1.060660…的立方体就可以穿过这条通道。这个正方形的面积正好是$\frac{9}{8}=1.125$。

我不知道如何通过微分来证明这道题，欢迎读者来信告诉我你们的结果。这个问题可以推广到更高维度的立方体。要确定能装入一个四维超立方体的最大立方体并不容易。更高维度的一般问题至今还没有得到解答。参见哈拉德·克罗夫特、肯尼思·法尔克纳和理查德·盖伊的《几何学中的未解问题》（*Unsolved Problems in Geometry*，1991年）中的问题B4。

顺便说一下，能装入立方体内部的最大矩形是通过两个相对面的对角线的横截面。在单位立方体中，这是一个长和宽分别为$\sqrt{2}$和1的矩形，其面积为$\sqrt{2}$。

圆柱

关于圆柱的问题在微积分教科书中数不胜数。以下是我在戴维·L.布克的《写给益智题高手的益智题》（*Problems for Puzzlebusters*，1992年，第25～26页）中发现的一道令人愉快的、鲜为人知的益智题。

一个圆柱形罐子顶部敞开。这个罐子的直径为4英寸，高为6英寸。将一个球扔进罐子里。要在罐子里倒入液体，恰好淹没整个球。我们要求解的是当这个球的直径为多大时，倒入的液体最多。

你可能会认为，能够装入最大的球，即直径为4英寸的球就可以了。经过更多的思考，你会意识到装入一个较小的球可能需要更多的液体，因为此时它的周围有更多的空间需要填充。

设x为球的直径。这个球加上刚好淹没它的液体，构成了一个高等于球的直径的圆柱。这个圆柱（球加上液体）的高也是x，它的体积是$4\pi x$，而球的体积是$\frac{4\pi}{3}\times\left(\frac{x}{2}\right)^3=\frac{\pi x^3}{6}$。

因此，淹没这个球所需的液体体积是圆柱体积与球的体积之差，即

$$v=4\pi x-\frac{\pi x^3}{6}$$

$$= \frac{24\pi x}{6} - \frac{\pi x^3}{6}$$

$$= \frac{\pi}{6}(24x - x^3)。$$

上面的这个表达式给出了淹没这个球所需要的液体体积与球的直径x之间的函数关系。考虑到$\frac{\pi}{6}$是一个常数，所以为了求出这个球的最大尺寸，可以将它置之不顾，只需要求$24x - x^3$的导数并令其等于零即可。求得的导数是$24 - 3x^2$，我们令其等于零并求解x，得到球的直径为$\sqrt{8} \approx 2.828$（英寸）。

在第5章中，汤普森考虑了圆柱体积随其半径变化的速率。苏珊·简·科利在1994年5月发行的《大学数学杂志》（*The College Mathematics Journal*）上发表了一篇题为《啤酒厂里的微积分》（Calculus in the Brewery）的文章，指出圆柱形啤酒罐的制造商是如何利用这一函数来欺骗消费者的。她注意到，容积完全相同的啤酒罐通常具有不同的高度，但半径看起来是相同的。人们指望比较高的罐子能装更多的啤酒，但事实并非如此。

科利对圆柱的体积公式（底面积乘以高）求导，她得到的结果表明：如果圆柱形啤酒罐底面半径减小的幅度是肉眼察觉不到的，那么要保持它的容积不变，高度增加的幅度就会是半径减小的幅度的10倍。较高的啤酒罐会造成视错觉，它们看起来似乎能够比较矮的罐子装更多的啤酒，但事实上并非如此。科利总结道："聪明人真的会做营销。"

阿帕纳·W. 希金斯在《普赖默斯》（*Primus*，第7卷，1997年3月，第35～42页）上发表了一篇题为《汽水罐质心的最低位置在哪里？》（What is the Lowest Position of the Center of Mass of a Soda Can?）的文章，解决了另一个值得在微积分教科书中出现的令人愉快的圆柱问题。一个装满汽水的罐子的质心在其几何中心附近，空罐子也是如此。随着罐子里面的汽水逐渐被喝掉，质心逐渐下降。当罐子变空时，质心又会回到几何中心。显然，质心不可能下降到罐子底部，然后突然向上跳回中心，所以质心必然会在某个时刻到达最低点，然后开始上升。这个问题是要求出最小值。这里涉及三个圆柱：罐子、汽水和汽水上方的空气。当然，假设罐子竖直放置。

俄亥俄州代顿大学的数学家希金斯博士展示了如何通过求导并令其等于零巧妙地解决了这个问题。令人意外的是，当质心刚好到达液面位置时，就到达了最低点！

在《轮子、生命和其他趣味数学》第16章中，我提出了这个问题，同时还给出了一位读者在不使用微积分的情况下求解它的巧妙方法。然而，正如希金斯博士所指出的，用微分学来求解此题，这对学习微积分的学生来说是一项极好的练习。我可以补充一点，与许多教科书中的其他许多问题不同，这个问题与学生的经历直接相关。

在微积分教科书中经常出现的一些问题通常可以用更简单的方法来解决。一个经典的例子是两个半径均为单位长度的圆柱相交成直角（如附图15所示），求这两个圆柱共有的阴影部分的体积。

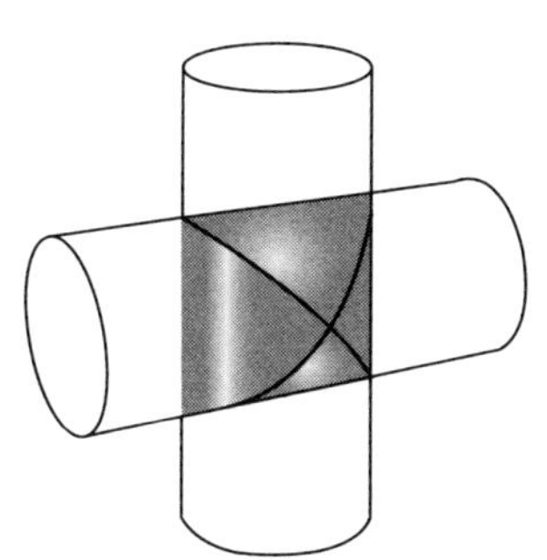

附图15　阿基米德的交叉圆柱问题

要回答这个问题，你只需要知道圆的面积是πr^2，球的体积是$\frac{4\pi r^3}{3}$。

想象一个半径为单位长度的球在这两个圆柱的共有部分内，球心是这两个圆柱的轴线相交的那个点。假设圆柱和球被一个通过球心和两个圆柱轴线的平面切成两半（见附图16中的左图）。圆柱共有部分的截面是一个正方形，球的截面是一个内接于该正方形的圆。

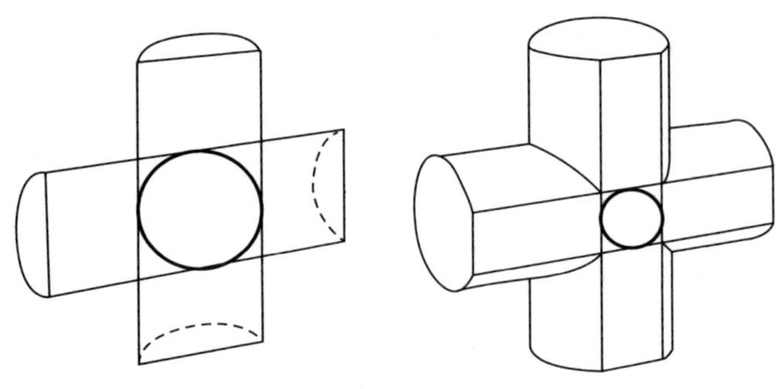

附图 16　交叉圆柱和球的截面

现在假设圆柱和球被另一个平面切割，这个平面平行于刚才的那个平面，但只切掉了每个圆柱和球的一小部分（见附图 16 中的右图）。这会在每个圆柱上各产生两条平行线，这些平行线像之前一样相交，形成两个圆柱共有部分的一个正方形截面。和之前一样，上述球的截面也是内接于正方形的一个圆。不难看出（只要有一点想象力，再加上用铅笔画出一幅草图），用任何平行于圆柱轴线的平面去截都会有相同的结果：圆柱共有部分的一个正方形截面包围着球的一个圆形截面。

把所有这些平面截面想象成像一本书的书页那样层层叠在一起。显然，该球的体积是所有圆形截面的总和，而两个圆柱共有部分的体积是所有正方形截面的总和[①]。因此，我们得出的结论是：球的体积与圆柱共有部分的体积之比，就等于其中一个圆的面积与它的外接正方形的面积之比。经过简单的计算就能得出后一个比值是$\frac{\pi}{4}$，这样就可以得到方程

$$\frac{\frac{4\pi r^3}{3}}{x}=\frac{\pi}{4},$$

其中x是我们要求的体积。

消去两边的π，得到x的值为$\frac{16r^3}{3}$。在本例中，半径为 1，因此两个圆柱共

① 这里应为对体积微元的积分，即在厚度方向上对面积的积分。——译者

有部分的体积为$\frac{16}{3}$。正如阿基米德所指出的，这个体积恰好等于球的外切立方体体积的$\frac{2}{3}$，而这个立方体的棱长等于圆柱底面的直径。

这个解是“卡瓦列里原理”[①]的一个著名应用，这条定理是以意大利数学物理学家、伽利略的学生弗朗西斯科·博纳文图里·卡瓦列里（1598—1647）的姓氏命名的。本质上，这条定理是说如果像棱柱、圆锥、圆柱和棱锥这样的立体图形具有相同的高，并且对应的截面具有相同的面积，那么它们就具有相同的体积。卡瓦列里在证明这条定理时，通过对由无穷小的截面构成的无限集求和到极限来求体积，从而预见了积分。阿基米德知道这条定理。阿基米德的一本名叫《方法论》（*The Method*）的书失传了很久，直到1906年才被发现(阿基米德正是在这本书中解答了交叉圆柱问题)。他在此书中将这一原理归功于德谟克利特[②]，后者用它来计算棱锥和圆锥的体积。

这个问题可以用各种方式推广，特别是对于在三维及更高维空间中垂直相交的n个半径相同的圆柱。但是，三个圆柱成直角相交的情况超出了卡瓦列里原理的能力范围，需要使用积分进行计算。三个圆柱的共有体积为$8(2-\sqrt{2})r^3$。

两个圆柱的情况在建筑中用于构成天花板的所谓“桶形拱顶”。当两个这样的拱顶相交时，它们就构成了一个交叉拱顶——由两个相交的圆柱共享的立体图形表面的一部分。这种情况在晶体学和工程学中也有重要的应用。

卡瓦列里原理的另一个应用是一个古老的脑筋急转弯问题：构造一个软木塞，使它能被顺畅地塞进圆形孔、方形孔以及等边三角形的孔（见附图17左边）。换种方式来表述：什么形状经过适当的转动可以投射出圆形、正方形和等边三角形的阴影？

此题答案中的软木塞如附图17的右边所示。假设它的圆形底面的半径为

---

① 我国南北朝时期的算学家、天文学家祖暅（祖冲之之子）比卡瓦列里早1100年提出了同一定理（“幂势既同，则积不容异”），因此这条定理也被称为祖暅原理。——译者

② 德谟克利特（约前460—约前370），古希腊哲学家，原子唯物论的创始人之一。——译者

1，高为2，并且位于底面的一条直径正上方的顶边的长度也是2。你也可以将软木塞的曲面看作是由一条直线形成的，这条直线将顶边与底面的圆周相连并不断移动，在移动过程中始终平行于一个垂直于顶边的平面。我们可以用微积分求出这个软木塞的体积，但卡瓦列里的方法再次更简单地解决了这个问题。你所需要知道的只是一个圆柱的体积是它的底面积乘以高。

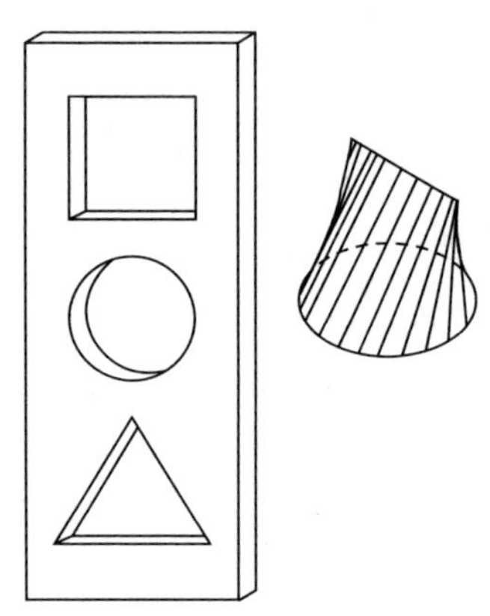

附图17 软木塞问题

以下是我在1961年出版的《科学美国人数学益智题第二册》（*Second Scientific American Book of Mathematical Puzzles and Diversions*）中给出的解答：

> 软木塞的任何垂直于顶边和底面的竖直截面都是三角形。倘若软木塞是一个同样高度的圆柱，那么对应的截面就是矩形。每个三角形截面的面积显然是对应的矩形截面面积的$\frac{1}{2}$。由于所有三角形部分组合在一起构成了圆柱，因此软木塞的体积必定是圆柱体积的$\frac{1}{2}$。圆柱的体积是2π，所以我们的答案就是π。
>
> 事实上，软木塞可以有无限多种形状，它们都能被塞进这三个孔中。上面所描述的这种形状在任何能塞进这些孔的凸多面体中具有最小的体积。通过用两个平面切割圆柱的简单程序可以获得最大体积，如附图18所示。大多

数包含软木塞问题的益智书给出的是这种形状，它的体积等于$2\pi-\frac{8}{3}$。

卡瓦列里原理也适用于平面图形。如附图19所示，如果平行线a和b之间的形状在被平行于a和b的每条直线切割时都得到相同长度的线段，那么它们具有相同的面积。正如立体图形一样，这也可以推广为以下定理：如果相应的截线段总是具有相同的比例，那么它们的面积也具有相同的比例。

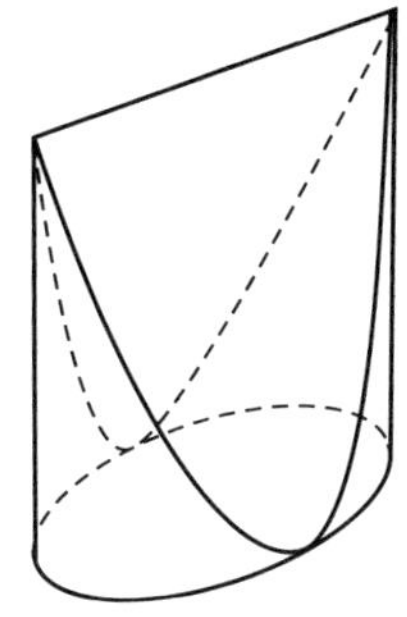

附图18　另一种切割软木塞的方法

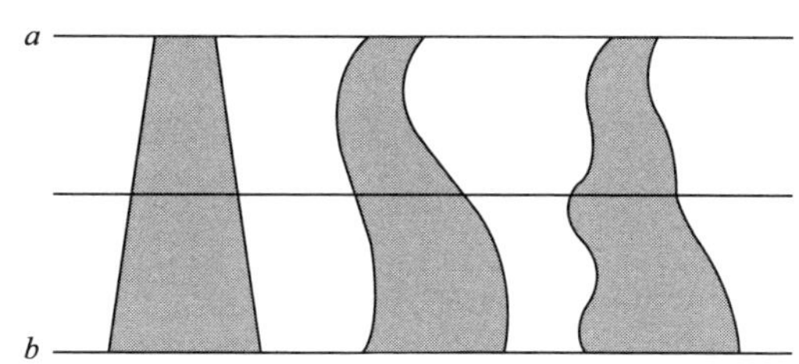

附图19　卡瓦列里原理应用于平面图形

摆线和内摆线

当圆沿直线滚动时，该圆上的一点形成的曲线（见附图20）称为摆线。如果圆的直径为1，那么从点A到点B的线段的长度当然就是π。由于圆周率是无理数，因此在微积分出现之前，许多数学家怀疑这条曲线上从一个尖点到下一个尖点的弧长也是无理数。如今，几乎所有的微积分教科书都表明，要确定这个弧长恰好等于圆的直径的4倍是多么容易。通过积分也很容易确定拱下方的面积正好等于圆面积的3倍。[关于摆线的一些引人注目的性质，请参阅我编写的《数学游戏书第六册》(*Sixth Book of Mathematical Games*)的第13章。]

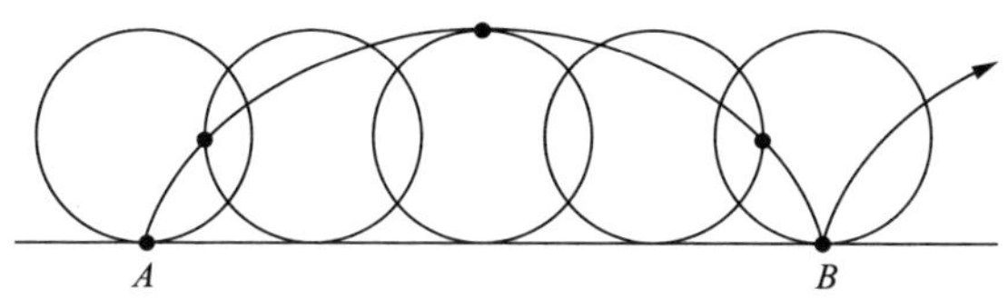

附图20　摆线是如何由滚动的圆上的一点生成的

当一个小圆在一个更大的圆内滚动时，小圆上的一点产生的闭合曲线称为内摆线。许多关于趣味数学的书以及微积分教科书对内摆线进行了讨论。附图21显示了两条有名字的内摆线。三角旋轮线是一种有3个尖点的内摆线，描出这种曲线的滚动的小圆的半径是大圆半径的$\frac{1}{3}$或$\frac{2}{3}$。有4个尖点的内摆线是星状线，描出这种曲线的滚动的小圆的半径是大圆半径的$\frac{1}{4}$或$\frac{3}{4}$。

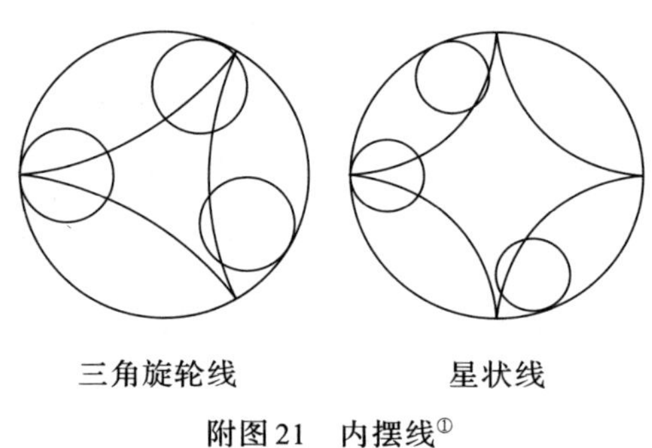

附图21　内摆线①

圆不是一个函数的图形，因为一条竖直线与它可以有两个交点，从而对于一个给定的x值，y给出了两个值。然而，它的扇形部分可以通过所谓的“参数方程”的积分求得面积。这些方程称为参数方程是因为它们涉及第三个变量，这个变量称为它们的参数。在圆的例子中，参数是前文中的图43所示的角度θ。

对于一个圆心位于坐标系原点的圆，如果它的半径为r，那么其参数方程是三角函数$x=r\cos\theta$和$y=r\sin\theta$。从0°到360°的每个θ值都确定了圆上的一个点。

和圆一样，三角旋轮线和星状线也不是函数的图像。它们的面积最好由基于角度θ的参数方程获得。汤普森没有讨论参数方程，但你可以在现代教科书中找到它们。求这些方程的积分后，得到一种三角旋轮线的面积为大圆面积的$\frac{2}{9}$，即$2\pi a^2$，其中a是滚动的小圆的半径，它等于大圆半径的$\frac{1}{3}$。如果半

① 这两个图中的内摆线是由半径较小的小圆滚动时形成的。——译者

径 $a=1$，那么三角旋轮线的面积就是 2π。如果滚动的小圆的半径等于大圆半径的 $\frac{1}{4}$，那么星状线的面积就是大圆面积的 $\frac{3}{8}$，是滚动的小圆面积的6倍。如果滚动的小圆的半径等于大圆半径的 $\frac{3}{4}$，那么星状线的面积就是滚动的小圆面积的 $\frac{2}{3}$。

我之所以提到这一切，是因为它们与趣味几何有两个联系。如果滚动的小圆半径是大圆半径的一半，那么这个小圆上的一点在大圆内滚动时描出的是一条具有两个尖点的内摆线（见附图22）。这条内摆线的面积是多少？令人惊讶的答案是零！这条内摆线竟是一条线段，也就是大圆的直径！

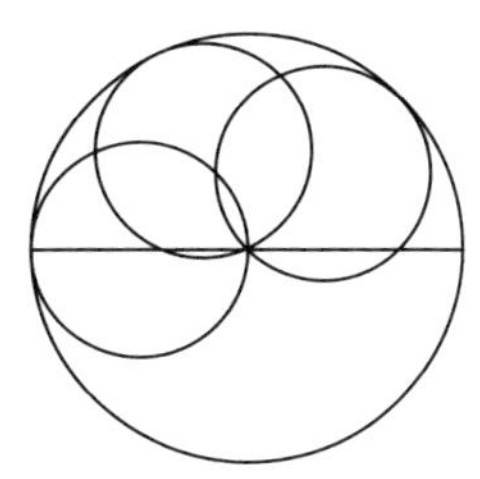

附图22　有“两个尖点”的内摆线

如果一个凸图形可以容纳长度为1的针（线段）在其中旋转180°，那么这个最小尺寸的凸图形是一个高为1、面积为 $\frac{\sqrt{3}}{3}$ 的等边三角形。能在其中旋转一根长度为1的针的最小非凸图形是什么？

几十年来，人们一直认为这个图形是三角旋轮线。令人惊讶的是，事实证明，这个图形的面积想要多小就有多小！我在《意料之外的绞刑和其他数学娱乐》一书的第18章中介绍了这个所谓的“挂谷转针问题”的历史[①]。在《轮子、生命和其他趣味数学》的第1章中，我讨论了内摆线及其姐妹线（即外摆线，一个圆在另一个圆外滚动时，由滚动的圆上的一点生成）。

当然，我在这里只谈及了趣味数学文献中与微积分相关的一小部分问题。正如你所看到的，许多微积分问题不用微积分就能更容易地得到解决。事实上，一些数学家倾向于看不起用非微积分方法来解答微积分问题，就好像这样做是不体面的把戏。实际上，它们和微积分一样有用、一样优雅。这方面的两份经典参考文献是：J. H. 布查特和里奥 · 莫泽发表在《数学论文集》（*Scripta Mathematica*，第18卷，1952年9～12月，第221～226页）上的一篇有趣的论

① 这个问题是由日本数学家挂谷宗一（1886—1947）于1917年提出的。——译者

文《请不要微积分》(No Calculus, Please),以及伊万·尼文的《不用微积分计算极大值和极小值》(*Maxima and Minima Without Calculus*,1981年)。

尼文写道(第242页):"本书所采取的立场是,虽然微积分为解决极值问题提供了一种强大的技巧,但还有其他一些强大的方法也不应被忽视……许多学生……试图通过寻找某个函数的导数来解决极值问题……但其中大多数问题的最佳处理方法是其他方法。此外,学生通常会不畏艰难地寻找求导方法,尽管他们要处理的函数的复杂程度令人绝望。"

让我介绍物理学家理查德·费曼[①]曾对麻省理工学院的学生开的一个玩笑,以此来总结此附录中的这些随意选择的问题。我引用了他的自传《别闹了,费曼先生》(*Surely You're Joking, Mr. Feynman*,1985年)中的这一段话:

> 当我在麻省理工学院念书时,我很喜欢捉弄别人。有一次在上机械制图课的时候,有个爱开玩笑的同学拿起一把曲线尺(一把用来画出光滑曲线的塑料尺——弯曲的、看上去形状怪怪的东西)说:"我很好奇这把曲线尺上的这些曲线有没有某些特殊的方程式?"我想了一下说:"当然有,这些曲线都是很特别的曲线,让我演示给你们看。"我拿起我的曲线尺,开始慢慢地转动。"曲线尺是这样制成的,不管你怎么转动它,在每条曲线最低点的那条切线一定都是水平线。"
>
> 于是,班上的同学以不同的角度拿起了曲线尺,手上拿着铅笔,沿着曲线的最低点比画着切线的位置。当然,他们发现每条切线都是水平的。他们都因为这个"新发现"而极为兴奋。其实,他们早已学过一定的微积分知识,已经"知道"任何曲线上最低的那一点的切线一定都是水平线,即函数在最低点的导数应等于零,只不过他们不会把不同的事物联系起来罢了,他们甚至连自己究竟"已经知道"了些什么都搞不清楚!

---

① 理查德·费曼(1918—1988),美国理论物理学家,量子电动力学创始人之一,1965年诺贝尔物理学奖得主。他还参与了研制第一颗原子弹的曼哈顿计划,并提出了纳米技术的可行性。——译者